U0203925

信息学奥赛导学

（C++语言基础入门）

翁文强 著

清華大學出版社
北京

内 容 简 介

本书是致力于零基础学习 C++编程的教材，旨在为读者提供系统而全面的学习体验，包括教学课件与配套软件。全书共 11 章，涵盖了准备阶段、基础知识、顺序结构、选择结构、循环结构、多重循环、一维数组、多维数组、函数和结构体等方面。作者结合多年的一线教学实践，精选了 200 余道必做的编程例题，并逐一分析注解，确保读者能够循序渐进地掌握知识。同时精心配套了在线编程测评 OJ 公益网站，重视将理论知识转化为编程实践的能力。

本书适合有意参加各类编程白名单赛事的读者，特别是有计划参加 C＋＋信息学相关比赛的人群。同时，它也可以作为各类编程等级考试或认证的学生用书，以及对算法竞赛感兴趣的读者与一线教师的教学参考。

图书在版编目(CIP)数据

信息学奥赛导学 ：C++语言基础入门 / 翁文强著.
北京 ：清华大学出版社，2024. 6(2024.11 重印). -- ISBN 978-7-302
-66447-5

Ⅰ. TP312.8

中国国家版本馆 CIP 数据核字第 2024BD3468 号

责任编辑：赵　凯
封面设计：刘　键
责任校对：胡伟民
责任印制：沈　露

出版发行：清华大学出版社

网　　址：https://www.tup.com.cn，https://www.wqxuetang.com
地　　址：北京清华大学学研大厦 A 座　　**邮　　编**：100084
社 总 机：010-83470000　　**邮　　购**：010-62786544
投稿与读者服务：010-62776969，c-service@tup.tsinghua.edu.cn
质量反馈：010-62772015，zhiliang@tup.tsinghua.edu.cn
课件下载：https://www.tup.com.cn，010-83470236

印 装 者：三河市龙大印装有限公司
经　　销：全国新华书店
开　　本：185mm×260mm　　**印　　张**：19.25　　**字　　数**：540 千字
版　　次：2024 年 6 月第 1 版　　**印　　次**：2024 年 11 月第 2 次印刷
印　　数：1501～2700
定　　价：69.00 元

产品编号：103308-01

前言 1　致同学们的一封信

同学们，能读到这段文字，让我们有缘相遇，我感到万分荣幸。

老师发自内心地羡慕你们，你们生活在人工智能快速发展的时代，可以接触到计算机，可以翻开这类书，基于兴趣的阅读与学习，这是老师当年的求学生涯中无法享受到的待遇。

学习信息学奥赛，需要有基础吗？同学们别担心，万丈高楼平地起，老师已经在第 1 章为大家列出了所需的准备工作，让大家可以零基础入门。

学习信息学，C++语言基础的学习比各类算法的学习更为重要，如果在语言基础不熟练的基础上学习编程，无异于在地基不牢的建筑上构建摩天大楼，迟早一天会轰然倒下。因此，老师会在这本书中，尽量讲得详尽，希望同学们能够真正理解并掌握 C++语言的基本知识。

同学们，无论男生或女生都可以学习编程，不要用世俗的眼光看待，觉得男生更适合学习编程，这是错误的观念。在美国硅谷最新的调查报告中，女性程序员的占比已经超过 50 %，从这个数据可以看出，在编程学习方面，男女生是没有差别的。

每逢看到有同学在学习信息学的道路上，遇到问题，或者遇到本该能解决的难点与痛点，就此而放弃，老师都觉得很心痛；同学们可能会觉得自己的能力不足，甚至是智商不够，或者因为听到一些并不符合客观规律的言论而放弃，这令人感到痛心。这也是编写这本书的初衷，我想是为了让大部分同学能够顺畅地进入编程的世界。

希望同学们能够在本书的字里行间感受到老师的诚意。老师知道在学习编程时，你们会遇到各种痛点、难点和劝退点，因为老师曾经也像你们一样，会遇到各种状况，但老师总是会在解决相关问题后感觉到充实与满足。在本书中，老师尽量逐一注释与讲解，真心希望对编程感兴趣的同学们能够有所收获，勇攀高峰。如果你学习了一段时间，依然选择暂时放弃，请相信，这不是你的问题，而是老师没有引导好。请相信自己，如果你感到退缩，那很正常，即使无法坚持下去，也可以在一段时间后再重新拾起，老师相信你们都是最棒的。

只要你感兴趣，只要你想尝试，这扇大门永远为你敞开。不要因为自己的学习成绩平平而退缩，或许在这方面，你其实是个天才。这条路注定是孤独而精彩的，它不是人多拥挤的大路，但具有独特的风景，能带你去你想看的远方。同学们，学习信息学需要付出努力、毅力与汗水，请相信，没有谁能随随便便成功，学习编程的路需要坚忍不拔的品格。在写这本书的时候，老师也曾多次想要放弃，有时因为遇到困难的知识点不知如何去表达，有时又担心安排的例题是否合理，等等，老师有无数个理由去放弃，甚至在梦里都在想某道题目或某个难点阐述的思路。但是老师依然选择坚持，因为老师和你们一样，都是出于热爱。正因为如此，老师想要分享自己的学习心得，让同学们更容易进入编程的世界，希望这本书能够在你编程的学习过程中，成为你最好的陪伴。

前言 2　致家长们的一封信

作为一位女儿的父亲，我深知选择适合孩子的兴趣课是一项非常重要的事项。虽然我女儿现在还未到学龄，但作为父亲，今后一定会考虑各种因素，如学习时间、学习周期以及能够促进哪些个人素养的成长等，如果有人问我是否会让我的孩子学习编程，我想我一定会，只要她对此感兴趣，我将全力支持她的学习。

作为一名家长，我希望能够在我的能力范围内，给孩子一个较为清晰的学习计划，避免走弯路，当然，也并没有捷径可以走。但是家长可以提供良好的引导和支持，帮助孩子成功地实现自己的理想目标。由于不同地区的师资水平和教学氛围的差异，课程体系也不尽相同，因此制订一个适合孩子的学习计划和发展框架尤为重要。

ChatGPT 来了，它是写代码的高手，接触过信息学奥赛的孩子能够轻松地阅读 ChatGPT 写的程序，这类人工智能在未来会成为强大的辅助工具，但是我们不能过于依赖它，而忽略了人类自身的能力和思考方式。人类进步的核心永远是设计与驾驭工具的人，就像有了计算器，依然要学习计算一样，这是基本的底层逻辑，是无可替代的。

许多家长会担心是否只有那些能力超群的孩子才能学习 C++编程。实际上，在学习语法基础的阶段，并不存在能力的差异，这是一门和计算机沟通的语言，是不断熟悉一门新语言的过程，所以只存在掌握语言熟练度的差异。因此，在这个阶段，只要孩子有一定量的练习，并及时巩固都是没有问题的。

为了让孩子更好地掌握信息学，家长应该允许孩子使用计算机，并引导他们正确地使用计算机，让他们意识到计算机的价值和潜力。在信息学的世界中，大部分时间都需要借助计算机进行上机实践。

学习信息学的初衷是为了学习编码的底层逻辑，学习一门技能，培养孩子的信息素养，而不仅仅是为了参加竞赛升学。当然参加竞赛获取荣誉是很现实的目标，高考也将会涉及编程的内容，这是一个趋势，家长可以提前为孩子做好准备。但这不应该是唯一的目的，是要为孩子未来的职业发展打下坚实的基础，对于立志参加信息学竞赛的孩子，学习信息学是一项极具挑战而充实的旅程，家长应该给予他们无条件的支持和鼓励。

家长不必担心自己不会编程而不能辅导孩子，本质上家长也没有义务去辅导孩子，学习应该是孩子自己的事情，我们家长能做的是给予孩子信心、支持和鼓励。最重要的是，要陪伴孩子一起学习，让他们感到自己不是孤独的，而是有家人一直在支持和关心着他们。在这个知识快速迭代的时代，编程已经成为一门必修课程，不仅是计算机学科专业学生的必修课，也是其他专业学生的必修课。根据本人截至目前对所辅导学生的不完全统计，编程能力优秀的同学，绝大部分的家长并没有编程的基础，但是他们都会无条件地支持孩子的兴趣爱好。

家长的陪伴和支持是孩子学习编程最重要的动力，不能把编程视为一种负担和压力，而要让孩子在自主、愉快、积极的环境下学习编程，探索编程的魅力和乐趣，同时，也要给予孩子充足的试错时间，让他们有机会自己探索与发现编程的奥秘。相信在家长的陪伴下，孩子一定会在编程学习的道路上越走越远。

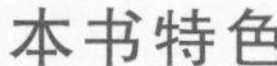

本书特色

1. 本书配备了专业的在线评测 OJ 平台，从顺序结构的章节开始，每道例题都可以进行在线评测，平台还会不定期举办在线 PK 赛，组织互动探讨活动，帮助同学们更好地掌握编程技能。

2. 本书原创了大量高质量的具有代表性的例题，并注重一题多解，每个案例代码的注释都尽可能详尽，解决同学们的痛点，帮助深入理解编程思路，尽量避免偏题与难题，注重培养同学们的编程基本功与知识迁移的能力。

3. 配套详细注释的源代码，代码格式规范，严格按照 Google 代码规范，与世界接轨，培养学生书写代码的良好习惯，具有广泛的适用性。

4. 配套近千页的精美课件，旨在为广大读者提供一份丰富而全面的学习资料，教师与学生可以轻松运用课件开展教学与研讨活动，提升学习体验。

读者对象

本书适合于有意向参加各类白名单赛事，尤其是参加 C++信息学相关比赛的同学，以及对算法竞赛感兴趣的读者，还可以作为面向各类等级考试或认证的学生用书，适用领域如下：

竞 赛 名 称	具 体 项 目
全国中学生信息学奥林匹克竞赛	NOI、NOIP
全国青少年人工智能创新挑战赛	编程创作与信息学专项赛
全国中小学信息技术创新与实践大赛(NOC)	编程赛道——软件创意编程
全国青少年信息素养大赛	智能算法挑战赛
全国青少年科技教育成果展示大赛	AI 算法挑战赛
蓝桥杯全国软件和信息技术专业人才大赛	蓝桥杯青少组 C++
等级考试或认证的项目	**主 办 单 位**
CCF CSP 非专业级别的软件能力认证	中国计算机学会
GESP 中国计算机学会编程能力等级认证	中国计算机学会
全国青少年软件编程等级考试	中国电子学会
蓝桥杯青少年信息技术等级考试	蓝桥杯大赛组委会
PAAT 全国青少年编程能力等级考试	全国高等学校计算机教育研究会
全国青少年编程能力等级测试(NCT)	中国软件行业协会
青少年编程能力等级测评(CPA)	中国青少年宫协会

关于勘误

尽管作者花了很多时间和精力去校对书中的文字、代码与图片等，但由于篇幅和写作时间的限制，书中难免有疏漏之处，恳请阅读本书的教师、同学、读者给与批评指正，以便再版时改进。

致谢

感谢我的家人，你们是我前行的动力，没有你们的支持与鼓励，这本书是不可能面世的。无论是在书写的清晨还是深夜，你们在整个写作过程中给予的理解，都让我感到无比幸运。特别要感谢顾赟杰女士，你的陪伴与坚守一直温暖着我。

感谢清华大学出版社的赵凯编辑及其他工作人员，赵编辑工作认真负责，对本书的编写给予了专业的指导与帮助，正是在她的帮助与鼓励下，本书才能变得更加完善并顺利出版。

翁文强

2024 年 4 月于南京

电子资源

全套教学课件 PPT(共 11 章)下载

编程打字专项训练字库下载

Dev-C++编程软件下载

金山打字通软件下载

目　录

第1章 准备阶段

磨刀不误砍柴工，在正式进入学习之前，我们需要做一些必要的前置准备工作，为我们学习 C++编程做好充分的准备，提前扫除可能在学习过程中会遇到的障碍，让编程学习之旅更加顺利。比如学习软件的安装与使用、学习在线测试 OJ 平台的使用、了解常见的信息学奥赛相关的英文词汇、学习如何快速提升打字速度、了解竞赛评测模式、掌握规范代码格式等，在正式学习编程之前，这些是非常重要的内容，但却是最容易忽视的部分。

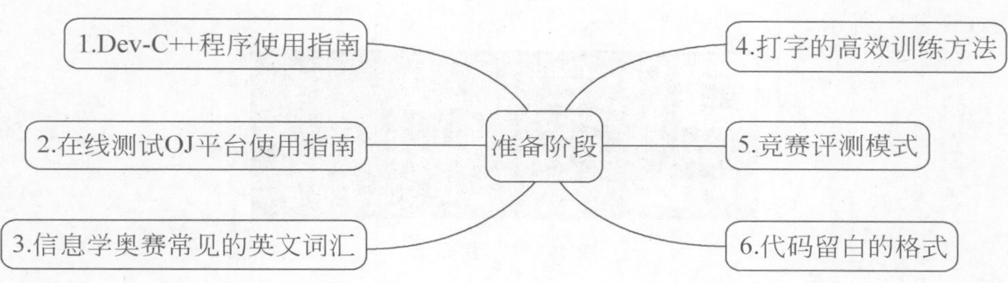

第1课　Dev-C++程序使用指南

【导学牌】

学会 Dev-C++软件的下载与安装

掌握打开、新建、保存、编译、运行等基础操作

【知识板报】

Dev-C++是一款功能强大、轻量级的开源 C++集成开发环境(Intergrated Development Environment,IDE),适用于 Windows 系统平台,具有界面简洁、易用、快速编译等优点,适合初学者学习编程,也是诸多比赛的指定软件,是学习信息学奥赛的首选软件。

除了 Dev-C++软件,还有 Code::Blocks、VSCode、Xcode 等轻量级的软件可选择使用,或者通过在线的一些编程平台进行编程。

本节课以 Dev-C++5.11 版本为例,演示软件安装与使用的基本操作方法。

1. 登录网址:https://sourceforge.net/projects/orwelldevcpp/,单击 Download,即可下载软件,如图 1-1 所示。

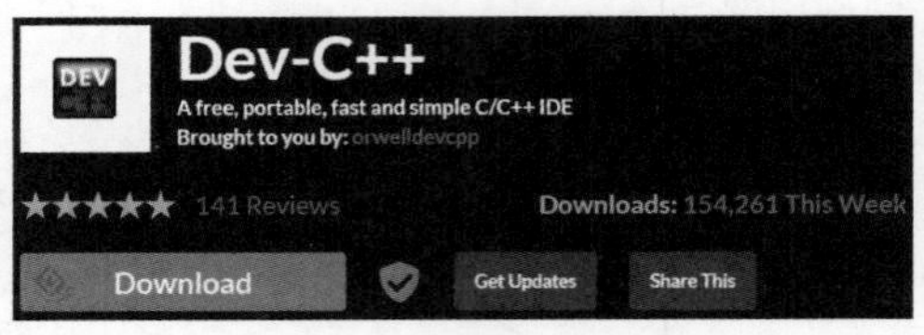

图 1-1　下载界面

2. 双击打开安装包,默认使用语言 English,单击 OK,如图 1-2、图 1-3、图 1-4 所示。

图 1-2　双击安装包

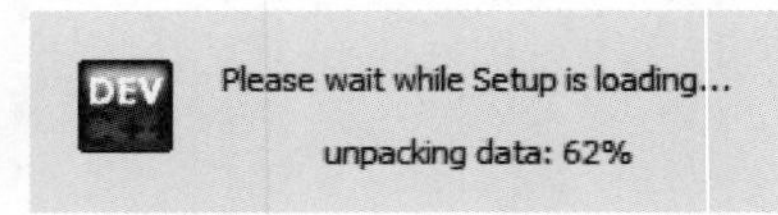

图 1-3　安装进度条

3. 依次单击 I Agree、Next、Install,在安装过程中需要稍等片刻,如图 1-5、图 1-6、图 1-7、图 1-8 所示。

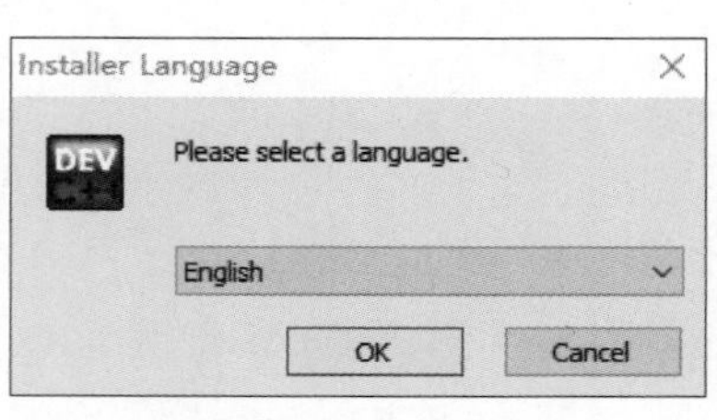

图 1-4　默认使用语言 English

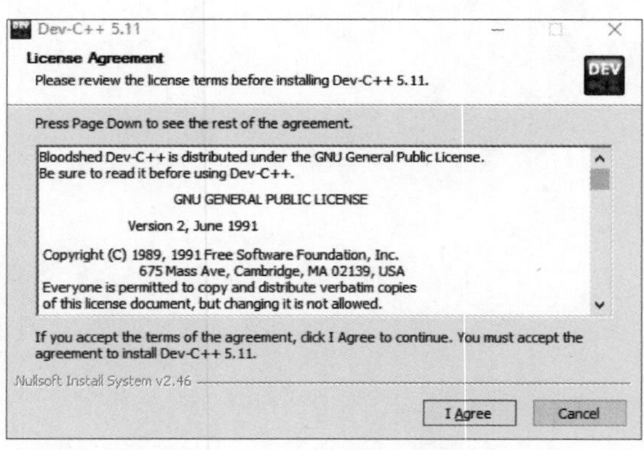

图 1-5　单击 I Agree

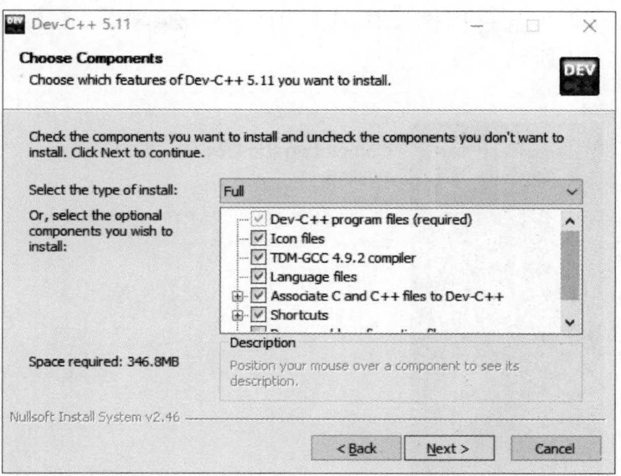

图 1-6 第一次单击 Next

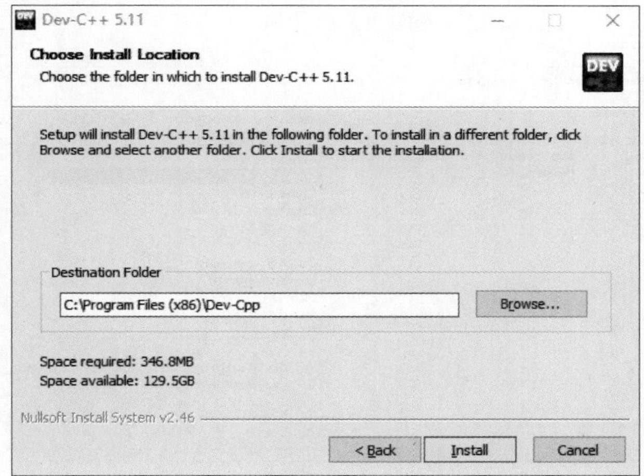

图 1-7 单击 Install

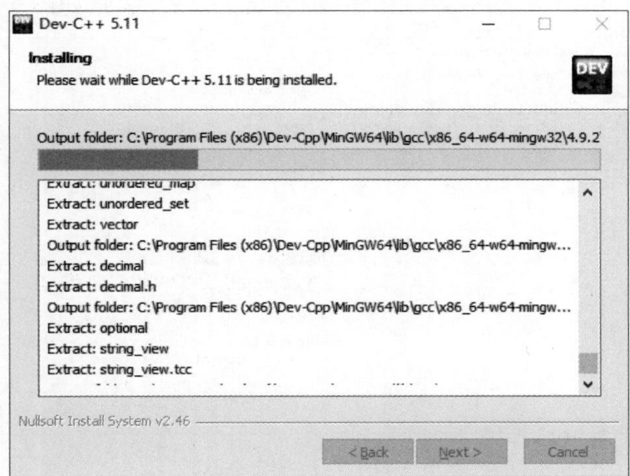

图 1-8 安装过程

4. 单击 Finish 完成安装,在第一次运行时,会自动弹出设置,可以选择简体中文/Chinese,如图 1-9、图 1-10 所示。

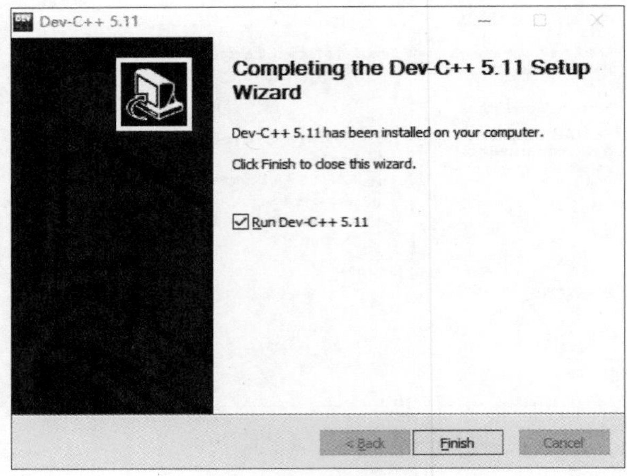

图 1-9　单击 Finish

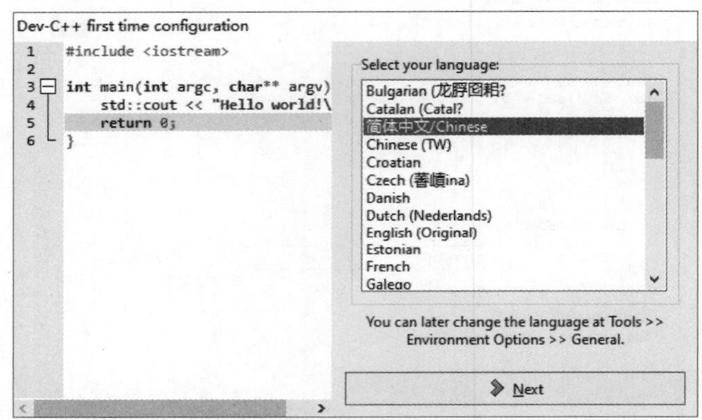

图 1-10　选择简体中文

5. 使用默认属性,单击两次 Next,最后一步会显示设置成功,如图 1-11、图 1-12 所示。

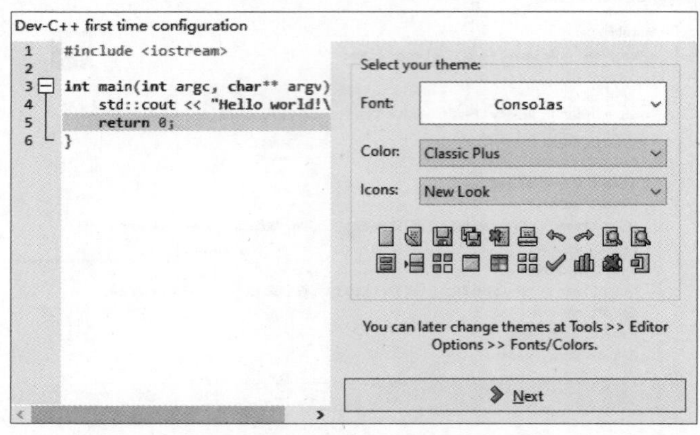

图 1-11　再次单击 Next

6. 安装成功后桌面上会出现快捷方式的图标,后期使用软件时,双击该图标即可,如图 1-13 所示。

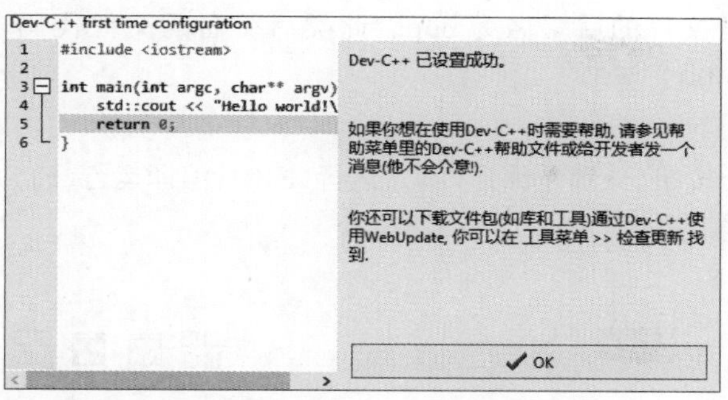

图 1-12　设置成功

7. 依次单击“文件”—“新建”—“源代码”，或者使用快捷键 Ctrl＋N，即可新建一个源代码，如图 1-14 所示。

Dev-Cpp 5.11
TDM-GCC 4.9.2
Setup.exe

图 1-13　Dev-C++桌面快捷方式

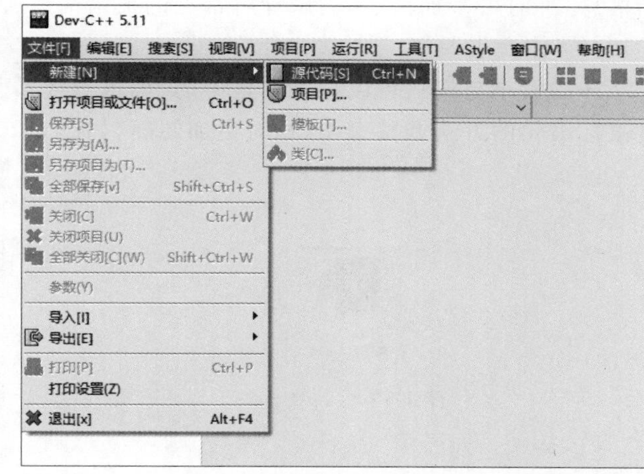

图 1-14　新建源代码

8. 三种保存 cpp 文件的方法。

方法 1：使用快捷键 Ctrl＋S。

方法 2：单击保存或全部保存的图标，如图 1-15 所示。

方法 3：单击菜单栏中的文件，单击保存、另存为或全部保存，如图 1-16 所示。

图 1-15　保存与全部保存图标

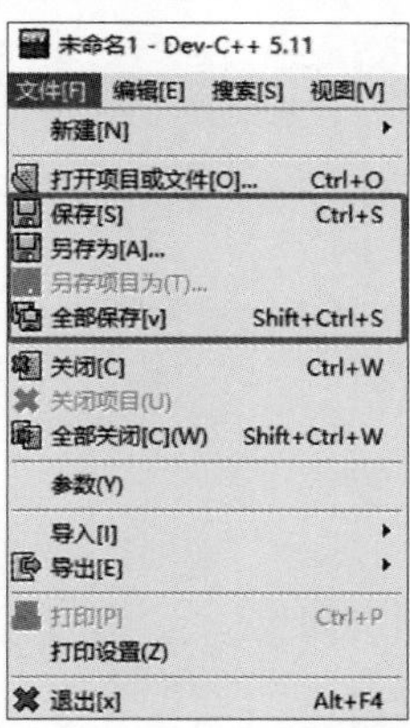

图 1-16　菜单栏中“保存”“另存为”或“全部保存”

保存在计算机中的文件的后缀名为 cpp。此类后缀名的文件代码,表示是由 C++语言编写的源代码文件,如图 1-17 所示。

9. 编译与运行

在工具栏中有 4 个按钮,分别是编译(F9)、运行(F10)、编译运行(F11)、全部重新编译(F12),如图 1-18 所示。

图 1-17　cpp 文件

图 1-18　编译与运行

在源文件的相同目录下,编译后会出现一个 exe 文件,如图 1-19 所示,即是编译后计算机能够直接执行的程序,值得一提的是,如果编译过程中出现问题,在软件的界面中会有相关的报错信息,平时可多加留意,尝试理解常见的报错信息所代表的含义。

10. 字体大小调整

字体的大小与格式可以在工具栏中的"编辑器选项"中调整。更推荐按住 Ctrl 键不松开,通过鼠标滚轮的方式调整大小,相对更加便捷,如图 1-20 所示。

图 1-19　exe 文件

图 1-20　编辑器选项

第 2 课 在线测试 OJ 平台使用指南

【导学牌】

学会使用在线测试平台

掌握在线测试平台常用功能

【知识板报】

在线测试(Online Judge)平台,通常简称为 OJ 平台,是用于自动评测代码的在线系统。该系统允许学生提交对应的代码,系统会自动运行这些代码,并根据预定义的测试数据(输入和输出样例)来评估代码的正确性和性能。这种快速反馈的特性有助于学生们检测代码中是否存在问题,并通过反复修改和改进来提高代码的质量。

本课介绍的是与本书配套的专用 OJ 平台。

1. 登录网址。

www.codecin.com,进入首页。

2. 登录账户。

在网页的右上角进行注册与登录账户,如图 1-21 所示。

图 1-21 注册与登录账户

3. 进入训练。

平台的训练栏目提供了与本书学习内容配套的编程练习,帮助读者在学习过程中通过代码提交和测试的方式进行客观评估,以提高编程的实践技能,如图 1-22 所示。

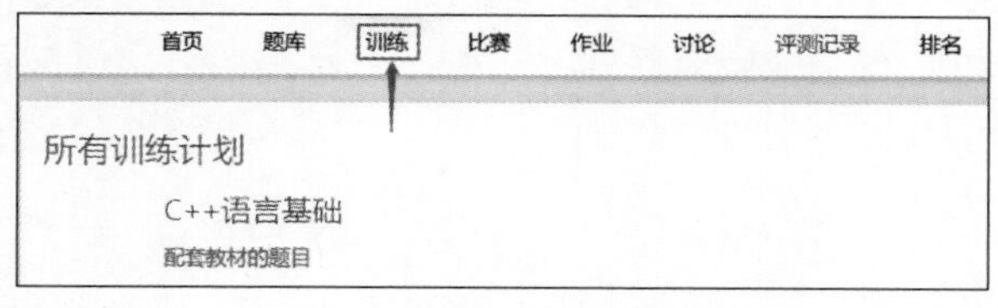

图 1-22 配套训练

4. 进入对应的编程例题,在右上角可以选择直接递交代码,或者采用在线编程的模式,如图 1-23 所示。

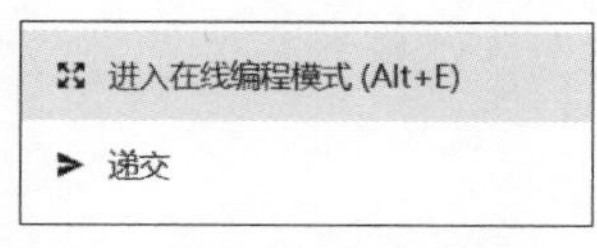

图 1-23 在线编程模式

5. 在线编程模式中,可以进行代码的直接编辑,代码会采取高亮的模式便于阅读,还可以打开自测模式,用于样例的测试与初步检查,如图 1-24 所示。

以上是 OJ 平台常用功能和使用方法的简要介绍,其他功能同学们可以自行探索,平台中的题库将持续更新。希望同学们在学习本书的基础上积极动手编写代码,并利用 OJ 平台进行在线评测。期望通过结合书本学习和在线评测,同学们能够从零开始建立坚实的编程基础,逐步提升编程综合能力。

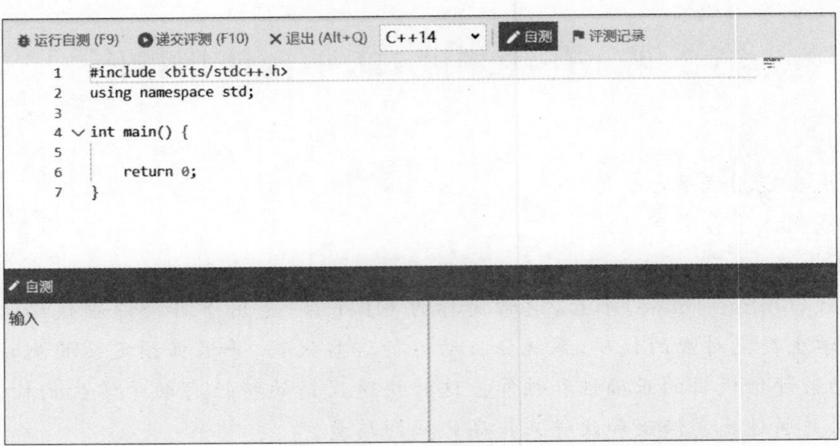

图 1-24 在线编程模式界面

第3课　信息学奥赛常见的英文词汇

【导学牌】

识记常见的英文词汇，理解英文词汇表达的含义

【知识板报】

刚刚接触信息学奥赛的同学，常常会遇到一些英文词汇，其中许多是英文缩写，可能会感到陌生。通常情况下，同学们会不断地在网上搜索或向周围的同学请教，但这种学习方式不够系统。因此，整理了一些常见的英文词汇，以便同学们能够更快速地了解和掌握这些概念。

1. 组织机构

CCF(China Computer Federation)：中国计算机学会。

ACM(Association for Computing Machinery)：美国计算机协会。

2. 赛事与活动

OI(Olympiad in Informatics)：信息学奥林匹克竞赛。

IOI(International Olympiad in Informatics)：国际信息学奥林匹克竞赛。

ICPC(International Collegiate Programming Contest)：由 ACM 组织的国际大学生程序设计竞赛。

NOI(National Olympiad in Informatics)：全国青少年奥林匹克竞赛，即国内的信息学全国赛。

NOIP(National Olympiad in Informatics in Provinces)：全国青少年奥林匹克联赛，即信息学省赛。

WC(National Olympiad in Informatics Winter Camp)：全国青少年信息学奥林匹克竞赛冬令营。

CTS(China Team Selection)：国际信息学奥林匹克中国队选拔赛。

APOI(Asia Pacific Informatics Olympiad)：亚洲与太平洋地区信息学奥林匹克竞赛。

GESP(Grade Examination of Software Programming)：中国计算机学会编程能力等级认证，是由中国计算机学会发起并主办，面向4～20岁青少年编程能力的等级认证。

CCF CSP：非专业级别的软件能力认证，分为 CSP-J(junior，入门组或普及组)和 CSP-S(senior，提高组)。

3. 常见术语

OJ(Online Judge)：在线测试系统，是指在编程竞赛或者练习中，用来测试程序的在线系统，比如上一课介绍的在线测试系统。

OIer：参与信息学竞赛的选手或研究人员。

AC(Accept)：表示通过了某个题目的测试。

WA(Wrong Answer)：提交代码的输出答案错误。

AK(All-Killed)：指在信息学竞赛中获得满分(即 AC 了所有题目)。

第4课　打字的高效训练方法

【导学牌】

掌握打字软件的使用方法

学会导入编程的常用字库,进行针对性学习

【知识板报】

无论是初学者还是信息学竞赛的高手,拥有良好的打字能力和习惯至关重要。尤其是英文打字的效率是一切编程学习的基础。

类似于数学口算的基本技能,快速准确地打字是初学者学习编程应掌握的重要技能。打字的重要性至少占整个编程学习过程的30%以上。只有确保具有扎实的打字基本功,才能够在编程学习中游刃有余,提高后续学习知识的效率。

从学习打字的那一刻开始,我们就应该树立一个意识,要积极努力做到不看键盘,也就是所谓的"盲打"。盲打并不是不可达成的目标,只要勤加练习,不断积累经验,相信一定能掌握这一技能。

1. 常用的打字训练软件推荐:金山打字通

金山打字通是一款界面简洁,功能齐全,适合各类水平的同学训练打字速度与正确率的软件。可以通过网络搜索,进入对应的官网下载与安装该软件。

2. 常用的键盘快捷方式

在编程过程中需要使用一些常见的快捷键,以提高编程效率,如表1-1所示。这些快捷键是编程中经常需要使用到的,在实践中可多加练习,熟能生巧。

表1-1　常用的键盘快捷方式

功　能	快捷方式	功　能	快捷方式
全选	Ctrl+A	保存	Ctrl+S
复制	Ctrl+C	粘贴	Ctrl+V
剪切	Ctrl+X	新建	Ctrl+N
撤销	Ctrl+Z	缩进	Tab
返回桌面	Win+D	输入法切换	Ctrl+Shift
窗口切换1	Alt+Tab	窗口切换2	Win+Tab
中英文切换	Windows 7系统:Ctrl+空格 Windows 10系统:Shift		

需要注意的是,快捷键可能根据操作系统和软件应用程序的设置而有所不同,有些快捷键可能在特定环境下有不同的功能。但表1-1中列出的大部分快捷键是常见的,并且通常适用于大多数Windows操作系统和软件应用程序。

在学习编程过程中,充分利用常用的代码库和词汇是事半功倍的秘诀。因为在实际编写代码时,经常会用到一些特定的代码片段和格式,这些并不是在日常生活中频繁使用的词汇。根据实践经验,熟练使用常用的代码库可以大幅提高编程效率。

对于初学者,建议每天选择一两篇文章进行打字强化练习。同时,需要关注自己的打字速度和准确率,争取每天都能有一点点的进步。这样的练习可以帮助初学者迅速适应和熟练使用编程中的常用词汇和代码库,为提高编程技能打下坚实的基础。

相关的字库和文章资源可以在本书的配套资源中下载。

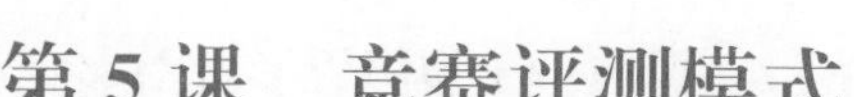

第5课　竞赛评测模式

【导学牌】

理解三种主流的竞赛评分模式

比较三种模式的特点

【知识板报】

在未来的编程学习生涯中，同学们可能会积极参加各种编程竞赛和活动。这些竞赛通常会以在线或离线的方式进行评测，每个比赛的评分机制都有其独特之处。因此，对同样的问题即使学生提交了相同的程序代码，不同的竞赛模式可能会导致总分和排名有所区别。

本课介绍三种主流的竞赛评分模式：ACM、OI和IOI模式。这些模式在反馈、测试点评分、提交次数和罚时等方面都有不同的特点。如表1-2所示，这些模式在各大竞赛平台和各类比赛中都十分常见，每道题目通常为100分。

表1-2　三种主流的竞赛评分模式

	ACM模式	OI模式	IOI模式
每道题提交反馈	支持	不支持	支持
测试点	仅全部通过给分	通过测试点给分	通过测试点给分
提交次数	无限制，有罚时	无限制，无罚时	无限制、无罚时

接下来，让我们更详细地了解这些模式的区别和联系，以及它们在不同场景下的适用性。

ACM模式：ACM竞赛通常会设置8～10道题目，每道题目都会提供提交后的得分反馈，若能通过所有的测试点即可获得100分，否则不得分。在ACM模式下，提交次数没有明确的限制，但每次错误提交会导致相应的罚时。如果总分相同，耗时较长的参赛者排名会相对靠后。

OI模式：OI竞赛通常会设置3～6道题目。OI竞赛通常更适合线下比赛，因为在线评测对网络环境要求较为苛刻。在OI模式下，学生在完成某道题目后，没有相应的在线系统进行实时反馈，但可以使用题目中提供的测试样例进行自我测试和评估。给分相对宽松，只要通过部分测试点，就可以获得相应的测试点分数。此外，OI竞赛通常不会对错误提交进行罚时处理，最终得分以最后一次提交的程序为准。

IOI模式：IOI竞赛通常会设置4～6道题目。IOI竞赛被认为是全球范围内最高水平的信息学竞赛之一。该模式综合了前两种模式的优点，提供了多方面的优势功能。每道题目都支持实时反馈，如果通过了部分测试点，选手可以获得对应测试点的分数。此外，IOI竞赛允许选手进行多次提交，并且不会对提交次数进行罚时。为确保公平和准确的评测，IOI模式对竞赛环境的配置要求相对也较高。

需要特别注意的是，确切的竞赛规则可能因不同的比赛、在线测试（OJ）平台或比赛组织者而有所不同。每个比赛可能会有自己独特的要求、规定和评分方式。因此，在参加具体的比赛之前，强烈建议参赛者仔细查阅比赛规则和相关的OJ平台说明。这样可以确保获得准确的信息和提示，以便在比赛中取得最佳成绩。不同比赛的规则和评分方式可能会对选手的策略和表现产生重要影响，因此了解并遵守这些规则至关重要。

第6课　代码留白的格式

【导学牌】

掌握代码留白的基本格式与要求

【知识板报】

代码的留白是非常必要的。很多同学编写的代码容易堆积在一起,阅读时非常费劲。如果养成不合理的留白习惯,代码编写将显得杂乱无章,不仅影响美观,还让检查错误变得更加困难。

或许有同学会担心,多打空格会不会减慢编写速度?实际上,这种顾虑是多余的。在编程竞赛中,最大的时间消耗通常不是在编写代码上,而是在构思解题思路和检查代码上。规范的代码留白有助于清晰地表达解题思路,同时也有助于更有效地进行代码检查。

本书介绍的C++代码留白格式,是根据Google C++编程规范设计的,具有广泛的适用性。无论是参加编程竞赛,还是今后从事与编程相关的工作,这种格式都是通用的,是非常经典的代码编写方式。

白俄罗斯的传奇编程竞赛选手Gennady Korotkevich(网名:tourist)被誉为编程界的"乔丹",他长期稳坐全球各大编程竞赛平台的榜首,包括Codeforces和AtCoder等。他的代码风格以注重留白布局为特点,与本书中的代码规范高度契合,突显了培养良好的代码编写习惯的重要性。养成良好的代码留白习惯,无论是在未来的项目开发还是在编程竞赛中,都大有裨益。

以下是代码留白的基本格式与要求。

1. 操作符的左右两侧,需要1个空格。

```
a = a + b;
c %= 10;
```

2. 逗号","与分号";"这两个分隔符的前面没有空格,如果后面有内容,需要1个空格。

```
int a, b, c = 20;
```

3. 控制语句if、for、while等后面需要1个空格,第一个大括号与控制语句在同一行,大括号前有空格。

```
if (a > b) {
    a++;
}
for (int i = 1; i <= n; i++) {
    sum += i;
}
while (n--) {
    cin >> a[i];
}
```

4. 整体感受一下代码的风格:简洁、清爽、齐整。

```
#include <bits/stdc++.h>
using namespace std;
```

```
int main() {
    int a, b, sum = 0;
    cin >> a >> b;
    for (int i = a; i <= b; i++) {
        sum += i;
    }
    cout << sum;
    return 0;
}
```

目前我们对于上述的代码，暂时还不理解，这没有关系，后文中我们会对代码逐行讲解。如果在 Dev-C++等程序中编写代码，会发现代码的颜色可能是不一样的，除了黑色，还有其他的颜色，一般我们称之为“高亮”色，这是为了突出它具有一定的关键作用，例如代码中的 int、for、return 等，都是关键词。采用高亮的方式显示关键词，可使得代码在阅读的时候更加顺畅，提高阅读体验，有利于理解。

本章寄语

在本章中,我们完成了学习 C++编程所需的基础准备工作。这一系列的准备,为我们后续正式进入编程学习提供了必要的基础。

在本章中,我们学会了如何下载、安装和使用 Dev-C++程序,掌握了在程序使用过程中的常见操作。还介绍了在线测试 OJ 平台,并了解了 OJ 平台中的常见项目,以便能够迅速上手。了解了 OJ 平台,我们在后续编写代码和进行评测方面会更加客观和严谨。

我们还熟悉并识记了一些常见的信息学奥赛术语,这将有助于同学们之间的沟通。打字效率是编程的基本技能之一,本章提出了高效的打字训练方法,旨在养成良好的英文打字技能和习惯,从而切实提高打字的效率。

在竞赛评分模式方面,我们对于三种常见的评分模式有了初步的了解,由于还没有正式进入编程的学习,如数据的输入输出方法等,对于评测机的运作机制还没有更深入的体会,这些内容将在下一章进行详细学习。规范的代码留白格式是至关重要的,尤其是在最初学习阶段,切勿为了偷懒而忽略应该遵循的代码编写规范。养成国际通用的代码编写风格,将终身受益。

建议在后续章节的学习中时常回顾和应用每一章的内容知识,例如本章中关于竞赛评分机制和代码留白格式等内容。经常的回顾可以帮助我们更好地理解和掌握这些重要概念。

第2章　基础知识

同学们也许已经迫不及待地渴望展现自己的编程技能了。在本章中，我们将通过生动的案例，让同学们在实践中深入理解和应用编程的基础知识。其中每个案例都具有广泛的代表性，并配有详细的注解，就像有一位老师一直在你身边指导一样。

本章的主要目标是梳理编程入门所需的知识，为学习 C++编程提供必要的技能。相信通过学习本章的内容，大家将获得必要的基础能力，能够自信地在编程领域探索，展现自己的编程技能。让我们一起准备好迎接编程世界的挑战！

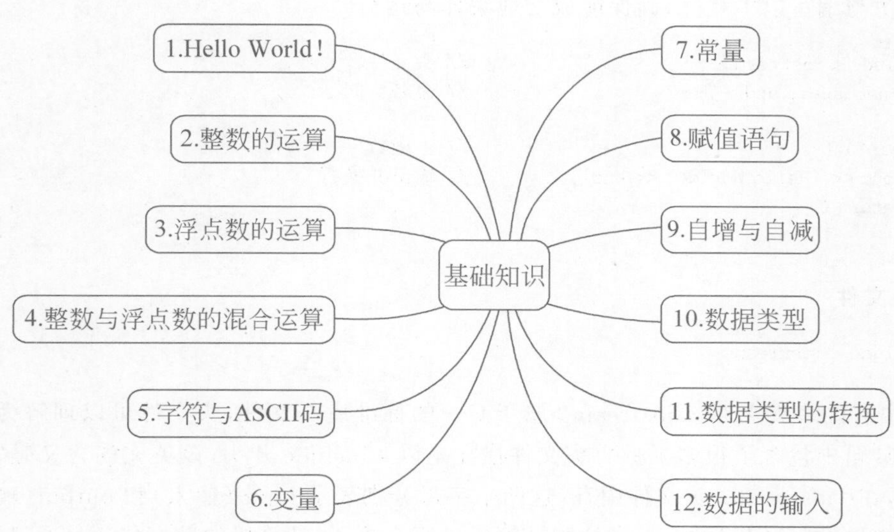

第1课　Hello World!

【导学牌】

学会C++程序的基本语法格式

理解输出数据与程序注释

掌握万能头文件的使用

【知识板报】

许多初学编程的同学,第一个程序通常是学习如何输出Hello World!,是因为这是一个简单而基础的程序,可以很好地帮助初学者迅速了解相关的基础概念。既可以验证是否已正确安装和设置开发环境,还可以帮助了解如何编写符合语法格式的简单程序。

这也是编程社区的传统做法,可以追溯到计算机编程的早期阶段,在那个时代,Hello World! 这样简单的程序通常用来测试新编程语言或者平台的基础功能。

例2-1:输出 **Hello World!**

请模仿与编写以下程序,确保能成功地编译与运行。

```
#include <iostream>                     // 头文件
using namespace std;                    // 命名空间

int main() {                            // 主函数
    cout << "Hello World!" << endl;     // 输出并换行
    return 0;
}
```

1. 头文件

```
#include <iostream>
```

C++中有许多头文件,<iostream>属于C++的标准库头文件,头文件可以理解为工具箱,在这个工具箱中包含了很多工具。头文件往往是以#include开头,该英文的含义是“包括、包含、涵盖”,在<iostream>头文件中,io这两个字母分别表示input(输入)和output(输出)。引入了该头文件,同学们就可以正常地和计算机进行交流了,计算机的数据传递是通过输入输出流实现的,stream就是“流”的意思。

2. 命名空间

```
using namespace std;
```

std是英文单词standard的缩写,表示“标准”。using namespace std; 语句表示使用标准命名空间。这一行代码的作用是在后续的编写过程中省去许多需要编写std::前缀的代码。目前不需要深入探讨,只需进行仿写即可。

3. 主函数

```
int main() {
    …
}
```

main()为程序的主函数，每个 C++程序有且只有一个主函数，int 表示主函数的返回类型为整数型，主函数的返回类型必须是整数。一对大括号内包含了主函数的执行内容，C++程序执行的起点就在主函数大括号中，当主函数的程序执行完毕，整个程序也随之结束。

4. 输出语句

```
cout << "Hello World!" << endl;
```

cout 是用于输出的语句，可以将其视为 C++语言中的 out 功能，它可以将相应的内容进行输出，显示在控制台。cout 后面接两个英文的小于号“<<”，请注意不是中文的书名号。可以将这两个小于号“<<”想象成是一个喇叭，通过 cout“喊”出需要输出的内容。

endl 是换行的意思，是 end line 的缩写，C++可以通过“<<”实现多个内容的输出。

5. 注释

```
// …
```

程序中经常会使用注释，注释是为了使程序更容易理解和阅读，通常用于提供关键信息给程序的编写者和其他阅读者。单行注释可以使用双斜杠“//”，可以在对应行进行注释，中英文皆可作为注释的内容。

```
/*
…
*/
```

除了单行注释，还可以使用多行注释，以“/*”开头，以“*/”结尾，它们之间的内容会作为注释。

无论是单行注释还是多行注释，注释的内容编译器都不会执行，因此不会对程序的运行产生影响。尽管注释不是编写程序的强制要求，但养成良好的注释习惯对于代码的维护以及帮助他人更轻松地理解代码的功能非常有益。

6. 程序运行结束

```
return 0;
```

主函数返回整数 0，代表程序运行结束，请注意，不应在主函数中返回非 0 的其他值，因为这会导致程序运行异常，在评测时也会被判定为运行错误。

在编写代码时，务必将输入法切换为英文输入状态，输入的字母和符号都应使用英文格式。如果使用中文符号，会导致编译错误。

在 C++的语法中，通常每条语句会以分号“;”作为分隔符，虽然一行可以包含多条语句，但建议一行写一条语句，这有助于提高代码的可读性。

除了主函数中的 cout 语句，其余的语句如果暂时还不太理解，没有关系，先熟记与仿写，随着深入的学习，这些疑惑都会迎刃而解。

细心的同学可能发现了，在命名空间与主函数中间，加了空白的一行，这是为什么？首先需要说明，这一空行并非必须要保留，可以不空行，之所以在这里空行，是为了养成良好的编写习惯，因为我们在后期编程时，经常会使用到全局变量、函数等，这些内容是放在命名空间与主函数之间的，所以同学们可以习惯性地先空一行。下面显示的一个模板是同学们经常使用的，可以牢记，争取能够在 30 秒内将代码内容输入完毕。

```
#include <bits/stdc++.h>
using namespace std;

int main() {

    return 0;
}
```

从上面的模板可以看到,对比例 2-1,只有第一行发生了变化,其余的没有变动。

<bits/stdc++.h>是万能头文件,大部分的算法竞赛和等级考试都是支持的。在算法竞赛中,需要使用到较多的头文件,初学者可能一时半会记忆起来有些困难。因此建议同学们可以先学习使用万能头文件,再逐步深入了解各个头文件的属性与功能。这样第一是比较省心,可以专注于题目的思路,第二是节省时间,避免遇到头文件功能不足时而产生一些异常和报错。

第 2 课　整数的运算

【导学牌】

学会使用 C++编程实现常见的整数运算，并分析计算机中的运算符与数学运算符号的异同

掌握五种基础的算术运算符

【知识板报】

计算机最基本的功能就是计算，尤其是面对大规模数据的运算时，相对人工计算，可以极大地提高运算效率与准确度，这也是发明计算机的初衷。

在编程中，最常见的五种算术运算符为加法、减法、乘法、整除和求余运算符(表 2-1)，可通过下面的案例进行实践与说明。

例 2-2：整数的运算

```
#include <bits/stdc++.h>
using namespace std;

int main() {
    cout << 1 + 1 << endl;
    cout << 2023 - 1991 << endl;
    cout << 99 * 99  << endl;
    cout << 3 / 2 << endl;
    cout << 5 % 2 << endl;
    return 0;
}
```

【输出结果】

```
2
32
9801
1
1
```

我们发现，编程的算术运算符号的功能和数学运算基本类似，但是也有一些区别。在整数的运算中，加法、减法、乘法的运算方法与数学运算基本一致，但是除法则称为整除。顾名思义，整除表示只保留结果的整数部分，小数点后的数据会被舍弃截断，可以理解为只保留数学计算中的商，余数则不保留。

%是编程中的求余运算符，计算结果为两个数的余数，也称取模运算符，简称模运算。

可以理解为在使用 C++进行整数间的运算时，是将数学的除法又细分为了两类，可以通过整除和求余，分别求出商和余数。

运算的优先级别和数学运算基本一致，依次是：括号> 乘、除、模> 加、减。

值得一提的是，编程的运算表达式与数学运算的书写方式存在一定区别，括号前后的乘号是不能省略的，例如，2(a+b)是错误的表达式，必须写成 2 * (a+b)，否则计算机在编译的过程中会报错。

表 2-1　常用的算术运算符

运算类型	运　算　符	运算类型	运　算　符
加法	+	整除	/
减法	−	求余(模)	%
乘法	*		

第3课 浮点数的运算

【导学牌】

学会浮点数之间运算的方法

理解科学记数法表示的数据

【知识板报】

浮点数是计算机的一种数据类型，它与整数不同。同学们可以理解为数学概念中的含有小数点的数据类型，浮点数近似于数学中的实数，但并非完全一致，因为浮点数的表示范围是有限的。我们通过下面的案例进行实践与说明。

例 2-3：浮点数的运算

```
#include<bits/stdc++.h>
using namespace std;

int main() {
    cout << 2.5 + 0.7 << endl;
    cout << 1.0 - 1.5 << endl;
    cout << 30.0 * 99.0 << endl;
    cout << 3.0 / 2.0 << endl;
    cout << 1.0 / 3.0 << endl;
    cout << 10000.0 * 10000.0 << endl;
    cout << 5.0 / 100000 << endl;
    return 0;
}
```

【输出结果】

```
3.2
-0.5
2970
1.5
0.333333
1e+08
5e-05
```

根据输出结果我们发现，浮点数之间的相互计算结果可能会有小数点，也可能没有，还有可能是很奇怪的 e＋或者 e－之类的形式。

首先需要了解有效数字的概念。

有效数字：是指在一个数中，从该数的第一个非零数字起，直到末尾数字为止的数字，例如 0.618 的有效数字有 3 个，分别是 6、1、8，0.03800 的有效数字有 4 个，分别是 3、8、0、0。

浮点数的运算结果，实际也是模拟的数学运算，只不过运算结果的显示形式有所区别，大致可以分为以下几类。

1. 计算结果如果没有小数点，则只显示整数部分，小数部分会自动忽略，但依然是浮点数，例如 33.0 * 99.0，结果为 2970，后面的小数点虽然已忽略，但是数据类型是浮点数。

2. 计算结果如果能用 6 位以内的有效数字表示，则直接显示，如 3.0/2.0，结果为 1.5，可以用 2 位有效数字表示。

3. 计算结果如果为无限小数，则只显示 6 位有效数字，其余省略，如 1.0/3.0，结果为

0.333333。

4. 计算结果如果用 6 位有效数字无法表示,则使用科学记数法表示。

科学记数法:是一种记数的方法,是把一个数表示成 a 与 10 的 n 次幂相乘的形式($1 \leq |a| < 10$,a 不为分数形式,n 为整数),这种记数法称为科学记数法。

e+n 表示 10 的 n 次方,e−n 表示 10 的 −n 次方,例如 10000.0 * 10000.0,结果为 1e+08,相当于 1.0 的小数点往后挪 8 位后的数字,例如 5.0 / 100000,结果为 5e−05,即 5.0 的小数点往左挪 5 位后的数字。

e+或 e−的后面如果跟着 08、05 这样的前导零数据,0 也可以忽略,不会影响数值大小,+号也可以省略,例如 1.5e+08 可以简写成 1.5e8,3.8e−09 可以简写成 3.8e−9。

科学记数法可以帮助我们表示非常大或非常小的数值,例如,天文学中的距离表示、经济学中的大数字表示、化学中的分子量表示等,可以帮助我们更好地理解与处理数据。

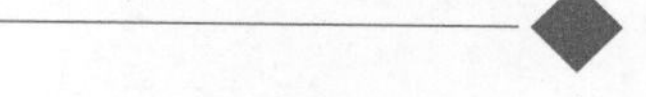

第 4 课　整数与浮点数的混合运算

【导学牌】

掌握整数与浮点数的基本运算规则

理解混合运算后的数据类型

【知识板报】

在整数与浮点数混合运算时，整数会自动转换为浮点数，再执行相关的运算，这种数据类型发生改变的情况，称为数据类型的自动转换。

例 2-4：整数与浮点数的混合运算

```
#include <bits/stdc++.h>
using namespace std;

int main() {
    cout << 1 + 3.5 << endl;                  // 1
    cout << 2 - 0.5 << endl;                  // 2
    cout << 3 * 2.3 << endl;                  // 3
    cout << 3 / 2 + 0.5 << endl;              // 4
    cout << 2.0 * 3 / 2 << endl;              // 5
    cout << 1.0 * 3 / 2 << endl;              // 6
    cout << 2e9 - 1000000000 << endl;         // 7
    return 0;
}
```

【输出结果】

```
4.5
1.5
6.9
1.5
3
1.5
1e+09
```

在主函数中，前 3 行进行了整数与浮点数之间的运算，输出结果与数学计算结果非常相似，都保留了真实的小数位。

在第 4 行中，可能会误认为结果是 2，但实际上 3 / 2 是整除，因此结果是整数 1，然后再加上 0.5，最终结果为 1.5。整除是编程中的运算符，刚开始可能会与数学除法混淆，这是很正常的现象，随着编程经验的积累，会逐渐适应。

在第 5 行中，在 3 / 2 之前，2.0 先乘 3，结果是浮点数 6，再除以 2，结果为 3，虽然看起来像整数，但实际上是浮点数，只是小数点后的数据可以忽略不显示。

在第 6 行中，首先进行 1.0 * 3 运算，结果是浮点数 3，然后再除以 2，结果为浮点数 1.5。

在第 7 行中，是一个用科学记数法表示的浮点数减去整数的运算，结果依然是科学记数法表示的浮点数。

当整数与浮点数进行混合运算时,遵循以下规则:

1. 当整数之间进行运算时,结果仍然是整数。

2. 当浮点数之间进行运算时,结果仍然是浮点数。

3. 当整数和浮点数混合运算时,结果将为浮点数。这是因为浮点数具有更广泛的数值表示范围,所以在整数与浮点数进行混合运算时,整数会自动转换为浮点数,然后与浮点数一起参与运算,以确保结果能够保留小数部分,从而避免数据精度的损失。

第5课 字符与ASCII码

【导学牌】

理解字符型的数据

理解字符与ASCII码之间的关系

【知识板报】

字符是计算机中重要的数据类型，每个字符都有对应的ASCII码，字符的存在旨在表示一些符号形式。因为计算机的底层逻辑是数字，但是我们也需要输出符号或者通过符号进行内容的表述，如一个人的英文名不能用纯数字输出，或者由数字与字母组成的一段密码也不能仅用数字表示。

首先需要了解ASCII码，如表2-2所示。

表2-2 ASCII码表

数字	字符	数字	字符	数字	字符	数字	字符	数字	字符	数字	字符
32	[空格]	48	0	64	@	80	P	96	`	112	p
33	!	49	1	65	A	81	Q	97	a	113	q
34	"	50	2	66	B	82	R	98	b	114	r
35	#	51	3	67	C	83	S	99	c	115	s
36	$	52	4	68	D	84	T	100	d	116	t
37	%	53	5	69	E	85	U	101	e	117	u
38	&	54	6	70	F	86	V	102	f	118	v
39	'	55	7	71	G	87	W	103	g	119	w
40	(	56	8	72	H	88	X	104	h	120	x
41	)	57	9	73	I	89	Y	105	i	121	y
42	*	58	:	74	J	90	Z	106	j	122	z
43	+	59	;	75	K	91	[	107	k	123	{
44	,	60	<	76	L	92	\	108	l	124	|
45	-	61	=	77	M	93	]	109	m	125	}
46	.	62	>	78	N	94	^	110	n	126	~
47	/	63	?	79	O	95	_	111	o		

在表格中，每个字符都有对应的ASCII码，字符和ASCII码是一一对应的关系。对于初学者而言，理解ASCII码并不容易，但也没有想象的那么复杂，这里通过一个比喻来帮助大家理解。

可以想象每个ASCII码都像一张纸牌，纸牌的正面写着字符（例如'A'），而背面则写着对应的数字（例如65）。实际上，这两者是相互关联的，就像纸牌的正反两面，只是不同的表现形式。如果我们看到纸牌的背面是数字65，那么它的正面一定是字符'A'。如果纸牌的正面是字符'B'，则背面对应的数字是66。纸牌的正面尽管表面上是字符，但底层的逻辑仍然是数字，只不过使用字符'A'表示数字65。

需要注意的是，正面的字符不能直接进行数学运算，真正参与运算的是背面的数字。这是因为计算机底层的运算逻辑是基于数字的，字符本身无法直接参与计算。

当在计算机中进行字符与字符或字符与数字的运算时，最终的结果都会被转换为数字，因为计算的本质始终是数字的计算,字符只是一种表示方式。希望这个比喻有助于大家更好地理解 ASCII 码的概念和计算机底层的运作原理。

例 2-5:字符与 ASCII 码

```
#include<bits/stdc++.h>
using namespace std;

int main() {
    cout << 'A' << ' ' << 'B' << ' ' << 'C' << endl;
    cout << ' ' << ' ' << '0' << ' ' << 'A' << ' ' << 'a' << endl;
    cout << ' ' + 0 << endl;
    cout << '0' + 0 << endl;
    cout << 'A' + 0 << endl;
    cout << 'a' + 0 << endl;
    cout << 'a' - 'A' << endl;
    cout << 'z' - 'Z' << endl;
    cout << 'a' - ' ' << endl;
    cout << '9' - '0' << endl;
    cout << 5 + '0' << endl;
    return 0;
}
```

【输出结果】

```
A B C
  0 A a
32
48
65
97
32
32
65
9
53
```

在主函数中,前 2 行是一些字符的输出,这些字符都加了单引号,代表是字符的数据类型,如果不加单引号,编译器会报错,因为不加引号的字母或者字母组合,往往代表的是变量的含义,因为还没有定义过这些变量,所以会报错,至于什么是变量,下一课会深入学习。

' ' + 0:结果为 32,因为空格符的 ASCII 码是 32,所以加上真实的数字 0,ASCII 码的大小没有发生改变,只是输出会变成整数型,这有一个小技巧,如果忘记了某个字符的 ASCII 码,可以输出这个字符加上数字 0 的结果。

'0' + 0:结果为 48,因为字符'0'的 ASCII 码是 48。

'A' + 0:结果为 65,因为字符'A'的 ASCII 码是 65。

'a' + 0:结果为 97,因为字符'a'的 ASCII 码是 97。

'a' − 'A':结果为 32,即对应的 ASCII 码相减(97−65)。

'z' − 'Z':结果也为 32,可以发现所有的小写与大写字母之间的 ASCII 码差值都是 32,该差值刚好是空格符的 ASCII 码。

'a' − ' ':结果为 65,恰好是大写字母'A'的 ASCII 码,大写与小写字母之间的差值为 32,可以通过这个差值进行大小写字母之间的转换。

'9' − '0':结果为数字 9,即两个字符的 ASCII 码相减。如果想将某个字符型的数字转换

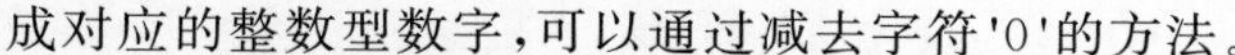

成对应的整数型数字，可以通过减去字符'0'的方法。

5 + '0'：结果为53，也是符号'5'对应的ASCII码，通过变量的自动转换，或者强制转换等方法，可以实现整数型的数字转换成字符型的数字。

因此不需要背诵整个ASCII码的表格，初学者只需要记忆以下4个常用符号的ASCII码即可。

空格' '：32

符号'0'：48

大写字母'A'：65

小写字母'a'：97

其中需要注意的是，小写字母的ASCII码比大写字母的要大，初学者容易混淆。因为在编码时，我们的前辈们是先编入大写字母，再编入小写字母，同学们想一想，如果你编写这个表格，是不是也会从小到大地按序号先编入大写字母呢？

第6课 变 量

【导学牌】

理解变量的概念与命名规则

学会定义与初始化变量

熟悉常见的变量名称

【知识板报】

在计算机中,变量是一种存储数据的抽象概念,同学们可以理解为是一种类似“箱子”的容器,容器里面可以存储程序运行过程中所需用到的数据。通过变量,可以在程序运行的过程中进行创建、赋值、读取与修改等操作,正因为“箱子”中的数值是会发生变化的,故称之为变量。

变量首先需要被定义,只有定义了变量的类型与名称,才可以被使用,在定义的过程中,也可以赋予变量初始值。

定义变量的语法格式如下:

```
变量类型 变量名
```

例 2-6:定义变量

```
#include <bits/stdc++.h>
using namespace std;

int main() {
    int a;
    int b, c, d;
    char e = 'A';
    double f, g = 2.1, h = 3.14;
    return 0;
}
```

在示例程序中我们发现,可以一次只定义一个变量,也可以一次定义多个同种类型的变量,在定义变量的过程中,如果需要初始化某个变量的数值,可以使用赋值符号“=”进行赋值,变量的数据类型可以是整数型、字符型、浮点型等,具体的数据类型在本章的后续课程中会详细介绍。

注意:同样的变量名不能被重复定义,如果在主函数中,定义了两个一样的变量名,在编译时会报错,同学们可以试一试,查看报错的信息内容。

变量的命名需要遵循以下规范:

1. 只能由字母、数字、下画线组成。
2. 不能以数字开头。
3. 不能使用保留字或关键词,例如 if、int、double 等。

此外还需要留意,变量名是区分大小写的,例如 num 和 Num 是不同的变量,变量名应该尽量短小精悍,且具备应有的描述性,不能全部变量都是 a,b,c 等字母,时间久了可能连自己都忘了它们代表的含义。

在国际上,通常有三种常见的变量命名规则,分别是驼峰命名法、下画线命名法以及匈牙利命名法。其中,驼峰命名法包括小驼峰命名法和大驼峰命名法,具体的命名规则同学们可以

自行深入研究和了解。

针对初学者，在此推荐使用一些常用的变量名（表 2-3），同学们可以根据使用场景选择合适的变量名，以提高程序的可读性，避免变量含义的混淆。

表 2-3　常用的变量名称推荐

变量名称	单词全拼	推荐使用的场景描述
A，a，b，c 等单字母变量		通用变量名
n		存储数据的总数，矩阵的行数
m		存储数据的操作次数，矩阵的列数
x，y		未知数、坐标
maxn		最大值，为避免与 max()函数冲突，后面加个 n，理解为 n 个数中的最大值
minn		最小值，为避免与 min()函数冲突，后面加个 n，理解为 n 个数中的最小值
i，j，k		循环结构中常用的计数器
last		最后一次或上一个访问的元素
score		分数、得分
delta		差值
ans	answer	存储答案
cnt	count	统计个数
sum	summation	求和、汇总
tmp	temp	存储临时数据
num	number	数字、数量等
f	flag	在程序中做一些标记
t	time	时间
l	left	左侧对象
r	right	右侧对象
s，str	string	字符串
pos	position	位置
opt	option	选项或选择
dis	distance	距离
st	start	开始
ed	end	结束
tar	target	目标值
cur	current	当前数值

以上是推荐使用的一些变量名，它们各自具有描述的含义，但也是相对的，变量本身只是一个代号，在真实的场景中学会选择恰当的变量名，会使程序在编写和阅读时更加顺畅，可以有效减少变量含义的混淆，从而提高正确率。

第7课　常　　量

【导学牌】

理解常量的概念

掌握定义常量的方法

【知识板报】

常量的命名规则与变量保持一致。

相对于变量而言,常量的数据一旦被定义,其内容将不可修改。常量通常用于表示程序中的一些固定不变的值,或者自然界中公认不变的常数,如圆周率、光速等。为了使常量在代码中更易识别和区分,通常建议使用大写字母来命名它们,从而能与变量明显区别开来,提高代码的可读性和可维护性。这种命名约定有助于阅读程序时清晰地识别哪些值在程序中被视为常量,不能被修改。

定义常量的两种语法格式如下:

```
const   数据类型   常量名
数据类型   const   常量名
```

在C++中,常量的定义确实具有一定的灵活性,可以选择将关键字const放在数据类型的前面或后面,两种方式都是合法的。这是C++语言的灵活性,尽管这两种语法都有效,但通常的做法是将const放在数据类型前面,这是更为常见和通用的约定,以提高代码的可读性。

例2-7:计算圆的周长与面积

```
#include <bits/stdc++.h>
using namespace std;

int main() {
    const double PI = 3.14;
    int const R = 3;
    cout << 2 * PI * R << endl << PI * R * R << endl;
    return 0;
}
```

【输出结果】

```
18.84
28.26
```

const是“恒定”的意思,这里定义了圆周率常量PI = 3.14与半径常量R = 3,程序中const两次所在的位置都不一样,一个在数据类型double之前,一个在数据类型int之后,这两种方法只是写法不同,功能一致。

同学们可以尝试将常量的数据重新赋值,看看会显示什么报错信息。

第8课 赋值语句

【导学牌】

理解赋值语句的基本概念

学会交换两个变量数值的方法

【知识板报】

赋值语句是编程中最重要的基础语句，用一个等号"＝"表示，它的含义是将等号右侧的数据存储到左侧的变量中。右侧可以是变量、表达式等，而左侧则是用于存储数据的变量。需要注意的是，这个赋值操作与数学中等号的使用习惯恰恰相反。在数学中，等号通常表示相等，而在编程中，为了表示赋值操作已经使用了等号，如果需要判断左右两个数值是否相等，编程中会使用双等号"＝＝"，即通过两个等号判断是否相等。

在编程中，正确理解和使用赋值操作和双等号操作对于程序的正确性至关重要。

例 2-8：交换两个整数的值

解法 1：

```
#include <bits/stdc++.h>
using namespace std;

int main() {
    int a = 10, b = 8, c;
    c = a;
    a = b;
    b = c;
    cout << a << ' ' << b;
    return 0;
}
```

【输出结果】

```
8 10
```

解法 2：

```
#include <bits/stdc++.h>
using namespace std;

int main() {
    int a = 10, b = 8;
    a += b; // a = a + b;
    b = a - b;
    a -= b; // a = a - b;
    cout << a << ' ' << b << endl;
    return 0;
}
```

【输出结果】

```
8 10
```

例 2-8 是两种经典的交换方法。解法 1 使用了第三个变量作为中间媒介，就像将两个杯子中的内容互相倒一样,首先将一个杯子的内容倒入第三个空杯子,然后再将另一个杯子的内容倒回原来的杯子,最终实现了两个杯子内容的互换。

解法 2 则更巧妙,它没有引入额外的变量,而是利用了两个数的和是固定的原理。通过将两个数的和减去其中一个数,自然就得到了另一个数。在解法 2 中,同学们会注意到,出现了新的运算符号,如"+="、"-="等。这些符号被称为复合赋值运算符,类似的还有"*="、"/="、"%="等,它们旨在简化赋值语句的书写。

总之,需要重点关注赋值符号的功能,初学者可以通过从右到左的方式来理解它们,而不要将其与数学中的等号混淆。赋值操作的目的是将右侧表达式的结果赋值给左侧变量,例如,对于 a = a + b,它的意思是将 a + b 的结果赋值给 a,这里右侧的 a 代表旧的值,而左侧的 a 代表最新的值,因此左右两侧的 a 可以具有不同的值。

第 9 课　自增与自减

【导学牌】

学会自增与自减运算

理解前缀与后缀两种形式的区别

【知识板报】

自增与自减运算是编程中的常见操作，它们用于增加或减少一个变量的值。分别通过自增运算符“++”和自减运算符“--”表示。这两种运算符常用于顺序、选择、循环等编程结构中，以改变变量的数值。

例 2-9：自增与自减

```
#include <bits/stdc++.h>
using namespace std;

int main() {
    int i = 0, j = 0;                        // 初始化为 0
    i++;                                     // 后缀自增运算
    ++j;                                     // 前缀自增运算
    cout << i << ' ' << j << endl;           // 输出 i 与 j
    cout << i++ << ' ' << ++j << endl;       // 输出对比前缀与后缀的自增运算
    cout << i << ' ' << j << endl;
    cout << --i << ' ' << j-- << endl;       // 输出对比前缀与后缀的自减运算
    cout << i << ' ' << j << endl;
    return 0;
}
```

【输出结果】

```
1 1
1 2
2 2
1 2
1 1
```

通过示例程序的演示，可以看到在变量 i 前面或后面添加自增运算符“++”都可以将该变量的值增加 1，这等效于赋值语句中的 i = i + 1。自减运算也具有相同的性质。

自增运算分为前缀和后缀两种用法，它们都能实现将变量增加 1，但两者有一定区别，前缀自增是在使用该变量之前，先增加 1，然后使用变量。后缀自增是先使用这个变量，然后再增加 1。最终的变量数值是一样的，自减运算的前缀与后缀也具有相同的性质。

自增与自减运算符在编程中具有多种用途，常用于循环中递增或递减计数器，或用于算术和逻辑操作中。然而，在使用这些运算符时，应确保理解运算符的行为，以避免产生不必要的错误或混淆。

请注意，变量 i 和 j 在进行运算时，如果没有提前初始化为 0，可能会输出意想不到的运算结果。因此对于需要参与计算的变量，一定要提前对其进行初始化，否则很可能会产生计算错误。同学们可以将示例程序中的初始化去除，观察运行结果，会发现未进行初始化的变量参与的运算，在不同的编译器中，产生的结果可能会有差异。

第10课 数据类型

【导学牌】

熟知常用的数据类型

掌握不同数据类型的适用场景

【知识板报】

在编程中,不同的数据类型用于表示不同类别的数据,并具有不同的特性和限制。就像不同形状和颜色的积木,可以用来组成和搭建丰富的结构。每种类型都有自己的特点和用途,比如整数可以表示数量,浮点数可以表示实数,字符可以表示单个符号,布尔型可以表示真或者假等。

使用不同的数据类型可以更好地描述和操作数据,以提高程序的效率和可靠性,同时也可以更好地表达与处理数据。掌握不同的数据类型,根据其特点和用途,可以更加灵活地解决各类问题。

常见的数据类型如表 2-4 所示。

表 2-4 常见的数据类型

类　　型	数据类型	字节长度	取值范围
字符型	char	1(8 位)	−128～127(-2^7～2^7-1)
布尔型	bool	1(8 位)	true(1)或 false(0)
整数型	int	4(32 位)	−2 147 483 648～2 147 483 647(-2^{31}～$2^{31}-1$)
无符号的整数型	unsigned int	4(32 位)	0～4 294 967 295(0～$2^{32}-1$)
长整数型	long long	8(64 位)	−9 223 372 036 854 775 808～9 223 372 036 854 775 807 (-2^{63}～$2^{63}-1$)
无符号的长整数型	unsigned long long	8(64 位)	0～18 446 744 073 709 551 615(0～$2^{64}-1$)
单精度浮点型	float	4(32 位)	−3.4E+38～3.4E+38,6～7 位有效数字
双精度浮点型	double	8(64 位)	−1.7E+308～1.7E+307,15～16 位有效数字

当然除了表 2-4 中显示的一些常见数据类型,还有一些其他的数据类型,例如 short、long、long double 等,感兴趣的同学可以自行研究。

例 2-10:体验不同的数据类型

```
#include <bits/stdc++.h>
using namespace std;

int main() {
    int a = 3, b = 20;
    long long c = 600000, d = 200000;
    double e = 5.12, f = 5.1;
    cout << a + b << endl;
    cout << c * d << endl;
    cout << e * f << endl;
    return 0;
}
```

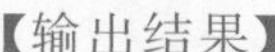

【输出结果】

```
23
120000000000
26.112
```

在示例程序中，选择适当的数据类型需要综合考虑多个因素，包括数据的范围、精度以及程序的执行效率等。这是一种在精确性、内存空间和性能之间进行权衡的过程。

从表 2-4 中可以看出，long long 型数据可以表示更大范围的整数，这引发了一个问题：是否可以仅使用 long long 型数据而不需要其他类型的整数呢？答案是否定的。尽管 long long 型数据可以表示更大范围的整数，但同时它也会占用更多的内存空间和计算资源。当需要存储大量整数数据时，使用大量的 long long 型数据变量会占用大量内存，可能导致程序执行效率下降。因此，一般情况下，我们默认使用 int 型数据来存储整数，因为它可以满足大多数情况下的数据范围。只有当数据范围超出 int 型数据的范围但仍在 long long 型数据范围内时，才会考虑使用 long long 型数据。

对于浮点数，通常默认使用 double 型数据。这是因为 double 型数据可以保留更多的有效数字，减小浮点数计算时产生的误差，以提高计算的精度。只有在内存有限制的情况下才会选择使用 float 型数据。此外，许多编程语言将 double 型数据作为默认的浮点数，这也有助于提高代码的兼容性。

综上所述，数据类型的选择要根据具体需求综合考虑各种因素，以便在不同情况下取得最佳的平衡。

第 11 课　数据类型的转换

【导学牌】

理解数据类型自动转换的规定方向

学会数据类型强制转换的方法

【知识板报】

数据类型的自动转换,是指在程序执行期间,根据上下文自动将一个数据类型的值转换为另一个数据类型的值,通常发生在混合运算类型的表达式,或赋值的过程中。

强制转换是指在程序中明确地指定要将一个数据类型的值,强制转换成另一个数据类型的值,一般通过相应的数据类型转换函数实现。

数据类型的转换对于初学者而言是非常重要的,不同的数据类型之间如何进行运算,结果会转换成哪种数据类型,对于输出以及后续的变量存储,具有关键作用。

例 2-11:混合运算过程中数据类型的自动转换

```
#include<bits/stdc++.h>
using namespace std;

int main() {
    int a = 2, b = 5;
    char c = 'A';
    long long x = 2147483647;
    double y = 3.5;
    cout << c + a << endl;                  // 字符型与 int 型整数的计算
    cout << c * x << endl;                  // 字符型与 long long 型整数的计算
    cout << c - y << endl;                  // 字符型与浮点型数的计算
    cout << a + x << endl;                  // int 型整数与 long long 型整数的计算
    cout << b + x / y << endl;              // 两种整数型与浮点型数的计算
    return 0;
}
```

【输出结果】

```
67
139586437055
61.5
2147483649
6.13567e+08
```

同学们可能发现了,当不同数据类型之间进行计算时,会自动转换成其中某一种数据类型,那么当两种数据类型碰撞到一起,究竟该如何自动转换呢?其实这种数据之间的转换,是有一定规律可循的,我们结合图 2-1 进行说明。

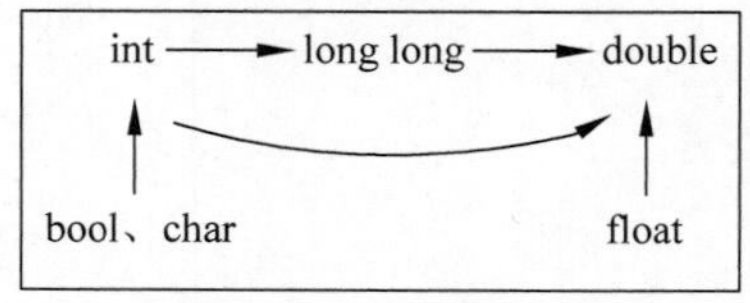

图 2-1　数据类型自动转换的方向

在图 2-1 中,先观察两个朝上的箭头,当布尔、字符型的数据参与运算时,会先自动转换成 int 型,当 float 型与其他类型数据运算时,会先自动转换成 double 型。再观察三个朝右的箭头,箭头代表的是数据类型自动转换的方向,当 int 或 long long 型与 double 型数据进行运算时,会自动转成 double 型,当 int 型与 long long 型数据进行运算时,会

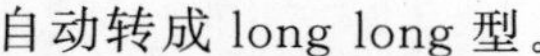

自动转成 long long 型。

数据类型的转换，是将数据存储长度较短的类型转换成存储长度较长的类型，其本质是为了尽可能地保证数据在混合运算中的精度。

例 2-12：赋值过程中数据类型的自动转换

```
#include <bits/stdc++.h>
using namespace std;

int main() {
    bool a;                                          // 布尔型
    char b;                                          // 字符型
    int c;                                           // 整型
    double d;                                        // 浮点型
    a = b = c = d = 65.5;                            // 连续赋值
    cout << a << ' ' << b << ' ' << c << ' ' << d << endl;
    d = c = b = 'A';                                 // 连续赋值
    cout << b << ' ' << c << ' ' << d << ' ' << d / 2 << endl;
    return 0;
}
```

【输出结果】

```
1 A 65 65.5
A 65 65 32.5
```

首先让我们深入了解编程中所谓的“连续赋值”。在 C++ 中，可以连续地将多个变量赋值，赋值的方向是从右往左，逐个进行赋值。

当在赋值符号的左右两侧涉及不同的数据类型时，由于不同数据类型在存储长度上的差异，跨类型的数据转换可能会导致一些精度损失。例如，将 65.5 赋值给浮点型变量是没有问题的，它仍然是 65.5。但是，如果将浮点型数据赋值给整数型变量，小数点后的部分会被截断舍弃，而不会自动四舍五入。当整数赋值给字符型变量时，它会自动转换为相应的字符。而当数据赋值给布尔型变量时，只要不是 0，它会自动转换为 1。

然而，如果将赋值的方向反过来，即从数据存储长度较短的类型向数据存储长度较长的类型赋值，基本上数据表示的大小不会改变，唯一变化的是数据的类型。例如，字符'A'赋值给字符型变量可以正常存储，但是当字符'A'赋值给整型变量时，它会自动转换为整数 65。当整数 65 赋值给浮点型变量时，它会自动转换为浮点型的 65.000…，只是小数点后全部是 0，显示仍然是 65。最后，如果对浮点型的 65 除以 2，结果将是包含小数部分的 32.5。如果是整数型的 65 整除 2，结果将是 32。

这种连续赋值和数据类型转换的行为是 C++ 中的重要概念，在编程中需要谨慎对待，以确保数据被正确地处理和转换。

例 2-13：数据类型的强制转换

```
#include <bits/stdc++.h>
using namespace std;

int main() {
    double a, b;
    int ans;
    a = 3.8;
```

```
    b = 15.9;
    ans = (int)a + int(b);
    cout << ans << endl;
    ans = int(a + b);
    cout << ans << endl;
    ans = char(a + b);
    cout << ans << endl;
    return 0;
}
```

【输出结果】

```
18
19
19
```

除了数据类型自动转换外,还可以根据需要进行数据类型的强制转换。在 C++ 中,有两种常见的类型转换方法,语法格式如下:

```
(类型名)变量
类型名(变量)
```

在例 2-13 中,第一次的 ans 通过两种强制类型转换的方式分别将 a 和 b 转换为整数后再赋值。第二次的 ans 是先将 a 和 b 求和,然后再强制转换为整数后赋值,在强制转换之前可能存在进位的情况。

第三次的 ans 可能看起来有点奇怪,但实际上是它先将 a 和 b 求和,然后要求将结果转换为字符型。实际上,在赋值的右侧,已经将求和结果转换成了对应的字符,是 ASCII 码中数字 19 对应的字符。但请注意,赋值符号左侧是整数型,赋值过程中还会对字符型的数据进行自动类型转换,所以字符型的数据最终又被自动转换成了整数 19。

第 12 课 数据的输入

【导学牌】

理解手动输入与自动输入的概念

掌握使用控制台进行手动输入与测试

【知识板报】

数据的手动输入通常通过键盘输入或复制粘贴的方式在控制台中进行,这主要用于测试样例中输入与输出的数据比对,以验证程序的基本逻辑是否正确。如果测试样例无法匹配,则需要修正程序的逻辑或语法错误。

另一方面,自动输入则是从文件或数据库中自动读取数据,并传递给程序,使程序能够根据这些数据运行并生成输出。通常情况下,程序的输出结果不会直接显示给用户,而是由评测机根据程序的输出数据与标准答案数据进行匹配来判断程序的正确性。

与数学不同,在编程题目的评测机制中并非只有一个固定的标准答案。编程题目的判断依赖于多组测试数据的匹配,每组数据通常被称为一个测试点。只有当程序通过了所有测试点,才能获得满分。当然,对于一些竞赛评测模式,也会根据通过的测试点数量给予部分分数,如 OI 和 IOI 模式。了解基本的判题原理对于提交评测与获得反馈非常有帮助。

在 C++语言中,可以使用 cin 语句进行数据的读入,并将数据存储到相应的变量中。这些变量的数据类型可以各不相同,不会影响输入指令的正常执行,cin 语句的语法格式如下:

```
cin >> 变量名 1 >> 变量名 2 >> ... >> 变量名 n;
```

需要注意的是,cin 语句在读取数据时通常会自动忽略空格和换行符。

在编程题目中,通常会提供一组或多组输入输出的测试样例,供学生们在控制台中进行测试,以验证程序的逻辑是否正确。然而,要注意的是,测试通过并不一定能获得题目的全部分数,甚至可能得到零分。测试只是确保程序编译没有问题,但不能保证程序能够满足所有测试点的匹配,可以通过下面的示例更好地理解这个概念。

例 2-14:求一个数的立方。

给定一个整数 N,求 N 的立方并输出。

【输入格式】

一个整数:N

【输出格式】

一个整数:N 的立方

【输入样例】

```
2
```

【输出样例】

```
8
```

【时间限制】

1.00 秒

【内存限制】

128M

【数据范围】

1≤N≤10000

假设这个题目满分为 100 分，一共有 5 个测试点，每个测试点的分值是均等的，都是 20 分，如表 2-5 所示。

表 2-5　测试点评分

输入数据		输出数据	分值
1	执行程序	1	20 分
2		8	20 分
5		125	20 分
100		1000000	20 分
10000		1000000000000	20 分

当我们点击提交时，程序会在评测机中自动进行输入数据的操作，执行的结果会与标准答案输出数据进行对比，一般会忽略末尾的空格和换行符。

题目中出示了输入样例与输出样例，是在编写程序或算法时通常用于说明预期结果的示例。输入样例描述了输入数据的格式、内容和限制，而输出样例描述了程序或算法应该生成的输出结果的格式、内容和限制。

例如此题中，输入样例是 2，输出样例为 8，我们可以通过编译运行，在控制台中手动输入 2，结果会输出 8，那我们就会充满信心，感觉会有很大的概率通过，通过点击提交按钮进行测评，评测机会根据提交的程序，对每一组输入输出进行对比，如果答案全部正确，则会显示 AC(Accepted)，如果是 WA(Wrong Answer)则表示该测试点有错误。

如果直接输出 8，仅得 20 分，因为有一组答案确实是 8，但样例往往和测试的数据不一致。值得关注的是，根据数据范围，我们发现最大的 N 是 10000，那对应的第 5 个测试点的输出结果已经超过了 int 型数据的范围，需要使用 long long 型存储数据，否则只有 80 分。示例代码如下所示。

【示例代码】

```
#include <bits/stdc++.h>
using namespace std;

int main() {
    long long n, ans;              // 长整数类型
    cin >> n;
    ans = n * n * n;
    cout << ans << endl;           // 末行加换行符不影响判断
    return 0;
}
```

信息学竞赛中，1 秒(1000 毫秒)是一个比较常见的时间限制，这是因为计算机性能和算法效率差异较大，因此需要一个统一的标准来限制程序的执行时间，以便公平地比较算法效率，如果时间限制设置得太小，很可能导致算法无法完成计算，而设置得太大则会影响比赛的公平性和效率。现代计算机的处理速度越来越快，而在实际应用中，很少有需要大量计算并在短时间内得出结果的情况。因此，1 秒的时间限制被视为一个合理的时间范围，既可以保证算法的高效性，同时也不会对实际应用造成太大的影响。

内存限制通常是以 MB(兆字节)为单位来表示，常见的内存限制为 128MB、256MB、

512MB、1GB 等。在算法竞赛中，内存限制主要是为了限制程序占用的空间资源，以避免程序使用过多的内存导致系统崩溃或出现运行错误。不同的算法和数据结构对内存的要求也不同，因此内存限制需要根据具体情况进行设置。

对于时间限制和内存限制，目前我们无需过于担忧。当前的题目类型尚未涉及这些方面的要求，在我们深入学习的过程中，将逐渐掌握这些概念，有兴趣的同学可以先自行研究。

本章寄语

本章是学习 C++顺序、选择、循环等章节前的必要基础知识,通过分析示例代码,同学们对于整个程序设计已经有了一个良好的知识储备与把握。

本章从最基本的语法格式开始,逐行分析与解释了代码含义,接着将编程作为计算器,通过整数、浮点数、字符等数据类型的常见运算,在实践中掌握数据结构之间的运算规则。在理解不同数据类型之后,再介绍变量与常量,理解它们存储数据的方法。通过示例演示,理解赋值运算的含义。针对初学者相对难以理解的数据类型转换,提供了自动转换和强制转换这两种情况的分析和应用。

通过数据的标准输入,我们掌握了评测机对程序的评测机制,可以登录在线评测平台进行一些实战的测试。将输入和输出以及评测机制的学习内容放在本章的最后,是为了让学生在真正掌握必要的知识结构之后,再进行在线测试,旨在节省不必要的时间浪费,同时也有助于提高学生逻辑思维的清晰度。这也是本章和课程结构设计的初衷。

第3章 顺序结构

顺序结构是编程中最基本和最重要的控制结构。它指的是按照代码的书写顺序逐行执行代码的方式,顺序结构是编写程序的基础,几乎所有程序都包含顺序结构。

在顺序结构中,代码按照书写的顺序依次执行,不会跳过任何一行代码。这种结构通常用于执行一系列操作,例如计算数学公式、处理输入数据、输出结果等。在大多数编程语言中,程序从主函数(main 函数)开始执行,然后依次执行程序中的每条语句,直到执行完所有语句为止。

熟练掌握顺序结构对于编写有效且高质量的程序至关重要。它有助于我们清晰地组织代码,使程序易于阅读和维护,从而提高代码的可读性和可维护性。在前面章节的学习中,同学们已经基本掌握了一些编程技能。从本章开始,将以示例为引导,通过深入浅出的分析,并在关键步骤中提供相应的注释,帮助同学们更好地理解与掌握编程。

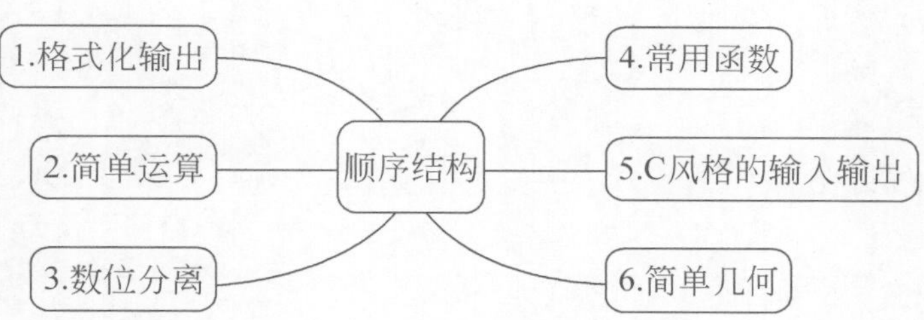

第1课　格式化输出

【导学牌】

理解输出格式在评测中的重要性

理解空格符、换行符在评测中的重要作用

【知识板报】

代码的评测依赖于输出数据的字符匹配,必须与测试点的要求严格一致。特别需要关注是否需要匹配相应的空格符或换行符。虽然大部分评测会忽略每行末尾的空格符和换行符,但在中间部分,必须严格根据要求输出符合规定格式的数据,这有助于培养细致和严谨的思维。

例3-1：输出第二个整数

给定三个整数,请输出中间的第二个整数。

【输入格式】

三个整数a、b和c,中间有空格间隔

【输出格式】

输出其中第二个整数

【输入样例】

```
3 5 2
```

【输出样例】

```
5
```

【数据范围】

$-10^9 \leqslant a, b, c \leqslant 10^9$

【示例代码】

解法1：

```
#include <bits/stdc++.h>
using namespace std;

int main() {
    int a, b, c;
    cin >> a >> b >> c;
    cout << b << endl;
    return 0;
}
```

解法2：

```
#include <bits/stdc++.h>
using namespace std;

int main() {
    int a;
    cin >> a >> a;
    cout << a;
    return 0;
}
```

有两种常见的方法可以解决这个问题。解法 1 比较常规，需要创建三个变量，分别用来存储三个整数，然后输出第二个变量的值。

解法 2 相对来说更简洁，只需要定义一个变量，通过两次输入整数就可以直接进行输出。在算法竞赛中，方法多种多样，只要输出结果与测试数据一致即可。第二种方法在这里是一种巧妙的偷懒方式，它连续两次输入数据到变量 a，第二次输入数据的过程会覆盖掉原有 a 中的数据，使 a 最终保留了第二次输入的值，然后直接输出 a 即可。但是需要注意的是，如果还希望使用第一次输入的数据，那么就无法访问了。

这两种方法的输出结果相同，但第二种方法没有添加换行符。目前大多数评测机制会自动忽略行末的空格符和换行符，因此通常不会有问题。但若在一些编程网站中遇到年代久远的题目时，可能会因为行末没有添加换行符而导致无法通过。

例 3-2：芯芯拆盲盒

芯芯收到了 5 个盲盒，每个盲盒中都包含一个幸运数字。她按照从上到下的顺序依次打开了这些盲盒。然后，她将前 3 个盲盒中的幸运数字放在第一行，按照从左到右的次序排列。接着，她将剩下的两个盲盒中的幸运数字分别放在第二行和第三行。现在我们根据签收单，已经知道了从下往上的每个盲盒中的幸运数字。

请根据芯芯摆放幸运数字的策略，输出芯芯摆放的这三行幸运数字吧。

【输入格式】

5 个 int 类型的整数，以空格间隔

【输出格式】

三行幸运数，第一行 3 个幸运数之间有一个空格，后两行分别为 1 个幸运数字

【输入样例】

```
1 2 3 4 5
```

【输出样例】

```
5 4 3
2
1
```

【示例代码】

```
#include <bits/stdc++.h>
using namespace std;

int main() {
    int a, b, c, d, e;
    cin >> a >> b >> c >> d >> e;
    cout << e << ' ' << d << ' ' << c << endl;
    cout << b << endl;
    cout << a << endl;
    return 0;
}
```

根据题意，示例代码的任务是根据芯芯打开盲盒的顺序，将输入的 5 个幸运数字根据对应的格式要求，输出成三行。

首先，使用 cin 语句依次读取签收单上的 5 个 int 型的整数，从下往上的幸运数字分别存储在变量 a、b、c、d、e 中。然后，使用 cout 语句按照从上往下的摆放策略输出这些幸运数字。根据策略，前 3 个幸运数字要按照从左到右排列在第一行，后两个幸运数字分别放在第二行和

第三行。

程序首先输出第一行的幸运数字,即 e、d、c,用空格隔开,然后换行。接着,程序输出第二行的幸运数字,即 b,然后换行。最后,程序输出第三行的幸运数字,即 a,然后换行。

程序运行后的数据输出,不仅数据要准确,格式也需完全匹配,才能够通过测评,例如第一行每个整数之间需要有空格,行与行之间需要通过 endl 实现换行等。

提示:输出空格的方法可以通过单引号或者双引号的方式,两者皆可。

例 3-3:芯芯的口算本

芯芯今天想练习口算,可是口算本丢在学校了,于是想到了使用计算机出题。现已知计算机会输入两个整数,以及算数符号,运算仅限于加法与减法,请输出这道完整的口算题。

【输入格式】

共有三行,前两行为两个整数,第三行为运算符号

【输出格式】

一道口算题的表达式,包括运算符和等于号,数字与符号之间有空格

【输入样例】

```
15
40
+
```

【输出样例】

```
15 + 40 =
```

【示例代码】

```
#include <bits/stdc++.h>
using namespace std;

int main() {
    int a, b;
    char c;
    cin >> a >> b >> c;
    cout << a << ' ' << c << ' ' << b << " = " << endl;
    return 0;
}
```

cin 语句输入数据时会自动忽略空格和换行,即使间隔了很多的空格或者换行。这里不仅输入了两个整数,还输入了一个字符,并且每个变量之间要求有空格,最后在输出空格和等号的过程中,使用了双引号,将空格与等号作为一个整体,以字符串的形式输出。

由于篇幅的关系,本书无法提供每道题严格的输入格式、输出格式、输入样例、输出样例、数据范围、时间限制、内存限制等提示,尽管这些提示是每道题目中必备的一些标准参数,但在不影响理解题意的情况下,会略有精简,详细的题目信息可以通过在线测评 OJ 平台查阅。

第2课 简单运算

【导学牌】

理解数据范围与超限

掌握基于输入数据的简单运算

【知识板报】

编程的运算与数学运算联系紧密，虽然有一些区别，例如编程中符号的样式与数学运算中的略有不同，但基本的运算功能保持一致。

变量的存储会占用一定的内存空间，每个数据类型有它表示的范围，并不是无限大的，在运算过程中，要注意数据是否存在超限的可能。

例 3-4：A ＋ B Problem

给定两个整数 a 和 b，请计算它们的和。

【输入格式】

一行，两个整数

【输出格式】

一行，一个整数

【输入样例】

```
120 400
```

【输出样例】

```
520
```

【数据范围】

$-10^9 \leqslant a, b \leqslant 10^9$

【示例代码】

```
#include <bits/stdc++.h>
using namespace std;

int main() {
    int a, b;
    cin >> a >> b;
    cout << a + b << endl;
    return 0;
}
```

这是一道经典的入门题，输入两个变量后进行加法运算，在此过程中值得注意的是数据范围，两个变量的范围是−10 亿～10 亿之间，可以是负数。在程序的评测中，一定要考虑最极端的情况，这里两个数据都是 10 亿，相加后也是在 int 型范围内，此题定义两个 int 型的变量是满足题目要求的，但是如果数据范围保持不变，实现三个数的相加，由于 int 型数据表示的最大值大约是 20 亿多一点，30 亿显然会超过范围，则需要使用 long long 型变量，具体的数据范围在前文有所介绍，可以时常查阅。

例 3-5：A ＊ B Problem

给定两个整数 a 和 b，请计算它们的乘积（$-50,000 \leqslant a, b \leqslant 50,000$）。

【输入样例】

3 9

【输出样例】

27

【示例代码】

```
#include<bits/stdc++.h>
using namespace std;

int main() {
    long long a, b;
    cin >> a >> b;
    cout << a * b << endl;
    return 0;
}
```

在最值情况下,按题目中出示的数据范围,计算结果会超限,例如 50000 * 50000,结果已经超过了 int 型数据的表示范围,对于部分数据范围较大的测试点,程序评测中会判定为错误,因此可以使用 long long 型变量,以确保计算结果在数据范围内。

例 3-6:带余除法

给定两个正整数 a 和 b,请计算它们的商与余数,并用空格隔开($0 < b \leqslant a \leqslant 2\times10^9$)。

【输入样例】

7 3

【输出样例】

2 1

【示例代码】

```
#include<bits/stdc++.h>
using namespace std;

int main() {
    int a, b;
    cin >> a >> b;
    cout << a / b << ' ' << a % b << endl;
    return 0;
}
```

根据数据提示,因为两个数据都是正整数,所以不用考虑 b 为 0 的特殊情况。在 C++ 编程中,整除运算使用运算符“/”,模运算使用取模运算符“%”,从而可以轻松地求出两个整数的商与余数,注意中间有空格间隔。

第3课 数位分离

【导学牌】

学会数位分离的基本方法

理解前导零的概念

【知识板报】

数位分离是整数处理中的基本操作，它通过整除和求余两种运算相结合的方式实现。其目标是分离整数各位上的数字，以便进行单独的处理或分析，数位分离的操作常常用于解决涉及数字操作与统计的相关问题。

前导零是指位于一个数字的最高位左侧的零，这些零并不改变数字的值，但会影响数字的表示形式。通常，前导零的添加是为了对齐位数，或者满足特定格式的要求。

例 3-7：整数的反转

给定一个四位整数，请反向输出各位数，并计算各位数之和。

【输入样例】

```
2458
```

【输出样例】

```
8 5 4 2
19
```

【示例代码】

解法 1：

```
#include <bits/stdc++.h>
using namespace std;

int main() {
    int x, a, b, c, d;
    cin >> x;
    d = x % 10;
    c = x / 10 % 10;
    b = x / 100 % 10;
    a = x / 1000;
    cout << d << ' ' << c << ' ' << b << ' ' << a << endl;
    cout << a + b + c + d;
    return 0;
}
```

解法 2：

```
#include <bits/stdc++.h>
using namespace std;

int main() {
    char a, b, c, d;
    cin >> a >> b >> c >> d;
    cout << d << ' ' << c << ' ' << b << ' ' << a << endl;
    cout << (a - '0') + (b - '0') + (c - '0') + (d - '0') << endl;
    return 0;
}
```

解法 1,采用了数位分离的经典思路,是从右往左进行逐位分离。为了获取某一位上的数字,可以通过除法移位将该位的数值移到个位上,然后通过模运算(% 10)得到该位的数值。

解法 2,根据字符输入的特性,通过建立 4 个字符型变量并逐个输入字符,实现了反向输出。在求和过程中,通过将字符减去字符'0',将其转换为对应的整数,从而进行求和操作。这种方法利用了字符的 ASCII 码与对应的数字字符之间的关系,使得字符能够直接转换为整数进行运算。

两种方法没有优劣之分,只是使用了不同的策略,可以根据遇到的不同情景,选择相对更适合的解法。

例 3-8:三位数的首尾互换

给定一个可能含有前导零的三位数 X($0 \leqslant X \leqslant 10^9$),请将它的首尾两位数进行交换并输出,交换后的数字需隐藏前导零。

【输入样例 1】

```
012
```

【输出样例 1】

```
210
```

【输入样例 2】

```
140
```

【输出样例 2】

```
41
```

【示例代码】

解法 1:

```
#include <bits/stdc++.h>
using namespace std;

int main() {
    int x, a, b, c;
    cin >> x;
    c = x % 10; x /= 10;
    b = x % 10; x /= 10;
    a = x % 10;                 // % 10 运算也可以不写,因为 x 已经是个位数
    cout << c * 100 + b * 10 + a;
    return 0;
}
```

解法 2:

```
#include <bits/stdc++.h>
using namespace std;

int main() {
    int x, y = 0;
    cin >> x;
    y = y * 10 + x % 10;
    x /= 10;
    y = y * 10 + x % 10;
    x /= 10;
    y = y * 10 + x % 10;
```

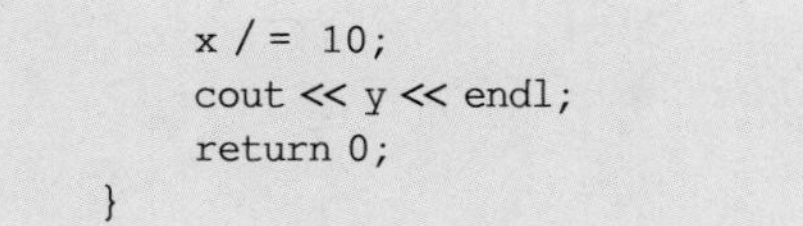

```
    x /= 10;
    cout << y << endl;
    return 0;
}
```

解法 1 的思路和例 3-7 解法 1 基本一致，仍然是从右往左进行数位分离。在分离的过程中，每次通过模 10 的运算操作保留个位的数值，并通过 x 除以 10 的方式去掉当前的个位数字。由于需要避免前导零，分离后的数据需要按位加权求和，以得到最终的反向数字。在主函数中，有的行出现了两句话，虽然不会影响编程的运行，但通常不建议在一行中出现以分号结尾的两句话。在这里这样编写是为了突出变量 x 的实际变化和规律。

解法 2 相对于解法 1 更为简洁，只需要两个变量即可完成任务。首先，声明了两个整数变量 x 与 y，x 用于存储输入的整数，y 用于存储反向后的整数，初始值为 0。接下来，通过一系列的操作，逐位地从 x 中提取数字，并将它们添加到 y 的末尾，然后从 x 中去除个位数字。这一过程将被执行三次，每次都将 x 的个位数字添加到 y 的末尾，然后将 x 右移一位以去除个位数字。最终，当 x 变为 0 时，y 中存储的即为输入整数的反向数字。

第4课　常用函数

【导学牌】

理解相关函数的特性与适用场景

掌握常用函数的运用方法

【知识板报】

函数并不是一种高深复杂的概念，它们的存在旨在简化和方便程序的设计与使用。初学者无需对函数感到畏惧，可以将它们看作一种具有某种功能的工具。应该欢迎并灵活运用一些常见的函数，因为这可以大大提高编程效率。

本课介绍的函数包含在<cmath>头文件中。这个头文件是C++标准库中的数学库头文件，提供了各种数学函数和常量，可用于数学运算。其中包括绝对值函数、取整函数、幂函数、三角函数、指数函数、对数函数等。

由于万能头文件<bits/stdc++.h>已经包含了<cmath>头文件，在编写代码时无须单独添加<cmath>头文件，在此仅作为介绍。

例3-9：绝对值

芯芯在玩一个游戏，游戏一共有3轮，每轮从抽奖盒里面抽取两个球，每个球上有一个数字X(0≤X≤100)，每轮游戏的积分是两个球上的数字差值，请计算3轮游戏后，芯芯的总积分是多少。

【输入样例】

```
1 3
30 20
7 99
```

【输出样例】

```
104
```

【示例代码】

```
#include <bits/stdc++.h>
using namespace std;

int main() {
    int a, b, sum = 0;
    cin >> a >> b;
    sum += abs(a - b);
    cin >> a >> b;
    sum += abs(a - b);
    cin >> a >> b;
    sum += abs(a - b);
    cout << sum << endl;
    return 0;
}
```

首先将变量sum初始化为0，接着通过3次数据的输入，进行累加后求得最后的总积分。在这个过程中，涉及数学函数abs()，它用于求绝对值。在abs()函数的括号中，如果数据是负数，会将其转换为正数，否则将保持原值不变。此外，还有另一个与之类似的fabs()函数，用于

求浮点数的绝对值，需要注意的是，这两者之间存在一些区别。

abs()函数通常用于求整数的绝对值，而 fabs()函数用于求浮点数的绝对值。尽管在一些 C++标准中，abs()函数也支持对浮点数求绝对值，但为了代码的可读性和明确性，推荐根据使用场景的不同，选择使用 abs()或 fabs()函数。

例 **3-10**：取整

给定一个浮点数 X($-10^6 \leqslant n \leqslant 10^6$)，请分别对它进行向上取整、向下取整、四舍五入这三种运算，并逐行输出。

【输入样例】

```
2.65
```

【输出样例】

```
3
2
3
```

【示例代码】

```
#include <bits/stdc++.h>
using namespace std;

int main() {
    double x;
    cin >> x;
    cout << ceil(x) << endl;
    cout << floor(x) << endl;
    cout << round(x) << endl;
    return 0;
}
```

这里使用了三个常用的函数，分别是向上取整 ceil()函数，向下取整 floor()函数，四舍五入 round()函数。

ceil()函数，用于向上取整，返回不小于给定参数的最小整数值(向正无穷方向取整，类型是 double)。例如 ceil(3.5)的结果为 4，ceil(－0.5)的结果为－0，编程中是存在负零这种表现形式的，但注意 ceil(1.0)的结果依然为 1。

floor()函数，用于向下取整，返回不大于给定参数的最大整数值(向负无穷方向取整，类型是 double)。例如 floor(1.1)的结果为 1，floor(－2.1)的结果为－3。如果对一个非负浮点数取整，默认就是向下取整，例如 int(2.9)的结果为 2，不过要注意 floor()函数返回的结果是浮点型。

round()函数，用于标准的四舍五入，它将浮点数四舍五入到最接近的整数(类型是 double)。在实战中，非负浮点数的四舍五入有更简单的方式，可以手动将原始数据加 0.5，再将结果自动取整，取整后会自动去掉小数点，可以在不涉及特定舍入规则的情况下，快速而简单地实现四舍五入的操作，例如 int(1.5＋0.5)的结果为 2，int(2.45＋0.5)的结果为 2。

除了标准的四舍五入，还有其他的一些舍入规则，例如银行家舍入，遵从四舍六入五成双的规则，round()函数在有些编程语言中，比如 python 等，默认遵从银行家舍入规则，有兴趣的同学可以自行研究。

例 **3-11**：幂运算

给定两个整数 a 和 b($1 \leqslant a, b \leqslant 9$)，请计算 a 的 b 次方，并输出整数型表示的结果。

【输入样例 1】

2 10

【输出样例 1】

1024

【输入样例 2】

9 8

【输出样例 2】

43046721

【示例代码】

```
#include <bits/stdc++.h>
using namespace std;

int main() {
    int a, b;
    cin >> a >> b;
    cout << int(pow(a, b));
    return 0;
}
```

pow()函数用于计算一个数的指数幂,该函数接受两个参数,分别为底数和指数,函数返回的结果为浮点型。如果数位在 6 位有效数字内,会直接显示,如果超过 6 位有效数字,会采用科学记数法,例如 pow(9, 8)默认显示为 4.30467e+07。由于结果需要用整数型表示,所以要将浮点型结果转换成整数型再输出。

对于幂运算的结果,尤其是多次幂运算或指数较大的运算情况下,由于浮点数的精度限制,返回值可能会引发误差,导致最终结果不准确。因此在特定的应用需求和精度要求下,需要选择适当的计算方法,确保最大程度地减小误差的影响。

例 3-12:物归原主

芯芯和同学们正在玩一个数字交换的游戏。她们一共有 5 个人,站成一个圆圈。游戏规则如下:从第一个人开始,每个人都要将手上的数字先与左边的朋友交换,然后再与右边的朋友交换,如此往复,直到每个人都完成了交换,最终所有人的数字,会物归原主。

现给定 5 个人的原始数字 $A_i(1 \leqslant A_i \leqslant 1000)$,请输出每个人在完成交换后,5 个人的数字情况。

【输入样例】

1 2 3 4 5

【输出样例】

2 5 3 4 1
5 3 2 4 1
5 2 4 3 1
5 2 3 1 4
1 2 3 4 5

【示例代码】

```
#include <bits/stdc++.h>
using namespace std;
```

```
int main() {
    int a1, a2, a3, a4, a5;
    cin >> a1 >> a2 >> a3 >> a4 >> a5;
    swap(a1, a5); // a1 与左边的 a5 交换数值
    swap(a1, a2); // a1 与右边的 a2 交换数值
    cout << a1 << ' '<< a2 << ' '<< a3 << ' '<< a4 << ' '<< a5 << endl;
    swap(a2, a1);
    swap(a2, a3);
    cout << a1 << ' '<< a2 << ' '<< a3 << ' '<< a4 << ' '<< a5 << endl;
    swap(a3, a2);
    swap(a3, a4);
    cout << a1 << ' '<< a2 << ' '<< a3 << ' '<< a4 << ' '<< a5 << endl;
    swap(a4, a3);
    swap(a4, a5);
    cout << a1 << ' '<< a2 << ' '<< a3 << ' '<< a4 << ' '<< a5 << endl;
    swap(a5, a4);
    swap(a5, a1);
    cout << a1 << ' '<< a2 << ' '<< a3 << ' '<< a4 << ' '<< a5 << endl;
    return 0;
}
```

在示例代码中,使用了 swap()交换函数,该函数接受两个参数,其功能是交换这两个参数变量的数值。相对于手动实现两个变量的数值交换,使用 swap()函数会更加方便,而且不容易出错。

swap()函数不仅适用于整数型变量的交换,而且适用于几乎所有基本数据类型,包括整数型、浮点型、字符型、自定义数据类型等。交换的前提是这两个变量必须属于相同的数据类型,只有相同数据类型的两个变量才能够被成功交换。如果两个变量的数据类型不一致,例如 int 型和 long long 型这两种类型的整数变量,那么它们无法直接使用 swap()函数进行交换,需要采取额外的措施,如手动转换类型或使用中间变量来实现。

例 3-13:最大值与最小值

给定一行用空格间隔的 3 个整数 a, b, c($1 \leqslant a, b, c \leqslant 10^9$),请比较它们的大小关系,并根据以下要求进行输出,共两行。

第一行输出两个数据,用空格间隔:1. 输出前两个整数的较大值,2. 输出 3 个整数的最大值。

第二行输出两个数据,用空格间隔:1. 输出前两个整数的较小值,2. 输出 3 个整数的最小值。

【输入样例】

```
7 9 5
```

【输出样例】

```
9 9
7 5
```

【示例代码】

```
#include <bits/stdc++.h>
using namespace std;

int main() {
```

```
    int a, b, c;
    cin >> a >> b >> c;
    cout << max(a, b) << ' ' << max(max(a, b), c) << endl;
    cout << min(a, b) << ' ' << min(min(a, b), c) << endl;
    return 0;
}
```

max()与 min()函数的功能分别是查找两个数值中的最大值与最小值,包含在< algorithm >头文件中。函数可以接受两个参数,返回其中的较大值或较小值。如果需要比较两个以上的数据,则可以通过函数的嵌套使用实现,例如求 4 个数据的最大值,可以使用多种比较的方法,如先找到前两位的最大值,再和后两位的最大值进行对比,最终返回 4 个数据中的最大值,当然还可以有其他的嵌套比较方法,示例如下。

```
int maxn = max(max(a, b), max(c, d));
int maxn = max(max(max(a, b), c), d);
```

在 C++11 及以后的标准中,max()和 min()函数还有另外一种形式,如 max({a, b, c}),在函数中如果引入了大括号,可以比较更多的元素值,有兴趣的同学可以自行研究。

第5课　C风格的输入输出

【导学牌】

理解C风格在程序设计中的优势与特点

掌握C风格输入输出的基本格式

【知识板报】

C风格，是指C编程语言的代码风格和语法规则。C++继承了C语言的大部分特性和语法，C风格的代码在C++中仍然有效。

在之前的学习中，我们已经掌握了通过C++的cin和cout语句实现标准输入和输出操作。现在，让我们来探讨一下C风格的输入和输出，主要通过scanf()函数和printf()函数来实现。学习C风格的输入输出有其必要性，因为相对于cin和cout语句，C风格在输入输出大量数据时具有更高的效率。在处理大量数据时，为了避免程序运行超时，C风格通常更为适用。

例如，当需要读取空格或者处理相对复杂的数据格式时，scanf()函数会更加方便。同样，当需要按照特定格式进行输出时，printf()函数也具有明显的优势，比如控制小数点后的位数、设置输出宽度、补充前导零等，这些都可以更轻松地实现。

虽然C风格有很多优点，但对于初学者来说，可能需要记忆一些格式化符号与变量地址的操作。这些细节可以在日后的学习中逐渐掌握，不必急于一时。

这里梳理了常用的C风格占位符，其中n代表数字，具体如表3-1所示。

表3-1　常见的C风格占位符

占位符	输入	输出	功　能
%d	√	√	整数的输入与输出
%nd	√	√	输入或输出n位整数，输出位数不足时用空格补齐
%0nd	√	√	输入或输出n位整数，输出位数不足时用数字0补齐
%c	√	√	字符的输入与输出
%lf	√	√	双精度浮点数的输入与输出
%f	√	√	单精度浮点数的输入与输出
%lld	√	√	long long类型整数的输入与输出
%.nf		√	保留小数点后n位的输出
%s	√	√	字符数组的输入与输出

例3-14：买菜时间

芯芯的奶奶每天都喜欢逛菜场。芯芯记录了今天奶奶的出门时间，以及奶奶预计买菜所需的时间(以分钟为单位)。芯芯需要计算出奶奶大概何时能够回家。

要注意的是，时钟以24小时制表示。出门时间和购物时间都以时和分表示，如06:25表示早上6点25分。购物所需时间以分钟表示，如55表示55分钟。

目前的任务是需要计算奶奶的回家时间，输出的结果需要包括时和分，并确保时和分都占据两个位置，如果需要，用数字0来补齐。结果保证在同一天内。

请根据输入的出门时间和购物所需时间，输出奶奶预计回家的时间。

【输入样例】

```
06:25
55
```

【输出样例】

```
07:20
```

【示例代码】

```
#include <bits/stdc++.h>
using namespace std;

int main() {
    int h, m, delta, time;
    scanf("%d:%d %d", &h, &m, &delta);
    time = h * 60 + m + delta;
    printf("%02d:%02d", time / 60, time % 60);
    return 0;
}
```

根据题目要求,需要计算奶奶预计回家的时间。示例代码使用了 scanf()函数进行输入,按照"时:分"的格式读取了奶奶出门的时间以及购物所需的时间 delta。

在输入部分,程序通过 scanf()函数按照特定的格式读取了输入数据。双引号中的格式字符串包含了占位符%d,每个占位符对应后面部分的一个变量。在示例代码中,3 个%d 占位符分别对应 h、m、delta 3 个变量。前两个%d 之间有一个冒号,用于匹配输入数据中的冒号,而后两个%d 之间的空格则用于匹配读入过程中的空格。需要注意的是,在 C 风格的数据读入中,变量前需要加上符号 &,以确保正确读入数据,否则会读入数据失败。

在计算部分,首先将小时转换为分钟,通过乘 60 的方式实现,然后加上分钟和购物所需的时间 delta,这一步骤非常清晰,确保了奶奶回家时间的准确性。

最后使用 printf()函数输出结果,其中%02d 格式的占位符确保输出的小时和分钟都占据两个位置,并在需要时用数字 0 补齐,这种输出格式非常友好,使结果更容易阅读。

例 3-15:芯芯的测试成绩

芯芯参加了学校的期中和期末两次测试,每次测试都包括语文、数学和英语三门科目。现已知她在这两次测试中的成绩(均为整数)。学校将综合评分作为评选三好学生的主要依据,综合评分由期中和期末测试的两次成绩综合计算而来。其中,期中成绩占总评成绩的 40%,期末成绩占总评成绩的 60%。

请分别计算以下内容:

1. 期中测试的总分与平均分(保留两位小数)
2. 期末测试的总分与平均分(保留两位小数)
3. 综合评分(保留两位小数)

【输入样例】

```
95 98 99
97 100 98
```

【输出样例】

```
292 97.33
295 98.33
293.80
```

【示例代码】

```
#include <bits/stdc++.h>
using namespace std;

int main() {
    int ch1, ch2, ma1, ma2, en1, en2, sum1, sum2;
    scanf("%d %d %d\n%d %d %d", &ch1, &ma1, &en1, &ch2, &ma2, &en2);
    sum1 = ch1 + ma1 + en1;
    sum2 = ch2 + ma2 + en2;
    printf("%d %.2f\n", sum1, 1.0 * sum1 / 3);
    printf("%d %.2f\n", sum2, 1.0 * sum2 / 3);
    printf("%.2f", sum1 * 0.4 + sum2 * 0.6);
    return 0;
}
```

示例代码通过 C 风格的输入一次性读取了两行内容，分别记录了期中和期末测试的成绩。然后通过计算，统计了每次测试的总分并进行输出。在这个过程中，如果将总分直接除以 3 会导致结果是整数，而我们需要保留两位小数。为了确保输出的是浮点数，在整数之前使用了 1.0 相乘的方式。这样，总分在计算过程中会自动转换为浮点数，从而使得除法运算的结果也是浮点数，最终通过占位符%.2f 得到带有两位小数的输出。

在程序中出现了转义字符“\n”，表示换行，在 C++中还有一些其他的转义字符，如“\r”“\t”等。这些字符在文本处理中具有特殊的作用，有助于控制输入和输出的格式，感兴趣的同学可以自行研究。

除了采用 C 风格的方式提高读入与输出的效率，还可以在 C++的主函数中通过关闭同步功能提高程序的效率，具体方法如下，感兴趣的同学可以自行研究。

```
int main() {
    ios::sync_with_stdio(false);
    cin.tie(0);                        // 或 cin.tie(nullptr);
    cout.tie(0);                       // 或 cout.tie(nullptr);

    return 0;
}
```

第6课 简单几何

【导学牌】

了解常见的几何概念

掌握几何问题中常见的计算方法

【知识板报】

信息学中经常会出现与几何相关的问题,例如计算几何、图形处理、空间关系判断等。掌握常见的几何概念、计算方法和算法技巧等,可以帮助解决这些几何问题,提高解题的准确性和效率。

解决几何问题需要综合运用数学、逻辑推理、编程和算法等多个领域的知识和技能,利用编程实现跨领域的实践,能够提升解决问题的能力与综合思维。

例 3-16:矩形的周长与面积

给定矩形的两个邻边 a 与 b(1≤a,b≤10000),请编写程序计算并输出该矩形的周长与面积。保证数据输入的边长均为正整数。

【输入样例】

```
5 95
```

【输出样例】

```
200 475
```

【示例代码】

```
#include <bits/stdc++.h>
using namespace std;

int main() {
    int a, b;
    cin >> a >> b;
    cout << 2 * (a + b) << ' ' << a * b;
    return 0;
}
```

根据周长和面积的计算方法,可以模拟计算过程以得出相应的结果。在进行计算时,需要注意数据的范围,特别是在极值情况下。例如,如果两个边长都为 10000,结果仍然在 int 型范围内,不会产生问题。然而,如果范围进一步扩大,应考虑是否需要使用 long long 型来保存结果,以确保在更大的数值范围内计算结果的准确性。

例 3-17:圆的直径、周长与面积

给定一个圆的半径 r(1≤r≤5000),编写程序计算并输出该圆的直径、周长和面积。保证输入的半径 r 为正整数。

输出要求:直径输出为整数,周长和面积的输出保留 4 位小数,圆周率统一为 3.1415926。

【输入样例】

```
10
```

【输出样例】

```
20
```

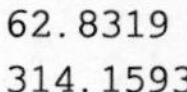

```
62.8319
314.1593
```

【示例代码】

```
#include <bits/stdc++.h>
using namespace std;

int main() {
    int r, d;
    double c, s;
    const double PI = 3.1415926;
    cin >> r;
    d = 2 * r;
    c = 2 * PI * r;
    s = PI * r * r;
    printf("%d\n%.4f\n%.4f", d, c, s);
    return 0;
}
```

在数学中，通常使用符号 r 表示圆的半径，d 表示直径，c 表示周长，s 表示面积。在示例代码中，通过使用 C 风格的输出方法来保留 4 位小数，这对于确保输出结果的准确性和格式一致性非常方便。

为了避免意外的输出错误，极为重要的一点是保持占位符与变量类型的一致性。例如，使用占位符%d 输出整数，使用占位符%.4f 输出保留 4 位小数的浮点数，如果前后不一致会出现意想不到的输出而导致结果错误。

例 3-18：几何距离

给定平面上两个点的坐标(x1, y1)和(x2, y2)，编写程序计算并分行输出这两个点之间的欧几里得距离、曼哈顿距离和切比雪夫距离，三者均保留两位小数。

【输入样例】

```
3 4
8 9
```

【输出样例】

```
7.07
10.00
5.00
```

【示例代码】

```
#include <bits/stdc++.h>
using namespace std;

int main() {
    int x1, x2, y1, y2;
    double dis1, dis2, dis3;
    cin >> x1 >> y1 >> x2 >> y2;
    dis1 = sqrt(pow(x1 - x2, 2) + pow(y1 - y2, 2));
    dis2 = abs(x1 - x2) + abs(y1 - y2);
    dis3 = max(abs(x1 - x2), abs(y1 - y2));
    printf("%.2f\n%.2f\n%.2f\n", dis1, dis2, dis3);
    return 0;
}
```

我们需要掌握以下三种距离的定义：

1. 欧几里得距离：又称直线距离，是最常见的几何距离。

2. 曼哈顿距离：又称城市街区距离，是在平面上两个点之间沿网格线(垂直和水平方向)行进的最短距离，是两点的横坐标和纵坐标之间的差值之和。

3. 切比雪夫距离：又称棋盘距离，是两点横坐标和纵坐标之间的最大差值。

在示例代码中，sqrt()函数是一个非常有用的工具，它能够计算给定数值的平方根。在计算欧几里得距离时，通常需要计算两个点之间的距离，这涉及计算每个坐标轴上的差值的平方，然后将它们相加，最后再取平方根，以得出最终的距离。其他两类距离，可以根据定义和有关数据进行相应的计算。

这三种距离度量方法在计算机科学和数据分析领域经常被使用，根据具体的问题和应用场景，选择合适的距离度量方法可以提供有效的数据分析和决策支持。

例 3-19：海伦公式

给定一个三角形的三条边(浮点数)，分别为 a、b 和 c($1 \leqslant a, b, c \leqslant 1000$)，求出该三角形的面积，并保留两位小数输出。

【输入样例】

```
3
5.1
7.91
```

【输出样例】

```
3.33
```

【示例代码】

```
#include <bits/stdc++.h>
using namespace std;

int main() {
    double a, b, c, p, s;                          // p 为半周长
    cin >> a >> b >> c;
    p = (a + b + c) / 2;                           // 计算半周长
    s = sqrt(p * (p - a) * (p - b) * (p - c));     // 海伦公式
    printf("%.2f", s);
    return 0;
}
```

示例代码演示了如何使用海伦公式计算三角形的面积。海伦公式是一个用于计算三角形面积的数学公式，它可以在已知三角形每条边长的情况下，直接计算出三角形的面积，而无需知道三角形的高或顶点的角度等信息。用编程的书写方式，公式为：s = sqrt(p * (p − a) * (p − b) * (p − c))，其中半周长 p = (a + b + c)/2。

程序通过输入获取了三角形的三条边长，分别存储在变量 a、b 和 c 中。接着计算三角形的半周长 p，这是海伦公式中的一个关键参数，半周长的计算方式是将三条边的长度相加，然后除以 2。最终通过计算，使用 printf()函数以保留两位小数的格式输出计算得到的三角形面积。

这段示例代码对于计算任何已知三边长度的三角形的面积都是通用的，因此非常实用。此示例代码展示了如何在 C++ 中使用数学公式来解决实际问题，特别是与几何相关的问题。

本章寄语

在本章中，我们学习了如何进行数据的标准输入和输出，理解了只有符合标准的格式化输出才能通过评测。在此基础上，我们学习了一些简单的数学运算以及需要注意的细节，通过将数字分解成各个位数的形式提交，我们更深入地理解了评测机制。在编程竞赛中，虽然采取的方法不同，但只要得到的输出数据能与测试点匹配，都能够获得满分，这是评测机制决定的。

本章还介绍了一些常见的函数，为我们后续的学习奠定了良好的基础。掌握常见函数可以帮助我们快速实现相关的应用和功能。在第 2 章，我们学习了通过 cin 语句来实现数据的输入，在本章中，我们学习了 C 风格的输入与输出，通过示例演示，充分了解了其使用方法及优势。C 风格中有关输入与输出的占位符需要识记，以便在日后的实践中能够灵活运用。

我们运用到了几何学和数学的结合，如计算周长和面积，计算不同种类的距离等，希望能够帮助同学们将已掌握的各学科知识应用到新的领域，这种迁移和应用知识的能力对编程竞赛非常重要。

第4章　选择结构

选择结构是计算机编程中常用的控制结构之一，它能够根据条件判断执行不同的代码程序，使得程序可以更加灵活和智能化。

学习选择结构是学习计算机编程的重要组成部分，也是进一步学习循环结构前的必备技能。掌握选择结构的原理以及基本应用，可以让我们更好地理解程序的控制流程和实现逻辑，提高编程的效率和代码质量，同时，选择结构也是解决实际问题时常用的技术手段。

为更好地掌握选择结构，需要了解不同类型的条件语句的适用场景，同时需要多加练习，通过实战编写程序加深对选择结构的理解和应用。

本章提供了一些具有代表性的选择结构案例，希望能够帮助同学们快速提升对选择结构的理解。

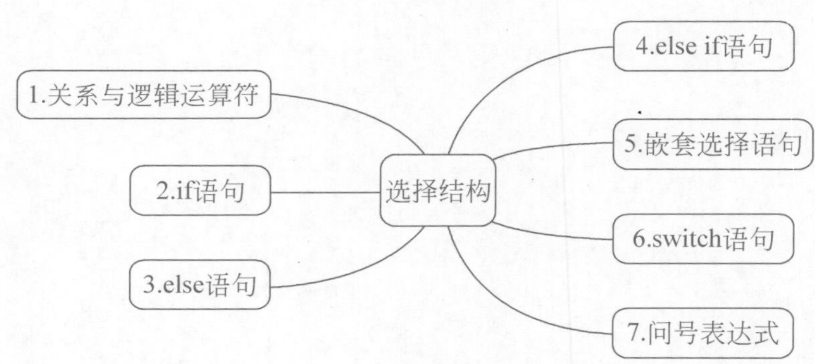

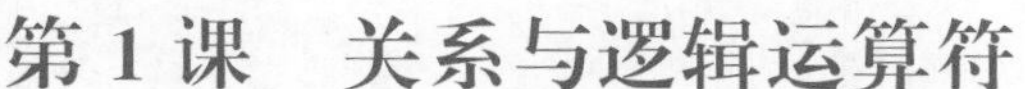

第 1 课 关系与逻辑运算符

【导学牌】

认识常用的关系运算符与逻辑运算符

掌握相关运算符的运算规则，并理解运算的优先顺序

【知识板报】

关系运算符用于判断两个值之间的关系，如大于、小于、大于或等于、小于或等于、等于、不等于。

逻辑运算符用于组合和操作逻辑值(true(真)或 false(假))，如与运算、或运算、非运算、异或运算。

通过将关系运算符与逻辑运算符结合使用，可以构建更复杂的条件表达式和逻辑判断，根据关系运算与逻辑运算的结果进行决策和控制程序的流程，以满足程序的需求。

两种运算符见表 4-1。

表 4-1 关系运算符与逻辑运算符

	描 述	运 算 符	运 算 示 例	运 算 结 果
关系运算符	大于	>	1 > 2	0
	小于	<	1 < 2	1
	大于或等于	>=	1 >= 2	0
	小于或等于	<=	1 <= 2	1
	等于	==	1 == 2	0
	不等于	!=	1 != 2	1
逻辑运算符	与运算	&&	0 && 1	0
	或运算	||	0 || 1	1
	非运算	!	! 0	1
	异或运算	^	0 ^ 1	1

例 4-1：整数 a 和 b 的关系运算

给定两个整数 a 与 b($1 \leqslant a, b \leqslant 100$)，请分别判断其关系运算的结果，运算的顺序为大于、小于、大于或等于、小于或等于、等于、不等于，分 6 行输出。

【输入样例】

```
5 8
```

【输出样例】

```
0
1
0
1
0
1
```

【示例代码】

```
#include <bits/stdc++.h>
using namespace std;
```

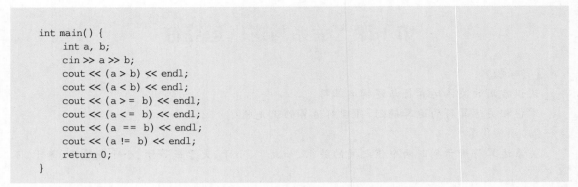

```
int main() {
    int a, b;
    cin >> a >> b;
    cout << (a > b) << endl;
    cout << (a < b) << endl;
    cout << (a >= b) << endl;
    cout << (a <= b) << endl;
    cout << (a == b) << endl;
    cout << (a != b) << endl;
    return 0;
}
```

程序会根据对应的关系运算符进行运算并输出,如果判断结果为“真”输出“1”,否则为“假”输出“0”。由于输出运算符“<<”的优先级别高于关系运算符,如果这里不加括号,会导致编译出现问题。

需要特别注意的是,一个等号“=”代表赋值语句,用于将右侧的值赋给左侧的变量,而两个等号“==”用于判断两个值是否相等,这是初学者容易混淆的地方。

例 **4-2**:蛋糕的特征

好朋友送来一个蛋糕,其尺寸为 X,价格为 Y,蛋糕可能具有以下的特征:

特征 1:蛋糕的尺寸是偶数。

特征 2:蛋糕的价格在 100 元以内(不包括 100)。

强强喜欢两个特征同时符合的蛋糕,荣荣喜欢这两种特征中至少符合一种的蛋糕,洋洋喜欢只符合其中一种特征的蛋糕,璐璐喜欢这两个特征都不符合的蛋糕。请分别输出 4 个人是否会喜欢送来的这个蛋糕,喜欢输出 1,否则输出 0。

【输入样例】

```
8 100
```

【输出样例】

```
0
1
1
0
```

【示例代码】

```
#include <bits/stdc++.h>
using namespace std;

int main() {
    int x, y;
    bool t1, t2;
    cin >> x >> y;
    t1 = x % 2 == 0;
    t2 = y < 100;
    cout << (t1 && t2) << endl;                 // 两个特征同时满足
    cout << (t1 || t2) << endl;                 // 满足某一个特征
    cout << (t1 ^ t2) << endl;                  // 有且只有一个特征满足
    cout << (!t1 && !t2) << endl;               // 两个特征都不满足
    // cout << !(t1 || t2) << endl; 最后一个也可以这样写
    return 0;
}
```

赋值运算符的优先级别较低，低于绝大多数的运算符，包括算术运算符、关系运算符和逻辑运算符等，所以 x % 2 == 0 可以不用整体加括号。

在 C++ 中有 4 种常用的逻辑运算符：

1. 与运算符 &&：判断两个条件是否都成立。
2. 或运算符||：判断两个条件是否至少有一个成立。
3. 异或运算符^：判断两个条件是否恰好有一个成立、另一个不成立。
4. 非运算符!：将一个条件取反。

具体的运算规则如表 4-2 所示。

表 4-2　逻辑运算符的运算规则

		与运算	或运算	异或运算
a	b	a && b	a || b	a ^ b
0	0	0	0	0
0	1	0	1	1
1	0	0	1	1
1	1	1	1	0

	非运算
a	!a
0	1
1	0

例 4-3：芯芯的旅行计划

芯芯正在安排自己的旅行计划，已知她的计划是 A 景点和 B 景点至少去一个，C 景点是一定不要去。现在爸爸安排了一个旅行计划，用 A,B,C 三个变量，依次代表 A、B、C 三个景点是否经过，1 代表经过，0 代表不经过，请问该计划是否满足芯芯的要求，如果满足输出 1，否则输出 0。

【输入样例】

```
0 1 0
```

【输出样例】

```
1
```

【示例代码】

```
#include <bits/stdc++.h>
using namespace std;

int main() {
    bool a, b, c, ans;
    cin >> a >> b >> c;
    ans = (a || b) && !c; // !c 等同于 c == 0
    cout << ans;
    return 0;
}
```

在逻辑运算中，运算符! 的级别最高，与运算符的优先级别高于或运算符，如果不加括号，会先运算 b && !c 的值，再进行或运算，显然在逻辑上和题意是不相符的。

!c 的运算结果等同于 c == 0，只是不同的表达方式。

数学运算的规则是先乘除后加减，代表了不同符号的运算优先级别。在 C++ 中，运算符的优先级别基本符合以下规律（由高到低）：算术运算符> 关系运算符> 逻辑运算符> 赋值运算符。

括号的优先级别最高,若对于运算的优先级别不确定,可以使用括号明确运算的次序。详细的运算符优先级别如表 4-3 所示。

表 4-3 运算符的优先级别(从高到低)

优先级	运 算 符	优先级	运 算 符
1	( )	7	==、!=
2	!、+(正)、-(负)、++、--	8	&&
3	*、/、%	9	||
4	+(加)、-(减)	10	?:
5	<<、>>(左右位移)	11	=、+=、-=、*=、/=、%=
6	>、<、>=、<=		

第2课　if　语　句

【导学牌】

理解单分支 if 语句的作用

掌握 if 语句的基本用法

【知识板报】

单分支 if 结构是最基本的选择结构语句。判断结果如果为真，返回 true，否则为假，返回 false。if 语句在编程中有其重要的作用，在满足条件的情况下允许执行对应的代码，而在不满足条件的情况下会自动跳过 if 语句中的代码。

在选择结构中，内部的代码块一般会采用缩进的方式编写，表示是条件语句的内部指令，目的是增加代码的可读性。

if 语句的语法格式如下：

```
if (条件表达式) {
    当条件成立时执行的语句;
}
```

在条件表达式中，非零值被视为 true，而零值被视为 false。这意味着，只要条件表达式的值不是 0，它会被自动视为 true。

例 4-4：芯芯的压岁钱

过年了，芯芯满心期待今年的压岁钱，因为在两个月前，芯芯和妈妈商量好了，今年的压岁钱可以获得 200 元，而且还有额外的奖励，奖励的依据是在这两个月内，如果某个月的平均体育锻炼时长达到了妈妈规定的要求，则额外奖励 50 元。输入一共两行，每一行第一个数据是妈妈在这个月提的要求，第二个数据是芯芯实际上的锻炼平均时长。请计算芯芯的压岁钱具体金额是多少。

【输入样例】

```
1.5 1.6
1.6 1.6
```

【输出样例】

```
300
```

【示例代码】

```
#include <bits/stdc++.h>
using namespace std;

int main() {
    int sum = 200;
    double a, b;
    cin >> a >> b;
    if (a <= b) {
        sum += 50;
    }
    cin >> a >> b;
    if (a <= b) {
        sum += 50;
```

```
    }
    cout << sum;
    return 0;
}
```

首先初始化芯芯的压岁钱总额为 200 元。接下来,通过两次输入,获取了两个月中妈妈提出的体育锻炼要求和芯芯实际的平均锻炼时长。在每个月份,使用 if 语句来判断是否满足妈妈的锻炼要求,如果平均锻炼时长大于或等于要求,就在总金额上额外增加 50 元。这是通过 if 语句的条件判断来实现的,如果条件成立(即锻炼达标),就执行 if 语句块中的代码,否则跳过。最终输出计算得到的压岁钱总金额。

例 4-5:快递费用

芯芯今天前往快递店寄送包裹,而快递费用是根据一定标准计算的,具体规则如下:

1. 如果包裹的重量在 2 千克以内,快递费用是 10 元。

2. 如果包裹的重量超过 2 千克,需要额外支付超过 2 千克的重量费用,每 1 千克费用为 5 元。

3. 如果快递需要跨省送达,还需要额外支付 3 元的费用。

4. 如果选择加急特快服务,需要额外支付 8 元的费用。

现在,我们已经获取了包裹的重量、是否跨省、是否选择特快服务的信息。其中,输入的重量为整数,跨省用符号 K 表示,其他符号表示省内快递,选择特快服务用符号 T 表示,其他符号表示普通快递。根据这些信息,我们计算芯芯需要支付的快递费用。

【输入样例 1】

2 K T

【输出样例 1】

21

【输入样例 2】

5 Q K

【输出样例 2】

25

【示例代码】

```
#include <bits/stdc++.h>
using namespace std;

int main() {
    int w, sum = 10;                    // 10 元起步价
    char k, t;
    cin >> w >> k >> t;
    if (w > 2) {                        // 判断是否超重
        sum += (w - 2) * 5;
    }
    if (k == 'K') {                     // 判断是否跨省
        sum += 3;
    }
    if (t == 'T') {                     // 判断是否特快
        sum += 8;
    }
```

```
    cout << sum;
    return 0;
}
```

在计算快递费用的过程中,首先初始化费用为10元。接着分别对是否超重、是否跨省、是否选择特快这三种情况进行独立判断。这三种情况之间没有逻辑关联,因此可以使用三个单独的if语句进行判断,它们互不干扰。

第一个if语句检查包裹的重量是否超过2千克,如果超过,则计算超重部分的费用,每1千克额外费用为5元。第二个if语句检查是否需要跨省送达,如果是跨省快递,需要额外支付3元的费用。第三个if语句检查是否选择特快服务,如果是特快快递,需要额外支付8元的费用。

最后将这些额外费用加到基础费用上,得到总的快递费用,并将结果输出。

例 4-6:充电次数

芯芯和爸爸去旅行,从家出发依次前往5个景点,这5个景点分布在同一条马路上,每个景点都设有充电站,但是途中没有充电站,芯芯家的车是新能源电车。若在每个景点都充满电,车一定能到达下一个景点。已知出发前电量是充满的,并提前标记了每个景点到家的距离。假设满电状态下车的行驶里程固定为500公里,请问当到达第5个景点时,至少需要充电几次,剩余电量还能开多少公里?

【输入样例】

```
150 400 600 850 1000
```

【输出样例】

```
2  350
```

【示例代码】

```
#include <bits/stdc++.h>
using namespace std;

int main() {
    int a, b, c, d, e, sum = 500, cnt = 0;
    cin >> a >> b >> c >> d >> e;
    sum -= a;                       // 到达 a 点
    if (b - a > sum) {              // 若剩余电量不够开到 b 点,需在 a 点进行充电
        sum = 500;                  // 充电后续航 500
        cnt++;                      // 累加充电次数
    }
    sum -= b - a;                   // 到达 b 点
    if (c - b > sum) {
        sum = 500;
        cnt++;
    }
    sum -= c - b;                   // 到达 c 点
    if (d - c > sum) {
        sum = 500;
        cnt++;
    }
    sum -= d - c;                   // 到达 d 点
    if (e - d > sum) {
        sum = 500;
        cnt++;
```

```
    }
    sum -= e - d;
    cout << cnt << ' ' << sum;
    return 0;
}
```

首先将续航里程初始化为500公里,接着模拟本次出行的过程,在每个景点出发前,需要提前预判目前的剩余电量支持的里程能否到达下一个景点,如果不满足则必须充电。

在输入样例中,经过分析可以发现,在第2个景点和第4个景点处需要充满电,才能顺利到达下一个景点。

使用if语句的过程中,如果条件表达式中的内容不为0,则if语句的判断结果一定为真,举例如下:

```
int x = -1;
if (x) {
    x++;
}
cout << x;
```

以上程序输出的结果是0,如果x的初始值为0,则结果还为0,可以自行尝试。

第 3 课　else 语句

【导学牌】

理解 else 语句的重要作用

掌握双分支语句的应用方法

【知识板报】

单分支的 if 语句结构在编程中适用的领域相对局限，但当结合 else 语句来创建双分支结构时，它的适用范围将更加广泛。在 else 语句后，无需再添加额外的条件，只要 if 语句中的条件不满足，程序就会自动执行 else 中的相关语句。这种结构使得在不同情况下执行不同的代码块变得更加灵活和通用。

语法格式如下：

```
if (条件表达式) {
    当条件成立时执行的语句;
}
else {
    当条件不成立时执行的语句;
}
```

例 4-7：判断奇偶数

给定一个正整数 X（$X \leqslant 10^9$），请判断它的奇偶性，如果是奇数输出“Odd”，否则输出“Even”。

【输入样例】

9

【输出样例】

Odd

【示例代码】

```
#include <bits/stdc++.h>
using namespace std;

int main() {
    int x;
    cin >> x;
    if (x % 2 == 1) {
        cout << "Odd";
    }
    else {
        cout << "Even";
    }
    return 0;
}
```

在示例代码中，演示了使用 if 与 else 结合的双分支判断语句。当奇数判断条件成立时，输出"Odd"，否则，输出"Even"，程序逻辑清晰，表述规范。

对于输出固定字符串的格式要求，建议直接在题目中复制相应字符串内容，以防止因大小写、空格等格式不匹配而导致错误，手动输入在细节上可能会有所出入。

例 4-8：判断闰年

给定一个年份 y(1583≤y≤2024)，请判断该年份是否为闰年，如果是闰年输出“leap”，否则输出“common”。

【输入样例 1】

```
2000
```

【输出样例 1】

```
leap
```

【输入样例 2】

```
1997
```

【输出样例 2】

```
common
```

【示例代码】

```
#include <bits/stdc++.h>
using namespace std;

int main() {
    int y;
    cin >> y;
    if (y % 4 == 0 && y % 100 != 0 || y % 400 == 0) {        // 闰年条件
        cout << "leap";
    }
    else {
        cout << "common";
    }
    return 0;
}
```

闰年是指格里高利历(公历)中的一种年份，它包含额外的一天，即 2 月份有 29 天，而平年的 2 月份只有 28 天，用于修正地球绕太阳周期不精确的问题。通常，能被 4 整除但不能被 100 整除的年份是闰年，但能被 400 整除的年份也是闰年。例如，2000 年和 2024 年都是闰年。

但需要注意，1582 年之前的闰年判断方法与 1582 年及之后的判断方法有所不同，因为 1582 年是历法上的一个特殊年份，它引入了格里高利历(公历)并进行了一些调整，在 1582 年 10 月 4 日之前，欧洲使用的是儒略历，其闰年规则与格里高利历略有不同。

在示例代码判断闰年的过程中，除了 if 语句本身需要的括号外，没有添加其他括号。这是因为运算符的优先级已经满足了相关的运算要求。在计算“&&”和“||”这两个逻辑运算符之前，首先进行了关系运算符的计算，然后在关系运算符计算结束后，按照优先级的顺序先进行与运算，再进行或运算。整个过程符合运算符的优先级规则，因此没有必要添加额外的括号。

例 4-9：判断一个数是否为完全平方数

完全平方数是指一个整数，其平方根是另一个整数。换句话说，如果一个整数可以表示为另一个整数的平方，那么它就是一个完全平方数。例如 1、4、9、16、25 等都是完全平方数，因为它们分别是 1、2、3、4、5 的平方，而其他整数如 2、5、10、13 等则不是完全平方数，因为它们不能表示为另一个整数的平方。

现输入一个整数 X($1 \leqslant X \leqslant 10^9$)，判断它是否为完全平方数，如果是输出“Yes”，否则输出

"No"。

【输入样例】

```
9
```

【输出样例】

```
Yes
```

【示例代码】

```
#include <bits/stdc++.h>
using namespace std;

int main() {
    int x;
    cin >> x;
    if (int(sqrt(x)) * int(sqrt(x)) == x) {
        cout << "Yes";
    }
    else {
        cout << "No";
    }
    return 0;
}
```

判断一个整数是否为完全平方数，可以通过以下步骤实现。

先通过 sqrt()函数计算该整数的平方根，然后通过 int()函数将计算得到的平方根值取整，接着计算取整后的平方值，最后检查取整后的平方值是否与原整数相等。如果取整后的平方值与原整数相等，那么可以确定输入的整数是一个完全平方数，因为完全平方数是某个整数的平方。这种方法有效地使用了数学库函数来执行平方根和整数取整操作，以实现完全平方数的判断。

例 4-10：判断两个浮点数是否相等

给定三个双精度浮点数 a，b 和 c，请判断 a + b 的值是否等于 c，如果满足条件输出"Yes"，否则输出"No"。

【输入样例】

```
0.1 0.2 0.3
```

【输出样例】

```
Yes
```

【示例代码】

```
#include <bits/stdc++.h>
using namespace std;

int main() {
    double a, b, c;
    cin >> a >> b >> c;
    if (fabs(a + b - c) < 1e-6) {              // 差值 < 0.000001
        cout << "Yes";
    }
    else {
        cout << "No";
```

```
    }
    return 0;
}
```

判断两个浮点数是否相等,一般不直接使用运算符"=="进行判断,此题若尝试使用"=="判断是否相等,会发现结果为 No,这是因为有些浮点数的数据大小无法在二进制中完全精确表示,从而在运算和比较过程中可能引发误差。

正确的方法是比较两个浮点数的差值是否在一定范围内,一般而言,使用 1e−6(即 0.000001)这样的误差阈值已经足够判断两个浮点数是否相等,误差范围可以被接受。如果两个浮点数的差值在这个范围内,那么可以判断它们相等。如果应用场景需要更高的精度,或者涉及非常小的数值范围,可能需要选择更小的误差阈值,例如 1e−9 等,具体的差值要求可以根据实际需求而定。

第 4 课　else if 语句

【导学牌】

理解多分支 else if 语句的特性

学会 else if 语句的基本用法

【知识板报】

else if 语句是一种强大的条件控制结构，可以依此判断多个条件，当一个条件不满足时，程序会继续执行下一个条件进行判断，这样可以实现更复杂的逻辑流程和多个分支选择。

else if 语句可以根据不同的条件执行不同的代码块，提供了更灵活和可读性更高的逻辑分支结构。

语法格式如下：

```
if (条件表达式 1) {
    当条件 1 成立时执行的语句;
}
else if (条件表达式 2) {
    当条件 2 成立时执行的语句;
}
else if (条件表达式 3) {
    当条件 3 成立时执行的语句;
}
......
else {
    当以上所有条件都不成立时执行的语句;
}
```

else if 语句不能独立存在，它必须紧跟在一个 if 语句之后，可以根据需要使用多个 else if 语句，数量没有限制。最后可以选择性地使用 else 语句，也可以不使用，具体根据需要来决定。

例 4-11：判断成绩等第

给定芯芯的某次考试成绩 X(0≤X≤100)，请输出对应的成绩等第，等第的划分规则如下：

A：X ≥ 90

B：70≤X < 90

C：60≤X < 70

D：X < 60

【输入样例】

```
80
```

【输出样例】

```
B
```

【示例代码】

```
#include <bits/stdc++.h>
using namespace std;

int main() {
    int x;
```

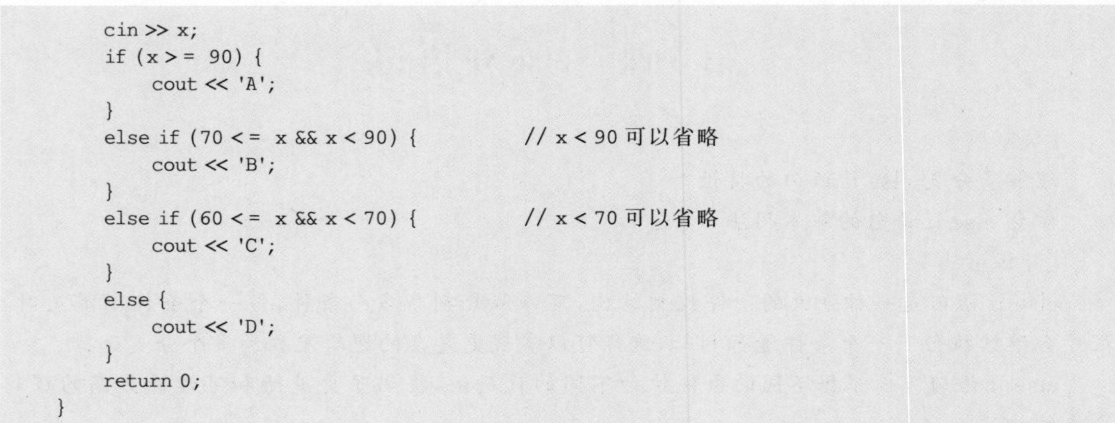

```
    cin >> x;
    if (x >= 90) {
        cout << 'A';
    }
    else if (70 <= x && x < 90) {           // x < 90 可以省略
        cout << 'B';
    }
    else if (60 <= x && x < 70) {           // x < 70 可以省略
        cout << 'C';
    }
    else {
        cout << 'D';
    }
    return 0;
}
```

判断成绩等第涉及多个条件,不仅仅有两种可能性。在这种多条件判断的情况下,可以使用 else if 语句逐个检查所有的条件。如果某个条件满足,那么相应的语句会执行,如果都不满足,则会执行 else 中的语句。

在连续范围的判断中,如果 A 等级的条件不成立,那么自动意味着成绩在 90 分以下,因此在判断 B 等级时,可以省略 x < 90 这个条件,只需确认 x >= 70 即可。

在 C++ 中,当判断 a <= b <= c 这种情况时,条件应该写为(a <= b && b <= c),而不是直接连着写。当需要确定一个数值是否在某个范围内时,建议按照从左到右递增的顺序使用小于号进行判断会更加有序,例如 (b >= a && b <= c)这类语句形式,虽然逻辑上是正确的,但更推荐使用(a <= b && b <= c)这种语句形式,以提高代码的可读性和维护性。

例 4-12:猜拳

芯芯和顾顾正在玩猜拳游戏,游戏中使用 1、2、3 这三个数字分别代表石头、剪刀、布。游戏规则很简单:石头胜剪刀,剪刀胜布,布胜石头。

现输入一行两个用空格间隔的不超过 3 的自然数,分别表示芯芯和顾顾出拳的类别。请判断本次游戏的结果,如果芯芯赢了输出“win”,如果输了输出“lose”,如果平局输出“tie”。输出的字符串均为小写字母。

【输入样例】

```
1 2
```

【输出样例】

```
win
```

【示例代码】

```
#include <bits/stdc++.h>
using namespace std;

int main() {
    int a, b;
    cin >> a >> b;
    if (a == b) {                   // 平
        cout << "tie";
    }
    else if (a == 1 && b == 2 || a == 2 && b == 3 || a == 3 && b == 1) {      // 胜
        cout << "win";
    }
```

```
    else {      // 负
        cout << "lose";
    }
    return 0;
}
```

判断猜拳的结果，逻辑判断可以分为胜、平、负三种情况，使用 else if 语句能够更加清晰和简洁地进行分类判断。在示例代码中，首先判断是否为平局，尽管平局有三种情况，但可以合并为判断是否相等。接着使用了或运算列举了芯芯能够获胜的三种情况。剩下的情况只能是输，所以使用 else 语句进行输出即可。

当多个条件是互斥的时候，使用 else if 结构有助于确保只有一个条件会被执行，而不会出现多个条件同时成立的情况。这是因为一旦某个条件满足，后续的条件判断就会被跳过，从而提高了代码的执行效率和可维护性。然而，在某些情况下，可能需要同时考虑多个条件成立的情况，这时候就不适合使用互斥的 else if 结构，而需要使用多个独立的 if 语句。

例 4-13：求三个数的最大值

给定三个整数 a、b 和 c($-10^9 \leqslant a, b, c \leqslant 10^9$)，请编写一个程序，输出它们中的最大值。如果有多个整数并列为最大值，则只需输出其中一个即可。

【输入样例】

```
5 8 5
```

【输出样例】

```
8
```

【示例代码】

```
#include <bits/stdc++.h>
using namespace std;

int main() {
    int a, b, c;
    cin >> a >> b >> c;
    if (a >= b && a >= c) {
        cout << a;
    }
    else if (b >= a && b >= c) {
        cout << b;
    }
    else {
        cout << c;
    }
    return 0;
}
```

根据题意，分为三种情况来判断 a、b、c 中哪一个是最大值，使用 else if 语句能够更清晰和便捷地表达这些条件，同时避免出现多次输出最大值的情况。如果使用三个独立的 if 语句来判断某个变量是否为最大值，当最大值出现多次时，可能会导致输出多个最大值，这与题意不符。同样的方法也可以用于求出这三个数中的最小值。

尽管本题可以通过嵌套的 max()函数解决，在此使用 else if 语句是为了锻炼和提高同学们对多分支选择语句的掌握程度，同时确保根据题意只输出一个最大值，而不会出现多次输出的情况，初学者对于每一种实现的方法都应当独立尝试并实践。

第 5 课　嵌套选择语句

【导学牌】

理解嵌套选择语句的重要作用

掌握嵌套选择语句的基本用法

【知识板报】

选择语句可以嵌套在其他选择语句的内部,这使得程序可以根据不同的条件执行不同的内容。例如,可以在一个 if 语句的代码块中嵌套另一个 if 语句,用于处理更复杂的条件逻辑,理论上选择结构可以无限嵌套。

例 4-14:开宝箱

芯芯正在玩一个游戏,游戏中有一个宝箱,需要通过解锁宝箱才能获取奖励。宝箱上有一个密码锁,需要依次输入 3 位数字来解锁,密码的每一位都是 0~9 的数字,已知密码从左往右需要满足如下三个条件:

1. 密码的第一位是偶数
2. 密码的中间一位是非 0 的数
3. 密码的后两位构成的整数,能够被 7 整除

请判断输入的一个整数(保证在 1000 以内),是否能打开宝箱,如果能打开输出“Open”,否则输出“Closed”。

【输入样例】

```
221
```

【输出样例】

```
Open
```

【示例代码】

```
#include <bits/stdc++.h>
using namespace std;

int main() {
    int x, a, b, c;
    cin >> x;
    a = x / 100;
    b = x / 10 % 10;
    c = x % 10;
    if (a % 2 == 0) {
        if (b != 0) {
            if ((b * 10 + c) % 7 == 0) {
                cout << "Open";
            }
            else {
                cout << "Closed";
            }
        }
        else {
            cout << "Closed";
        }
```

```
    }
    else {
        cout << "Closed";
    }
    return 0;
}
```

根据题目要求的三个条件，使用了嵌套的 if 语句，层层判断是否满足解锁宝箱的所有条件，在依次进行判断的过程中，只有深入判断到最内层才能确定满足了所有条件，途中如果不符合任一条件则直接输出 Closed，使用嵌套语句能够清晰地表达逻辑思路与程序流程。

此题除了使用嵌套结构，还可以使用逻辑运算符，将所有条件归为一个整体条件进行判断，关键步骤如下：

```
if (a % 2 == 0 && b != 0 && (b * 10 + c) % 7 == 0) {
    cout << "Open";
}
else {
    cout << "Closed";
}
```

对于复杂的条件判断和多个条件的组合，使用逻辑运算符可以提高代码的简洁性和可读性，但并不是所有的嵌套 if 语句都可以简单地使用逻辑运算符代替。对于一些需要特定条件下的分支判断，使用嵌套 if 语句可能更加清晰和直观，具体策略的实施可根据实际的需要。

逻辑运算符具有短路规则，在以上代码中，如果 a % 2 == 0 不成立，后续的判断条件将被自动跳过，如 b !=0 不会被求值，因为当 a % 2 == 0 不为真时，已经能够确定整个条件表达式为假。这是为了提高程序执行的效率，避免不必要的计算，节省了资源与时间。

例 4-15：三个数的排序

给定三个整数 a、b 和 c($-10^9 \leqslant a, b, c \leqslant 10^9$)，请从小到大输出这三个数，并用空格间隔。

【输入样例】

```
3 8 2
```

【输出样例】

```
2 3 8
```

【示例代码】

```
#include <bits/stdc++.h>
using namespace std;

int main() {
    int a, b, c;
    cin >> a >> b >> c;
    if (a <= b && a <= c) {              // a 为最小值
        if (b <= c) {                    // 在 a 为最小值的情况下嵌套判断 b 与 c 的大小关系
            cout << a << ' ' << b << ' ' << c;
        }
        else {
            cout << a << ' ' << c << ' ' << b;
        }
    }
    else if (b <= a && b <= c) {         // b 为最小值
        if (a <= c) cout << b << ' ' << a << ' ' << c;
```

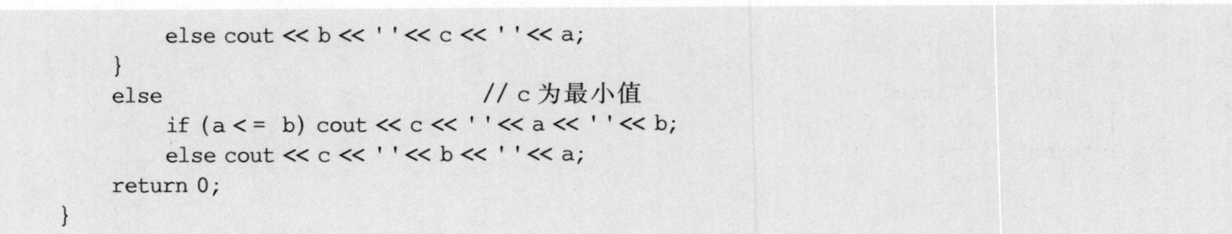

```
        else cout << b << ' ' << c << ' ' << a;
    }
    else                              // c为最小值
        if (a <= b) cout << c << ' ' << a << ' ' << b;
        else cout << c << ' ' << b << ' ' << a;
    return 0;
}
```

这是一道适合练习嵌套结构的题目，虽然看起来比较长，但是逻辑结构非常清晰，编写代码的过程中能够很好地理解嵌套结构的作用。

为了压缩行数，在示例代码中，部分选择结构语句省略了大括号。因为当 if 语句的代码块只包含一条语句时，可以省略大括号，然而省略大括号的写法容易导致错误，尤其是在后续修改代码时，例如，在省略大括号的语句中再增加几条语句，那么就需要再次手动补回大括号。为了代码的可读性和维护性，建议初学者在 if 语句中始终使用大括号，并遵循一致的代码风格。使用大括号可以明确标识代码块的开始和结束，并可避免潜在的错误和歧义。

若需要省略大括号，有一个小技巧，可以将 if 条件内的执行语句，与 if 语句放在同一行，用于提示自己该处省略了大括号且只有一个执行语句。

下面举两个例子，在没有大括号的情况下，容易被缩进或者被既有的印象所迷惑。

例如下列代码中的 a++ 和 b++ 貌似都在 if 语句内，实际上 b++ 已经在 if 语句的外面了，如果需要放在 if 语句内，需要增加大括号。

```
if (a > b)                            // 易误解的逻辑关系
    a++;
    b++;

if (a > b)                            // 实际的逻辑关系
    a++;
b++;
```

再看下面这个例子，也是很容易引起误解，会误认为是当符合 a > b 条件时执行 a++，其实 a++ 已经和 if 语句没有任何关系，if 条件满足时实际上是执行了一个空语句，再执行 a++。

```
if (a > b); a++;                      // 容易误解的逻辑关系

if (a > b)                            // 实际的逻辑关系
    ;                                 // 空语句
a++;
```

在示例代码中，出现了 if、else if 与 else 语句形式，其实 else if 语句本质是一种简写的 if 与 else 嵌套结构，以下是实现同样功能的两种代码对比：

else if 结构的形式：

```
if (条件表达式 1)
    语句 1;
else if (条件表达式 2)
    语句 2;
else if (条件表达式 3)
    语句 3;
else
    语句 4;
```

仅用 if 与 else 的嵌套模拟 else if 的逻辑结构形式：

```
if (条件表达式 1)
    语句 1;
else
    if (条件表达式 2)
        语句 2;
    else
        if (条件表达式 3)
            语句 3;
        else
            语句 4;
```

以上两种代码实现了相同的逻辑，即根据多个条件进行选择。虽然能够实现相同的功能，但是 else if 语句可以避免嵌套多层的 if else 语句，使代码更加清晰、简洁，并且能够按照顺序依次检查多个条件。

第 6 课　switch 语句

【导学牌】

理解 switch 语句与 if 语句的区别与联系

学会 switch 语句的使用方法

【知识板报】

switch 语句是多分支条件判断的控制流语句,是基于给定的表达式的值,从多个可能的选项中选择一个分支执行。

语法格式如下:

```
switch (条件表达式) {
    case 情况 1: 执行语句 1; break;
    case 情况 2: 执行语句 2; break;
    ...
    default: 执行语句 n;
}
```

例 4-16:星期几

芯芯满心期待的暑假就快到了,已知今天是星期 N,经过 M($1 \leqslant M \leqslant 100$)天后就放假了,请问放假的那一天是星期几?请输出对应的英文(注意大小写)。

星期一:Monday

星期二:Tuesday

星期三:Wednesday

星期四:Thursday

星期五:Friday

星期六:Saturday

星期日:Sunday

【输入样例】

```
4 9
```

【输出样例】

```
Saturday
```

【示例代码】

```
#include <bits/stdc++.h>
using namespace std;

int main() {
    int n, m, ans;
    cin >> n >> m;
    ans = 1 + (n - 1 + m) % 7;
    switch(ans) {                              // switch 语句
        case 1: cout << "Monday"; break;       // 如果没有 break,后续 case 会自动输出
        case 2: cout << "Tuesday"; break;
        case 3: cout << "Wednesday"; break;
        case 4: cout << "Thursday"; break;
        case 5: cout << "Friday"; break;
```

```
        case 6: cout << "Saturday"; break;
        case 7: cout << "Sunday"; break;
        default: break;
    }
    return 0;
}
```

switch后的括号内可以是表达式或者变量，在大括号中，使用case语句进行逐一匹配，case后可以是对应的整数型或字符型的常量，不能是变量，也不能是浮点型(因浮点型不直接判断是否相等)。如果满足某个case语句的条件，则执行对应的语句，在执行语句后使用break结束switch语句，如果不使用break，后续的case语句将不需要判断就直接执行，同学们可进行尝试。如果所有的case语句情况都不能匹配，可以选择使用default语句执行一个规定的指令，类似于else语句，当然也可以不使用。此题中default语句实际上永远不会执行，因为判断的情况必然是在以上7个case语句之中。

这是一道经典的循环日期求解的问题，这类问题有一种较为统一的方法，可以将星期一到星期日都看作是星期一加上0～6的某个整数而来，将初始位置永远看作是星期一，与平时看时钟一样，每个时间点其实都是和零点的差值。那么初始的星期n，可以认为是星期一经过了n－1天而来，然后再经过了m天，从星期一开始则一共经过了n－1＋m天，这是从星期一出发的总偏移量，这个总偏移量需要限制在0～6，可以通过模运算%7的方法得到7以内的偏移量，最终的星期几则是1＋(n－1＋m)%7。

如果题目修改成今天是星期n，请计算m天以前是星期几，可以通过7－(7－n＋m)%7的计算方法实现。这种思路与方法同样适用于其他循环数列或有着周期规则的问题求解，在算法竞赛中会较为频繁地遇到。

例4-17：月份天数

输入某一年的年份和月份，请输出该月份有多少天。

【输入样例】

```
2020 3
```

【输出样例】

```
31
```

【示例代码】

```
#include <bits/stdc++.h>
using namespace std;

int main() {
    int y, m;
    cin >> y >> m;
    switch (m) {
        case 1: case 3: case 5: case 7: case 8: case 10: case 12:          // 大月
            cout << 31; break; // 输出后使用 break,跳出 switch 语句
        case 4: case 6: case 9: case 11:                                   // 小月
            cout << 30; break;
        case 2: {                                                          // 2 月
            if (y % 4 == 0 && y % 100 != 0 || y % 400 == 0) cout << 29;    // 闰年
            else cout << 28;                                               // 平年
            break;
        }
```

```
        default: break;
    }
    return 0;
}
```

无论是哪一年,除了 2 月份,其他月份的天数是固定的,如果符合某个大月或者小月,即可输出对应的天数。如果是 2 月,需要判断年份是否为闰年,闰年有 29 天,平年是 28 天。无论是哪种情况,不要忘记在输出后加上 break 用于跳出 switch 选择结构。

在判断闰年的过程中,case 语句中是可以嵌套使用 if 语句的,同样在 if 语句中也可以嵌套使用 switch 语句,具体要根据实际的使用需求。

在算法竞赛中,由于 if 语句具有更好的灵活性,能够使用各类条件表达式与嵌套选择结构,使用频率会比 switch 语句高得多,但 switch 语句依旧有其用武之地,例如处理离散且有限的数据,相对 if 语句会更加简洁和易于理解。

第7课　问号表达式

【导学牌】

理解问号表达式的特性

掌握问号表达式的基本语法格式

【知识板报】

问号表达式也称为三目运算符，是一种在很多编程语言中都存在的条件表达式。问号表达式提供了一种简洁的方式来根据条件选择相应的操作，用于简化某些条件判断的代码。

问号表达式在C++中的主要用途是根据条件选择不同的值，一般不用于判断较为复杂的逻辑表达式。尽管在某些情况下可以在问号表达式的分支中使用简单的表达式，但在编写内部嵌套更复杂的表达式时，可能会导致代码可读性下降，增加出错的可能性。

语法格式如下：

```
条件表达式 ? 条件成立时的结果 : 条件不成立时的结果
```

例4-18：矫情的芯芯

芯芯面前有4个水果，她今天有点矫情，对吃水果有一个特殊的要求，她希望吃前面两个水果中重量较小的，吃后面两个水果中重量较大的，请分别计算前两个水果重量的较小值与后两个水果重量的较大值，并求出想吃的两个水果的总重量，矫情的芯芯今天不想自己计算，请帮助芯芯完成这个特殊的要求，保证所有输入数据都在int类型的整数范围内。

【输入样例】

```
15 3 8 19
```

【输出样例】

```
3 19 22
```

【示例代码】

```cpp
#include <bits/stdc++.h>
using namespace std;

int main() {
    int a, b, minn, maxn;
    cin >> a >> b;
    minn = (a < b) ? a : b;      // 问号表达式求a与b的较小值
    cin >> a >> b;
    maxn = (a > b) ? a : b;      // 求第二组数据的较大值
    cout << minn << ' ' << maxn << ' ' << minn + maxn;
    return 0;
}
```

问号表达式可以根据条件的结果返回两个可能的值中的一个，因此，可以将问号表达式的结果赋值给变量或作为其他表达式的一部分。

在示例代码中，如果(a < b)成立，则minn的值为a，否则为b；如果(a > b)成立，则maxn的值为a，否则为b。由于max与min是两个函数的默认名称，在定义最大值与最小值变量时，应尽量避免与之重复，例如建立maxn、maxx等变量名，既能表达变量的性质与功能，同时与函数默认的名称进行了区分。

例 4-19：芯芯的旅行套餐

芯芯正准备前往台湾度假,旅行社提供了三种不同价格的旅行套餐：3000 元的套餐为 7 天行程,2600 元的套餐为 6 天行程,2000 元的套餐为 5 天行程。芯芯的预算有限,她希望在力所能及的情况下,尽量多玩几天。如果芯芯的预算无法支付任何一个套餐,那么输出为 0。

【输入样例】

2750

【输出样例】

6

【示例代码】

```
#include <bits/stdc++.h>
using namespace std;

int main() {
    int x, ans;
    cin >> x;
    ans = (x >= 3000) ? 7 : (x >= 2600) ? 6 : (x >= 2000) ? 5 : 0;
    cout << ans;
    return 0;
}
```

如示例代码所示,问号表达式可以嵌套使用,从而实现更复杂的条件选择,与之功能相符的逻辑语句如下：

```
if (x >= 3000) {
    ans = 7;
}
else {
    if (x >= 2600) {
        ans = 6;
    }
    else {
        if (x >= 2000) {
            ans = 5;
        }
        else {
            ans = 0;
        }
    }
}
```

可以看出,问号表达式的表达方式更为简洁,但需要注意的是,虽然问号表达式可以提供一种简洁的条件选择方式,但过度使用或嵌套过多的问号表达式可能会导致代码难以理解和维护。在编写代码时,应根据实际情况谨慎选择是否使用问号表达式。

当需要在问号表达式的两个分支中进行更复杂的计算或操作时,更好的做法是将这些操作分开,使用普通的 if 与 else 语句或其他适当的控制流结构来实现,这样可以使代码更清晰、易读和易于维护。

本章寄语

通过本章选择结构的学习，我们能够让程序按照特定的逻辑关系执行，而不必一味地线性执行所有指令。选择结构允许我们根据特定的条件判断来执行相应的操作，而忽略或跳过不满足条件的部分。

在本章的学习中，我们从关系运算符和逻辑运算符开始，这两类运算符密切相关。在学习了相关知识后，我们将它们与算术运算符结合使用，以实现各种复杂的情景。运算符的优先级通常按照算术运算> 关系运算> 逻辑运算> 赋值运算的顺序。

在选择结构中，根据不同场景的需求，我们可以使用单分支、双分支、多分支和嵌套选择语句的形式，以满足适当的逻辑关系。相对于 switch 语句和问号表达式，if 语句、else 语句以及 else if 语句更为常见，但 switch 语句和问号表达式也有它们擅长的应用场景，因此我们需要熟悉它们的使用规则。

第5章 循环结构

计算机能够在短时间内批量运行大量的指令，其中一些指令可能需要重复执行，如求解n个数据的和或对数据进行排序等。如果仅使用顺序和选择结构，为每一步编写对应的代码，不仅会使代码冗长，而且客观上也不太现实。计算机可以通过循环语句自动化执行重复的操作，从而减少代码量并提高代码可读性。

循环构成了编程的核心，编写逻辑清晰的循环语句是编程的基本技能。本章将介绍三种主要的循环类型：for、while和do while，通过实际应用来感受循环在编程中的关键作用和魅力。

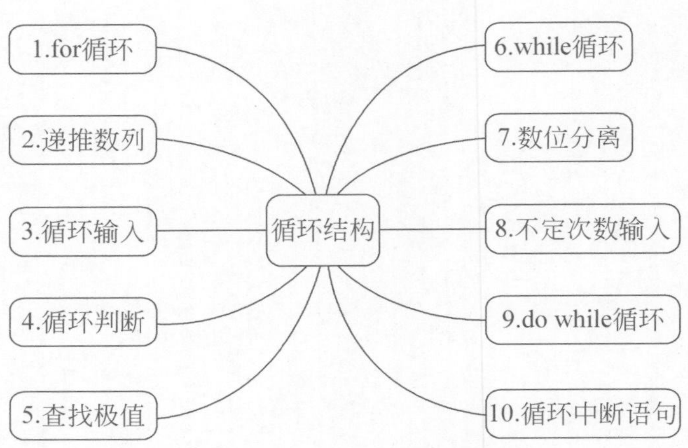

第1课　for 循环

【导学牌】

理解 for 循环中的三要素

掌握 for 循环的基本使用方法

【知识板报】

for 循环是最常用的循环语句，因为它对于循环次数的控制更加精确，而且可以将循环条件、循环计数器和循环步长全部包含在一个语句中，使用起来比较便捷。

建议初学者先学习 for 循环，掌握其语法和使用方法，在此基础上再学习 while、do while 循环。这样可以更好地掌握 C++ 中的循环语句，为后续的学习打下基础。

for 循环的语法格式如下：

```
for (循环变量初始化; 循环条件; 每轮循环结束操作) {
    语句 1;
    语句 2;
    …
}
```

for 循环中的三个参数用分号间隔。第一个参数是循环变量，较为常用的变量名为 i、j、k 等，这源于历史的习惯和约定，以及一些编程语言的传统，但并非强制，变量名可以根据需要自定义。在数学领域中，i、j、k 也较为频繁地表示迭代器等功能，因此，使用这几个字母作为循环变量名可以使代码更易于理解和阅读。

第二个参数是循环条件，循环语句在每轮循环开始之前会判断对应的条件，如果符合条件则继续执行循环语句，否则结束该循环语句。

第三个参数是在每轮循环结束后执行的对应操作，通常用于递增或递减循环变量。

例 5-1：观察循环变量

给定一个整数 N($1 \leqslant N \leqslant 100$)与一个字符，请输出对应的整数行，每行第一个数据为行数，第二个数据为该字符，用空格进行间隔。

【输入样例】

```
5 @
```

【输出样例】

```
1 @
2 @
3 @
4 @
5 @
```

【示例代码】

```
#include <bits/stdc++.h>
using namespace std;

int main() {
    int n;
    char c;
    cin >> n >> c;
```

```
    for (int i = 1; i <= n; i++) {
        cout << i << ' ' << c << endl;
    }
    return 0;
}
```

在 for 循环中,循环变量用 i 表示并初始化为 1,该语句仅在循环开始前执行一次,可以看作是进入大括号语句之前的指令。条件表达式 i <= n 用于判断本轮循环是否应该执行,每次进入循环之前都会检查是否满足这个条件,如果满足条件,程序将进入循环并执行大括号中的内容,否则 for 循环结束。i++是每轮循环语句块执行后都会执行的一次操作,在此程序中,i 被看作计数器,整个循环刚好执行了 n 次。

值得一提的是,循环结束后操作的 i++,也可以使用++i 的形式,两者的效果是一样的,但更常用的方式是 i++,大多数编程语言和编程风格都倾向于使用 i++这类后缀自增的方式。

示例代码呈现了经典的重复执行 n 次的方法,还有一种同样经典循环 n 次的方法,代码如下:

```
for (int i = 0; i < n; i++) {
    语句 1;
    语句 2;
    …
}
```

此方法仍然是循环 n 次,但不同之处在于将循环变量 i 初始化为 0,而不是 1,循环条件是 i < n,尽管也可以写成 i <= n−1,但更常用的是 i < n,我们应该牢记这两种循环方式。

需要注意的是,在括号中定义的循环变量 i,一旦循环结束将会自动销毁,不再有效。如果希望在循环结束后继续使用变量 i,可以提前在循环外部定义它,如下所示:

```
int i = 1;
for (; i <= n; i++) {
    语句 1;
    语句 2;
    …
    // i++;
}
```

此代码中的变量 i 如果离开 for 循环后,仍然是有效的,i 离开循环后的数值为 n+1。i++也可以写在 for 循环的最后,功能是一样的,都是在上述语句执行完毕后,执行一次 i++。

例 5-2:区间数

给定两个整数 a 与 b($-10^6 \leqslant a \leqslant b \leqslant 10^6$),请输出 a 与 b 之间所有的整数,用空格间隔。

【输入样例】

```
9 17
```

【输出样例】

```
9 10 11 12 13 14 15 16 17
```

【示例代码】

```
#include <bits/stdc++.h>
using namespace std;
```

```
int main() {
    int a, b;
    cin >> a >> b;
    for (int i = a; i <= b; i++) {
        cout << i << ' ';
    }
    return 0;
}
```

将循环变量 i 初始化为 a，循环条件是 i<=b，循环执行的次数为 b−a+1 次。在此代码中 i 不再充当计数器的角色，而是模拟 a～b 之间的每个数进行升序变化，当 i 大于 b 时自动结束循环。

例 5-3：逆序输出偶数

给定两个整数 a 与 b($0 \leqslant a \leqslant b \leqslant 10^6$)，请输出 a 与 b 之间的所有偶数，要求由大到小输出。

【输入样例】

```
4 19
```

【输出样例】

```
18 16 14 12 10 8 6 4
```

【示例代码】

```
#include <bits/stdc++.h>
using namespace std;

int main() {
    int a, b;
    cin >> a >> b;
    if (b % 2 == 1) b--;                    // 如果 b 为奇数,则减 1 变成偶数
    for (int i = b; i >= a; i -= 2) {       // i 每次减 2
        cout << i << ' ';
    }
    return 0;
}
```

在 for 循环中，可以使用循环变量实现由大到小的变化，i 不仅可以类似在例 5-1 中作为计数器每次加 1 进行计数，还可以模拟数据的变化，如此题中先判断 b 是否为偶数，修正为偶数后每次递减 2。注意循环的条件是 i>= a，容易写成 i<= a，要学会避免这个惯性，尽管从小到大的变化在编程中使用频率较高。

第 2 课　递 推 数 列

【导学牌】

了解常见的递推数列

理解递推数列的循环迭代方法

【知识板报】

递推数列在编程中具有广泛的应用和重要的功能，可以用于生成数值序列、循环迭代、算法和数值计算等方面。它们提供了一种便捷的方式来处理按照规律变化的数值，并在许多实际问题的建模和解决中承担了重要角色。

例 5-4：等差数列

等差数列是指一个数列中的每个数与其前一个数之间的差值保持恒定的数列，这个差值被称为公差，常用于各类计算和推导。

给定一个等差数列的首项、公差与总项数，请输出该数列的每一项，数据保证在 int 型范围内。

【输入样例】

```
5 -1 8
```

【输出样例】

```
5 4 3 2 1 0 -1 -2
```

【示例代码】

解法 1：

```cpp
#include <bits/stdc++.h>
using namespace std;

int main() {
    int a, delta, n;
    cin >> a >> delta >> n;
    for (int i = 0; i < n; i++) {
        cout << a << ' ';
        a += delta;
    }
    return 0;
}
```

解法 2：

```cpp
#include <bits/stdc++.h>
using namespace std;

int main() {
    int a, delta, n;
    cin >> a >> delta >> n;
    for (int i = 0; i < n; i++) {
        cout << a + i * delta << ' ';
    }
    return 0;
}
```

两种解法都可以输出等差数列的前 n 项，解法 1 中变量 a 通过每次加公差，真实模拟了每一次数值的变化，简洁明了容易理解；解法 2 中变量 a 没有变化，变化的是每一项与 a 的差值，该解法的优势是 a 的数值一直没有发生改变，如果后续还需要对首项进行一些操作，可以直接使用。

例 5-5：等比数列

等比数列是指一个数列中的每个数与其前一个数之间的比值保持恒定的数列。这个比值被称为公比，在科学应用中较为广泛，如指数增长、放射性衰变等应用领域。

给定一个等比数列的首项、公比（公比≥1）与总项数，且每一项的数值都保证在 int 型范围内，请输出该数列的每一项。

【输入样例】

```
2 3 8
```

【输出样例】

```
2 6 18 54 162 486 1458 4374
```

【示例代码】

```
#include <bits/stdc++.h>
using namespace std;

int main() {
    int a, ratio, n;
    cin >> a >> ratio >> n;
    for (int i = 1; i <= n; i++) {
        cout << a << ' ';
        a *= ratio;
    }
    return 0;
}
```

在示例代码中，变量 a 表示等比数列的首项，通过循环语句可以输出等比数列的每一项。在每次循环中，首先输出当前项的值 a，然后通过将当前项乘公比的指令 a *= ratio 来更新 a 为下一项的值。这样，通过循环的不断迭代，就可以输出等比数列中的所有项。

等比数列的变化速率相对更快，这段代码的优点在于它简洁而有效地实现了等比数列的生成和输出，利用循环结构和变量的更新机制，将生成等比数列的过程进行了自动化。

类似于例 5-4 等差数列的解法 2，这里同样可以通过 a^*（公比的某个次方）计算某项的数值实现输出，具体可以参考下段代码进行自我尝试。

```
for (int i = 0; i < n; i++) {
    cout << a * int(pow(ratio, i)) << ' ';
}
```

例 5-6：斐波那契数列

斐波那契数列是一个经典的数列，以意大利数学家莱昂纳多·斐波那契的名字命名，其特点是每个数都是前两项数字之和，数列开始的前两项都是 1，后续的数则由前两个数相加而得，即 1，1，2，3，5，8，…。

在自然界和数学中有许多有趣的应用和性质，例如，植物的叶子、树干的分支、蜂房的结构等都可以在一定程度上展现出斐波那契数列的规律,斐波那契数列中的相邻数的比例趋近黄金分割比例(约为1.618)。

请输出斐波那契数列的前n项(1≤n≤46)。

【输入样例】

```
17
```

【输出样例】

```
1 1 2 3 5 8 13 21 34 55 89 144 233 377 610 987 1597
```

【示例代码】

```
#include <bits/stdc++.h>
using namespace std;

int main() {
    int n, a, b, c;
    a = b = 1;                          // 连续赋值,a与b都初始化为1
    cin >> n;
    if (n == 1) {                       // n == 1 的情况特判
        cout << 1;
        return 0;                       // 提前终止程序
    }
    if (n == 2) {                       // n == 2 的情况特判
        cout << 1 << ' ' << 1;
        return 0;
    }
    cout << 1 << ' ' << 1 << ' ';       // 输出前两项
    for (int i = 3; i <= n; i++) {      // 第3项开始具备循环递推的性质
        c = a + b;
        cout << c << ' ';
        a = b;
        b = c;
    }
    return 0;
}
```

斐波那契数列并非从刚开始就存在循环规律,其前两项固定都是1,从第三项开始才具备循环的性质,所以前两项需要单独处理与特殊判断,当n为1或者2时,输出对应的固定数据即可,在这两个特判的条件中,出现了return 0这段原本习惯放在程序最后的代码,其作用是提前终止程序。return 0语句不仅可以放在主函数的最后,还可以放在主函数中的任意位置,只要执行了该语句,就代表程序立即结束,后续的代码不再执行。

从第三项开始,每一项的都是前两项之和,这里用c = a + b求出对应的数据,接着更新a和b的值,要留心赋值的顺序,如果c先赋值给了b,b再赋值给a,那么原本b中应该赋值给a的数据则被抹去了,整个数列的递推就出现了问题。

斐波那契数列的前46项皆在int型范围内,如果超过46项,则需考虑使用其他范围更广的数据类型进行存储。

类似斐波那契数列的数列还有很多,主要区别在于前几项的初始数值有差异,后面每项也都是由前两项或前三项的相关递推计算而来,如表5-1所示。

表 5-1 递推数列

类 型	递推原理	数列前 10 项
斐波那契数列	初始化：$a_1=1, a_2=1$ 递推式：$a_i=a_{i-1}+a_{i-2}$	1 1 2 3 5 8 13 21 34 55
卢卡斯数列	初始化：$a_1=2, a_2=1$ 递推式：$a_i=a_{i-1}+a_{i-2}$	2 1 3 4 7 11 18 29 47 76
佩尔数列	初始化：$a_1=0, a_2=1$ 递推式：$a_i=2a_{i-1}+a_{i-2}$	0 1 2 5 12 29 70 169 408 985
雅各布斯塔尔数列	初始化：$a_1=0, a_2=1$ 递推式：$a_i=a_{i-1}+2a_{i-2}$	0 1 1 3 5 11 21 43 85 171
特里波纳奇数列	初始化：$a_1=0, a_2=0, a_3=1$ 递推式：$a_i=a_{i-1}+a_{i-2}+a_{i-3}$	0 0 1 1 2 4 7 13 24 44

第3课 循环输入

【导学牌】

理解循环输入的概念与特性

掌握循环输入的基本方法

【知识板报】

前文中的数据输入量总体都不是很大,当要输入较大规模的数据时,如输入几万个数字进行处理分析,我们不可能使用几万次顺序结构 cin,学会使用循环输入至关重要。

循环输入主要是通过循环语句的结构,在循环语句的内部实现循环输入,并根据输入的数据进行处理与分析,如累加、累乘等常见操作。

例 5-7:累加器

给定 N 个整数(1≤N≤10000),需要计算它们的和,数据结果保证在 int 型范围内。

【输入样例】

```
10
234 467 78 34 78 34 56 345567 345 12
```

【输出样例】

```
346905
```

【示例代码】

```
#include <bits/stdc++.h>
using namespace std;

int main() {
    int n, tmp, sum = 0;
    cin >> n;
    for (int i = 1; i <= n; i++) {
        cin >> tmp;
        sum += tmp;
    }
    cout << sum;
    return 0;
}
```

示例代码中包含两个 cin 语句输入操作。在循环外部使用一个常规的 cin 语句用于输入变量 n,它表示需要计算的整数数量。在循环内部,使用 cin >> tmp 语句实现循环输入数据,其中 tmp 通常用作临时变量,用于存储正在处理的数据,当再次输入时,之前的数据即被替换掉。

每次输入后,将新的数据累加到变量 sum 中,sum 称为累加器,用于计算所有输入数据的总和。

例 5-8:累乘器

给定(1≤N≤20)个整数,求 N 个整数的积,数据结果保证在 int 型范围内。

【输入样例】

```
9
1 3 5 2 5 7 4 2 9
```

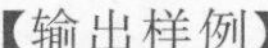

【输出样例】

```
75600
```

【示例代码】

```
#include <bits/stdc++.h>
using namespace std;

int main() {
    int n, tmp, sum = 1;
    cin >> n;
    for (int i = 1; i <= n; i++) {
        cin >> tmp;
        sum *= tmp;
    }
    cout << sum;
    return 0;
}
```

在这段代码中，sum 称为累乘器，累乘器需要初始化为 1，因为 1 乘任何数不会影响结果，如果默认为 0，则累乘的结果依旧为 0。

累乘器和累加器都是常用的数据存储方式，使用频率高，因为它们可以在循环操作的过程中进行迭代变化，无需为了保存运行过程的中间数值而创建新的变量。

第4课　循环判断

【导学牌】

理解循环判断在程序设计中的重要作用

能够根据相关条件进行简单的数据处理

【知识板报】

将选择结构与循环结构进行联合,能够产生强大的效能,如寻找或筛选符合特定要求的元素,统计满足特定条件的元素个数等。

例 5-9:奇偶数求和

给定 $N(1\leqslant N\leqslant 10000)$个整数 $A_1,A_2,\cdots,A_n(0\leqslant A_i\leqslant 10^5)$,将其中的奇数与偶数分别求和并输出。

【输入样例】

```
20
123 45 4 0 34 31 434 45 67 234 1 98 45 11 23 99 74 28 321 21
```

【输出样例】

```
832 906
```

【示例代码】

```
#include <bits/stdc++.h>
using namespace std;

int main() {
    int n, tmp, sum1 = 0, sum2 = 0;
    cin >> n;
    for (int i = 1; i <= n; i++) {
        cin >> tmp;
        if (tmp % 2 == 1) {
            sum1 += tmp;
        }
        else {
            sum2 += tmp;
        }
    }
    cout << sum1 << ' '<< sum2;
    return 0;
}
```

之前我们已经学会了使用循环输入的方式进行累加,但是对于数据的累加如果有一些特定的要求,例如本题中需要根据奇偶性进行分类求和,则需要使用循环判断的方法。

在示例代码中,tmp 作为临时变量用于暂存每次输入的数据,通过 if 语句进行循环判断奇偶性,实现了累加求和的操作。类似这类循环判断的逻辑结构,能够让程序的功能更富有拓展性,可以满足数据量较大且逻辑更加复杂的需求。

例 5-10:统计直角三角形的个数

给定 $N(1\leqslant N\leqslant 10^5)$组整数 a、b、c($0\leqslant a\leqslant b\leqslant c\leqslant 10,000$),需要判断每一组整数是否可以构成三角形。如果可以构成三角形,请输出能构成三角形的组别编号,用空格分隔,并同时统计能构成的直角三角形的总数,在最后一行输出。

【输入样例】

```
6
3 4 5
0 0 0
10 10 12
8 15 17
9 19 41
7 25 25
```

【输出样例】

```
1 3 4 6
2
```

【示例代码】

```
#include <bits/stdc++.h>
using namespace std;

int main() {
    int n, a, b, c, cnt = 0;                    // 计数器 cnt 初始化为 0
    cin >> n;
    for (int i = 1; i <= n; i++) {
        cin >> a >> b >> c;
        if (a + b > c) {                        // 短边之和大于第三边,可以构成三角形
            cout << i << ' ';                   // 输出编号
            if (a * a + b * b == c * c) {       // 勾股定理
                cnt++;                          // 计数器累加
            }
        }
    }
    cout << endl << cnt;
    return 0;
}
```

对于 n 组三角形的边长数据,根据两个短边之和大于第三边的基础要求,判断是否可以构成三角形,如果可以构成,则输出该组数据的编号 i,在此基础上通过勾股定理判断是否为直角三角形,如果符合直角三角形的条件则计数器 cnt++。

例 5-11:字符统计

输入一个长度为 N(1≤N≤1000)的字符串,字符串由大小写字母与数字组成,请分别统计其中的大写字母、小写字母与数字的个数,分三行进行输出。

【输入样例】

```
26
2aPpLe5BaNaNa9gRaPe1OrAnGe
```

【输出样例】

```
10
12
4
```

【示例代码】

```
#include <bits/stdc++.h>
using namespace std;
```

```
int main() {
    int n, cnt1, cnt2, cnt3;
    char c;
    cnt1 = cnt2 = cnt3 = 0;                          // 初始化为 0
    cin >> n;
    for (int i = 1; i <= n; i++) {
        cin >> c;
        if ('A'<= c && c <= 'Z') cnt1++;             // 统计大写字母的个数
        if ('a'<= c && c <= 'z') cnt2++;             // 统计小写字母的个数
        if ('0'<= c && c <= '9') cnt3++;             // 统计数字字符的个数
    }
    cout << cnt1 << endl << cnt2 << endl << cnt3;
    return 0;
}
```

在 for 循环中使用了三个 if 语句进行循环判断，用于分类统计对应的字符类型，由于三者之间没有交集，故可以单独使用三个 if 语句进行判断，如果使用下列代码也能符合要求。

```
if ('A'<= c && c <= 'Z') cnt1++;
else if ('a'<= c && c <= 'z') cnt2++;
else if ('0'<= c && c <= '9') cnt3++;
```

如果字符 c 满足'A'<= c && c <= 'Z'的区间条件，则可以确定 c 是大写字母，这是经典的判断大写字母的方法，因为字母 A 与字母 Z 的 ASCII 码区间范围已经包含了所有的字母，同样的方法亦适用于判断小写字母与数字，注意判断的是数字字符而不是整数。

除了通过判断 ASCII 码区间的方式确定大小写字母与数字，还可以使用 isupper()、islower()、isdigit() 这三个函数进行判断，函数存在于 C++ 字符处理的标准库< cctype >头文件中，方法如下。

```
if (isupper(c)) cnt1++;
if (islower(c)) cnt2++;
if (isdigit(c)) cnt3++;
```

在 C++ 中，我们可以利用众多方便的函数来实现各种功能。然而，并非所有函数都需要被牢记于心。事实上，我们可以采用多种方法来实现相同的功能，更为关键的是，我们要深入理解逻辑判断的原理，而不仅仅依赖于函数的记忆，毕竟，函数本身也是基于底层逻辑构建的。

第5课 查找极值

【导学牌】

理解循环语句中查找极值的逻辑

学会通过循环语句的方式查找极值

【知识板报】

极值问题,即是求极大值与极小值的问题,是在既定范围目标内,确定数据的极大值与极小值。我们可以通过循环对比查询到数列中的这两个极值。

在求极值的过程中,通常需要定义两个变量用于存储极大值与极小值,通过"打擂台"的思路,不断寻找截止当前的两个极值。注意,在初始化的时候,要让极大值的初始值尽可能地小,而让极小值的初始值尽量地大,为何如此?我们可以反过来想,如果定义了一个非常大的极值,那么在查询的数据范围中并没有比这个初始极值更大的数据,则我们无论如何也找不到该极值,同理最小值的初始值也不能太小,如果初始值比所有需要比较的数据都小,也就失去了比较的意义。

例 5-12:修正平均分

在很多体育赛事的评分环节,会采用"修正平均分"的赛制,其方法是在所有裁判评分中去除一个最高分与一个最低分,再计算剩余评分的平均值作为选手的最终得分,这种评分方式旨在减少评委个人主观因素的影响,确保得分更加客观和公正,该赛制用于诸多比赛中,如跳水、体操、滑雪、花样游泳等。

现给定一个整数 N($3 \leqslant n \leqslant 100$),代表裁判的人数,以及这 N 名裁判给出的评分 A_i($0 \leqslant A_i \leqslant 1000$),请计算该名运动员修正后的平均分,结果保留两位小数。

【输入样例】

```
7
1 6 6 7 8 7 10
```

【输出样例】

```
6.80
```

【示例代码】

```
#include <bits/stdc++.h>
using namespace std;

int main() {
    int n, tmp, sum = 0, maxn = -2e9, minn = 2e9;    // 初始化
    cin >> n;
    for (int i = 1; i <= n; i++) {
        cin >> tmp;
        sum += tmp;
        if (tmp > maxn) maxn = tmp;                  // 更新极大值
        if (tmp < minn) minn = tmp;                  // 更新极小值
    }
    sum = sum - maxn - minn;                         // 去掉最高分与最低分
    printf("%.2f", 1.0 * sum / (n - 2));
    return 0;
}
```

根据题意,需要在 n 个评分中找到最高分与最低分,首先定义两个变量 maxn 与 minn 分别存储极大值与极小值,int 型的整数范围大致是－2e9～2e9,故将极大值 maxn 初始化为－2e9,极小值 minn 初始化为 2e9,如此可以尽量地扩大数值的比较范围。

有一点值得关注,也是容易忽视的地方,在比较极大值与极小值的过程中,需要使用两个 if 语句进行单独判断,如果写成如下的语句结构,是否可行?

```
if (tmp > maxn) maxn = tmp;
else if (tmp < minn) minn = tmp;
```

采用如上方法求极值的结果可能会失败,例如求 1,2,3,4,5 这五个数据的极值,极大值 5 还是可以被找到的,但是极小值始终找不到,因为在判断某个数据时,该数据可能同时是截至当前的极大值与极小值。

例 5-13:芯芯的超开心指数

芯芯每次收到零花钱都会很开心,尤其是收到了比以往都多的零花钱,她会超开心。超开心当天的零花钱价值即是她的超开心指数。现给出芯芯在 N 天内收到的零花钱数据,请统计芯芯在这 N 天内的超开心指数,统计数据如下,并分行输出。

第一行,芯芯第 2 次的超开心是第几天(第一天一定是超开心)。

第二行,芯芯的超开心一共有几次。

第三行,芯芯的超开心指数的最大值是多少,在第几天。

【输入样例】

```
5
3 4 2 7 7
```

【输出样例】

```
2
3
7 4
```

【示例代码】

```
#include <bits/stdc++.h>
using namespace std;

int main() {
    int n, tmp, maxn = INT_MIN, cnt = 0, pos, pos_max;
    cin >> n;
    for (int i = 1; i <= n; i++) {
        cin >> tmp;
        if (tmp > maxn) {                // 发现新的极大值
            maxn = tmp;                  // 更新极大值
            pos_max = i;                 // 记录极大值的位置
            cnt++;                       // 累加超开心的次数
            if (cnt == 2) pos = i;       // 记录第 2 次超开心对应在哪天
        }
    }
    cout << pos << endl;
    cout << cnt << endl;
    cout << maxn << ' ' << pos_max << endl;
    return 0;
}
```

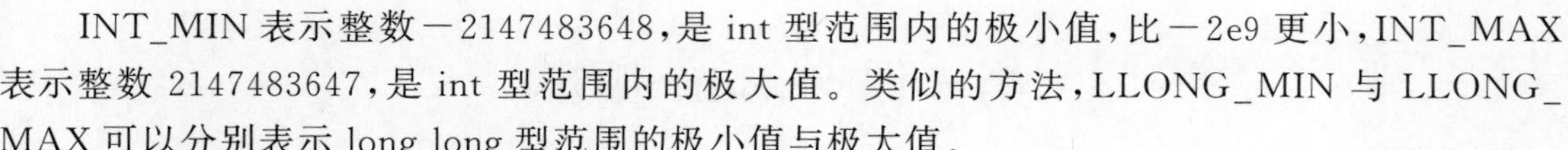

INT_MIN 表示整数−2147483648，是 int 型范围内的极小值，比−2e9 更小，INT_MAX 表示整数 2147483647，是 int 型范围内的极大值。类似的方法，LLONG_MIN 与 LLONG_MAX 可以分别表示 long long 型范围的极小值与极大值。

寻找超开心指数，依然是通过打擂台的方式，只要某天的零花钱比截止目前的极大值还要大，则会产生新的一次超开心。在寻找极值的过程中，不仅可以找到这个数值的大小，还可以记录该数值对应的一些重要参数，例如位置、更新次数等信息，学会记录这些信息对于后续的数据处理和分析可能会具有重要价值。

例 **5-14**：连胜记录

给定一个包含 $N(1\leqslant N\leqslant 10^5)$个整数的数列，数列中的每个数字都是 100 范围内的自然数，每个整数代表着某支胜利球队的编号。请编写一个程序，要求计算编号为 K 的球队的最长连胜记录。

【输入样例】

```
10 3
3 3 2 1 3 3 3 3 2 1
```

【输出样例】

```
4
```

【示例代码】

```
#include <bits/stdc++.h>
using namespace std;

int main() {
    int n, k, tmp, cnt = 0, maxcnt = INT_MIN;
    cin >> n >> k;
    for (int i = 0; i < n; i++) {
        cin >> tmp;
        if (tmp == k) {
            cnt++;                          // 累加连胜记录
        }
        else {
            cnt = 0;                        // 清空连胜
        }
        maxcnt = max(maxcnt, cnt);          // 打擂台求最长连胜记录
        // if (cnt > maxcnt) maxcnt = cnt;
    }
    cout << maxcnt;
    return 0;
}
```

除了通过条件判断语句以打擂台方法循环比较，获取极大值或极小值，还可以使用 max() 或 min()函数求极值。然而，这种方法只能获得极值本身，而无法获取与极值相关的其他信息，例如极值出现的位置等。如果只关心极值本身，那么使用函数是一个有效的选择，但如果需要更多与极值相关的信息，比如位置或计数等，那么使用条件判断语句会更加适合，可以更灵活地处理各种复杂情况。

第6课 while循环

【导学牌】

理解while循环的适用领域

掌握while循环的基本语法规则

【知识板报】

while循环的语法相对简单,只有一个条件表达式作为参数。相对于for循环,while循环会更适用于不确定循环操作次数的情况。如果需要循环变量和步长,需要在循环外部提前定义相关的变量。

while循环的语法格式如下:

```
while (条件表达式) {
    语句 1;
    语句 2;
    …
}
```

while循环可以理解为是循环的if语句,只要符合条件,则一直执行大括号中的语句。while循环也可以理解为是for循环的简写,只保留了循环条件,两种循环的控制方法理论上可以相互替换。

例5-15:N的阶乘

阶乘是数学中的概念,用于描述一个正整数及其之前所有正整数的乘积。阶乘通常用符号"!"表示。例如,5的阶乘表示为5!,表示从1到5的所有正整数的乘积。阶乘具有广泛的应用,例如组合数学、排列组合、概率论、计算机算法等领域。

现给定一个正整数N(N≤20),求N的阶乘值。

【输入样例】

```
13
```

【输出样例】

```
6227020800
```

【示例代码】

```
#include <bits/stdc++.h>
using namespace std;

int main() {
    int n;
    cin >> n;
    long long ans = 1;                  // 累乘器初始化为 1
    int i = 1;                          // 定义循环计数器
    while (i <= n) {
        ans *= i;                       // 累乘计算
        i++;                            // 累加计数器
    }
    cout << ans;
    return 0;
}
```

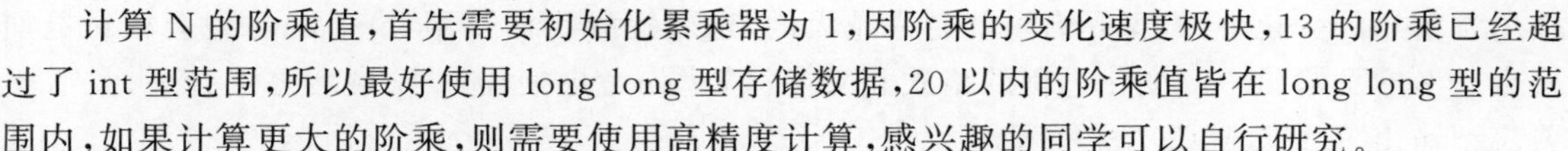

计算 N 的阶乘值，首先需要初始化累乘器为 1，因阶乘的变化速度极快，13 的阶乘已经超过了 int 型范围，所以最好使用 long long 型存储数据，20 以内的阶乘值皆在 long long 型的范围内，如果计算更大的阶乘，则需要使用高精度计算，感兴趣的同学可以自行研究。

在 while 循环中，虽然没有 for 循环自带的三个参数值可以设定，但是可以在 while 循环之前手动设定一个循环计数变量 i，在循环语句的最后进行 i++，也能同样起到计数器的作用，而且 while 循环结束后，变量 i 并未消失，可以在后续程序中继续使用。

例 5-16：角谷猜想

角谷猜想又称为冰雹猜想，以意大利数学家乌拉尔多·角谷的名字命名，尽管角谷猜想在大量的计算中得到了验证，但至今仍未被严格证明，吸引着数学家们的兴趣和研究。

所谓角谷猜想，是指对于任意一个正整数，如果是奇数，则乘 3 加 1，如果是偶数，则除以 2，得到的结果再按照上述规则重复处理，最终一定能够得到 1。如假定初始整数为 5，计算过程分别为 16、8、4、2、1。

请设计一个程序，用于处理输入的整数 N(2≤N≤1000)，并将其逐步转化为 1，请输出每一步的处理过程，最后输出“End”。

【输入样例】

```
3
```

【输出样例】

```
3*3+1=10
10/2=5
5*3+1=16
16/2=8
8/2=4
4/2=2
2/2=1
End
```

【示例代码】

```
#include <bits/stdc++.h>
using namespace std;

int main() {
    long long x;                                        // 以防数据范围超 int
    cin >> x;
    while (x != 1) {                                    // 若不为 1 则继续循环
        if (x % 2 == 1) {                               // 奇数
            printf("%lld*3+1=%lld\n", x, x * 3 + 1);  // 复杂的格式输出推荐 C 风格
            x = x * 3 + 1;
        }
        else {                                          // 偶数
            printf("%lld/2=%lld\n", x, x / 2);
            x /= 2;
        }
    }
    cout << "End";
    return 0;
}
```

由于循环的次数是事先未知的，因此在这类未知循环次数的场景下，考虑使用 while 循环更加合适。在 while 循环中设定相关的条件，在此题中只要数据不等于 1 就会一直执行下去。

在角谷猜想的变化中,数据是有可能越来越大的,这就提醒我们使用 long long 型会相对更加安全。考虑到输出中间变化过程的格式相对复杂,优先考虑使用 C 风格会更加合适,最后不要忘记输出“End”,避免功亏一篑。

前文中提到 while 循环是简写的 for 循环,对于此题中的 while(x != 1)的循环结构,for 循环的编写方式如下:

```
for (; x != 1;) {

}
```

可以看出,for 循环中如果只保留两个分号中间的条件表达式,则在功能上与 while 循环是完全一致的,只是语法上多两个分号的格式差异,且 for 循环中的分号是不能省略的。有一个特殊的情况需要注意,如果 for 循环中的条件没有写,则相当于无限循环或称为死循环,但 while 循环中若不填写条件,则会导致语法错误,无法通过编译。

```
for (; ;) {                          // 无限循环

}
while () {                           // 语法错误,括号内必须要有内容

}
```

例 5-17:盲文字母表

芯芯非常敬佩海伦·凯勒,虽然她是聋盲人,但是她能保持阳光积极的心态,并通过自己的努力成为著名的作家和演讲家,她的故事激励着人们去克服困境,追求知识和实现梦想。

盲文是盲人与世界沟通的桥梁,芯芯和爸爸正在研究盲文字母表,他们想出了一个游戏来测试自己的学习成果,游戏规则如下:

两个人同时摸一个盲文,并说出自己认为的对应字母,如果两个人说得一致,则随机摸下一个盲文,如果两个人的结果不一致,则摘掉眼罩去核对。

给定 N(1≤N≤1000)行数据,每行 3 个字母分别代表芯芯与爸爸回答的字母以及正确的字母,只要有一人回答正确则游戏继续,一旦两人都回答错误,则游戏立即结束,N 行后游戏会自动结束。请输出游戏结束时摘眼罩的总次数,以及芯芯和爸爸分别错了几次。

【输入样例】

```
6
a a a
b c b
t u u
e f e
p q i
n n n
```

【输出样例】

```
4 2 3
```

【示例代码】

```
#include <bits/stdc++.h>
using namespace std;

int main() {
```

```
    int n, cnt = 0, cnt1 = 0, cnt2 = 0;
    char a, b, c;
    cin >> n;
    while (n-- ) {                          // n次循环,n最终为0
        cin >> a >> b >> c;
        if (a != c || b != c) cnt++;        // 摘眼罩
        if (a != c) cnt1++;                 // 芯芯错误
        if (b != c) cnt2++;                 // 爸爸错误
        if (a != c && b != c) {             // 判断两人是否都错
            cout << cnt << ' '<< cnt1 << ' '<< cnt2;
            return 0;                       // 提前停止游戏
        }
    }
    cout << cnt << ' '<< cnt1 << ' '<< cnt2;
    return 0;
}
```

在示例代码中,没有使用循环计数变量,而是使用了 while (n--)语句巧妙实现了 n 次循环,在此通过以下代码模拟 n 的变化过程。

```
int n = 10;
while (n-- ) cout << n << ' ';
```

输出结果为 9 8 7 6 5 4 3 2 1 0,一共 10 个数据,所以循环了 10 次。在 while 循环条件的判断中,先判断 n 的数值,如果不为 0 则程序继续执行,所以最终是先判断 n 等于 1 满足循环,再将 n 变成 0 后输出。如果采用--n 的方法,则输出结果为 9 8 7 6 5 4 3 2 1,共循环了 9 次,其中 0 无法输出,因为在条件中 n 是先减 1 再进行判断。

虽然 while (n--)语句可以非常便利地实现 n 次循环,但是也要注意有一个局限,当 n 次循环执行完毕后,n 的数值也变成了 0,如果 n 在后期确实不需要了,则无关紧要,若还需要 n 作为原始数据参与后续的运算,可在循环之前将 n 赋值给其他变量以保存数据。

第7课 数位分离

【导学牌】

了解数位分离的重要作用

掌握使用 while 语句进行数位分离的常见策略

【知识板报】

若对一个整数进行数位分离,之前在顺序结构中已经学习过分离固定的位数,但如果一个整数的位数并没有提前告知,或者需要分离大量的数据,则必须使用循环的方式。本课介绍的 while 循环分离方法会较为便捷。

例 5-18:判断整数的位数

给定一个非 0 的整数 N($-10^{18} \leqslant N \leqslant 10^{18}$),请输出它有多少位数。

【输入样例】

```
1234567890
```

【输出样例】

```
10
```

【示例代码】

```
#include <bits/stdc++.h>
using namespace std;

int main() {
    long long x, cnt = 0;
    cin >> x;
    while (x) {                         // 或 while (x != 0)
        cnt++;                          // 累计位数
        x /= 10;                        // 去除个位
    }
    cout << cnt;
    return 0;
}
```

数据在 long long 型的表示范围之内,该数据的位数如果使用多个 if 语句,如(10 <= x && x < 100)为 2 位数的这类方法进行不同区间的判断,效率未免太过低下。示例代码中每轮通过整除 10 的方式,不断删除个位上的数,每删除一位,记录一位,删除个位数的次数即是该数据的位数。

此方法的本质为把一个整数从右往左数,最后一个不为 0 的数是第几个,如果存在前导零,则此方法未必适用,如 0020302,只能判断为 5 位数,两个前导零无法计算在内。如果 x 的值为 0,则 while 循环一次都不能进入,会判断 0 是一个零位数。

例 5-19:各位数之和

给定一个整数 N($10 \leqslant N \leqslant 10^9$),请从低位到高位逐位相加,输出计算的算术表达式。

【输入样例】

```
20200808
```

【输出样例】

8+0+8+0+0+2+0+2=20

【示例代码】

```
#include <bits/stdc++.h>
using namespace std;

int main() {
    int x, sum = 0;
    cin >> x;
    sum += x % 10;
    cout << x % 10;                     // 第一位单独处理
    x /= 10;
    while (x) {
        cout << '+' << x % 10;
        sum += x % 10;
        x /= 10;
    }
    cout << '=' << sum;
    return 0;
}
```

此题分离的策略和统计位数的思路是一致的，依然是从低位到高位的逐位分离，重点在于输出格式的匹配，如果每次输出一个数字和加号，最后在等于号之前会多出来一个加号，看似很难避免，其实是因为我们的思维惯性导致，总认为一开始就可以进行循环了。通过观察与分析，我们可以把循环的语句换个顺序，除了第一个数字单独处理，后续所有的数据，都是先输出一个加号再输出对应的个位，不断循环，直到不能分离为止。换句话而言，有时候查找循环体时，要从后往前找规律，尽可能地通过循环一直执行到最后，如果刚开始的几个步骤不能参与到循环中，可以单独处理，再开始循环，这种策略会经常使用到。

例 5-20：反转数

给定一个整数，判断该整数是 A 类数或 B 类数，A 类数指的是整数上的所有位数中，奇数的总个数大于偶数总个数，否则是 B 类数。如 11122 中有 3 个奇数和 2 个偶数，是 A 类数，3344 是 B 类数。接着将这个整数进行反转（去除前导零），最后将反转数和原整数进行相加求和。

请分别输出原整数的类别、反转数、原整数与反转数之和。

【输入样例】

1230

【输出样例】

B 321 1551

【示例代码】

```
#include <bits/stdc++.h>
using namespace std;

int main() {
    int x, y = 0, cnt1 = 0, cnt2 = 0, tmp;
    cin >> x;
    tmp = x;                            // tmp 是 x 的复制品
    while (tmp) {                       // 逐位分离
```

```
        if (tmp % 2 == 1) cnt1++;           // 奇数个数
        else cnt2++;                        // 偶数个数
        y = y * 10 + tmp % 10;              // 反转数
        tmp /= 10;                          // 去掉个位
    }
    if (cnt1 > cnt2) cout << 'A' << ' ';
    else cout << 'B' << ' ';
    cout << y << ' ' << x + y;
    return 0;
}
```

如果通过逐位分离输出的形式反转一个整数,可能会有前导零的输出,如 310 会输出 013,而且分离出的是看似像整数的一个个数字,无法参加后续的整数计算。

解决这个问题的方法是使用迭代,并利用秦九韶算法的思想,具体来说,可以按照以下步骤来实现:

首先,初始化一个变量 y 为 0,用于存储反转后的整数。然后,开始逐位分离原整数的数字,这是通过迭代进行的,每次迭代都将 y 乘 10,然后加上当前分离出的个位数字。这确保了反转后的数字的每一位都可以正确地被添加,而不会出现前导零。以此方法继续迭代,处理原整数的所有数字,直到完成整个反转过程。最终 y 存储了原整数的反转结果。

这种方法不仅避免了前导零的问题,还确保了分离出的数字可以直接用于后续的整数计算,是一种有效的反转整数方法,在编程中广泛使用。

第 8 课 不定次数输入

【导学牌】

理解不定次数输入的含义

掌握常见的不定次数输入的处理策略

【知识板报】

大部分数据的输入，都会提前告知数据的规模，如行列数、元素个数等。但在有些情况下，数据的规模并未提前告知，当我们使用循环输入时，由于循环次数的不确定，容易导致死循环或者其他输入失败的情况。

例 5-21：同因查找

整数 a 如果能被整数 b 整除，则 b 为 a 的因子或约数。

现给定不定数量的整数 X($1 \leqslant X \leqslant 10^9$)，如果在输入过程中出现了整数 0，则代表输入结束，请计算其中有多少个整数能同时被 2、3、7 整除。

【输入样例】

```
42
2
126
0
84
```

【输出样例】

```
2
```

【示例代码】

```
#include <bits/stdc++.h>
using namespace std;
int main() {
    int x, cnt = 0;
    while (cin >> x) {                      // 不断输入
        if (x == 0) {                       // 判断输入结束
            cout << cnt;
            return 0;
        }
        if (x % 2 == 0 && x % 3 == 0 && x % 7 == 0) {
            cnt++;                          // 计数器
        }
    }
    return 0;
}
```

此题并未告知具体的数据规模，只知道如果读入的数据为 0，则代表输入结束，且 0 未必出现在最后一行，如输入样例中的 84 也同时能被 2、3、7 整除，但程序并未执行到这一行就已经提前结束了。

针对以上情况，可以使用 while (cin >> 变量名)的策略，进行循环读入，读入后判断该数据是否是 0，有些题目会是−1 或其他表示输入结束的数据，如果判断已经输入结束，则可以输出对应的计数器并结束程序，否则会不断地进行输入与判断。

例 5-22：谁是嫌疑人

在一个神秘的案件中，警方怀疑有嫌疑人就混在现场的人群中。目前现场每个人都按顺序被赋予了一个编号 N(1,2,3,…)和怀疑指数 X($0 \leqslant X \leqslant 10^9$)，怀疑指数越高，越有可能是嫌疑人。你作为警方的特工，需要根据输入的怀疑指数判断最有可能的嫌疑人是谁，如果怀疑指数最高的人不止一个，请记录对应的人数。

请编写一个程序，读取不定次数的整数，每个整数表示一个嫌疑人的怀疑指数。

请根据怀疑指数判断最有可能的嫌疑人有几个，请输出人数，并输出最后一个嫌疑人的编号。

【输入样例】

1 4 4 2 1 2 4 3 2

【输出样例】

3 7

【示例代码】

```
#include <bits/stdc++.h>
using namespace std;

int main() {
    int i = 1, maxn = INT_MIN, tmp, cnt = 0, pos;
    while (cin >> tmp) {                          // 不断读入
        if (tmp > maxn) {                         // 出现新的最大值
            maxn = tmp;                           // 更新最大值
            cnt = 1;                              // 更新嫌疑人仅有 1 人
            pos = i;                              // 记录该嫌疑人的编号
        }
        else if (tmp == maxn) {                   // 多个嫌疑人
            cnt++;                                // 累加嫌疑人
            pos = i;                              // 记录最后一个嫌疑人的编号
        }
        i++;
    }
    cout << cnt << ' ' << pos;
    return 0;
}
```

此题也使用了 while (cin >> 变量名)的方法进行循环输入，直到没有数据输入时才结束。当 while (cin >> 变量名)在输入过程中已经读取不到数据时，程序会自动结束读入。因为 C++程序在读入数据的过程中会判断是否读完了整个文件数据，如果全部读入完毕，则会返回 EOF(一个特殊的常量)，即 End of File，标志着所有的读入已完毕。有一点需要注意，如果在 Dev-C++或类似软件的控制台中进行数据的输入，则需要按下组合键 Ctrl＋Z 或 Ctrl＋D (Linux 系统)，再按一次回车键，通过手动输入 EOF 的方式实现输入完毕的操作。

除了 while (cin >> 变量名)的方法，还可以使用 C 风格进行不定次数的输入，将示例代码中的 while (cin >> tmp)替换为如下的代码，也能够实现循环输入的功能。

```
while (scanf("%d", &tmp) != EOF)
```

其中"！= EOF"不可以省略，否则程序很可能会进入死循环，导致程序超时或运行失败。

第 9 课　do while 循环

【导学牌】

了解 do while 循环的适用领域

掌握 do while 语句的语法规则

【知识板报】

while 循环将循环条件置于循环体之前，这意味着在执行循环语句之前必须满足循环条件。相比之下，do while 循环将循环条件放在循环体之后，确保循环体至少执行一次，即使在一开始条件不满足的情况下也会执行。

while 循环和 do while 循环最大的不同点在于，do while 循环无论条件是否成立，都会执行一次循环体中的语句，这保证了程序至少执行一次循环语句，而 while 循环要求条件在一开始就满足，否则循环体不会执行。

如果需要确保程序至少执行一次循环体，则可以使用 do while 语句；而如果条件不满足时一次都不允许执行循环体中的语句，则可以使用 while 语句进行条件判断。

do while 语句的语法格式如下：

```
do {
    语句 1;
    语句 2;
    …
} while (条件表达式);
```

有一点容易忽视，即在条件表达式后需要有一个分号表示 do while 语句的结束，否则会导致编译问题。

例 5-23：驾照考试

芯芯今天陪同妈妈参加了驾照科目一的理论考试。科目一的理论考试要求考生获得大于或等于 90 分才能顺利通过。芯芯观察到，许多考生在连续考试时都似乎有一个共同的规律：每次考试后，他们的成绩都会比上一次高 K 分。如果这个规律是成立的，那么对于一位考生第一次获得的分数，我们想知道该考生需要经过多少次考试才能够成功通过科目一。

【输入样例 1】

```
91 3
```

【输出样例 1】

```
1
```

【输入样例 2】

```
87 2
```

【输出样例 2】

```
3
```

【示例代码】

```
#include <bits/stdc++.h>
using namespace std;
```

```
int main() {
    int score, k, cnt = 0;
    cin >> score >> k;
    do {
        cnt++;                                  // 累加考试的次数
        score += k;                             // 预测下次考多少分
    } while (score - k < 90);                   // 判断是否需要再考
    cout << cnt;
    return 0;
}
```

无论第一轮考试能否通过,至少需要考一次,如果没有通过则循环累加 k 分,只要分数达到 90 及以上即可,最后输出考试次数,注意在程序中当前考试分数是 score-k,而不是 score。

类似于保证程序至少执行一次的循环结构,建议使用 do while 语句会更加适合。

例 5-24:小青蛙爬井

小青蛙掉进了一个深度为 H 的井里,它每天白天可以向上爬 D 米,但晚上会滑下去 D/2 米。请问小青蛙需要多少天才能够爬出井口(含井口位置)?

【输入样例】

```
6 3
```

【输出样例】

```
3
```

【示例代码】

```
#include <bits/stdc++.h>
using namespace std;

int main() {
    int h, dis, day = 0;
    cin >> h >> dis;
    double sum = 0;                         // 上升距离为浮点型
    do {
        day++;
        if (day > 1) sum -= dis / 2.0;      // 下滑一半
        sum += dis;                         // 累加爬升距离
    } while (sum < h);
    cout << day;
    return 0;
}
```

小青蛙至少需要爬一天才能爬出井口,循环必定会执行至少一次,可以使用 do while 语句判断小青蛙是否达到井口,如果未到达井口则继续执行循环。

这里将循环的起点和终点做了一个调整,虽然题目中每天的循环是白天爬,晚上滑落,但只要小青蛙白天爬到了井口,实际上晚上就不会滑落了,因此可以换个角度理解小青蛙爬井的循环过程,其循环的起点和终点都视为爬到顶端时的位置,每次都是先滑落一半后再爬,如此循环便于判断爬升后是否到达井口,只是第一天不用滑落,因为已经在井的最下面了。

例 5-25:验证密码

芯芯通常使用人脸识别来登录计算机,但最近人脸识别系统出现了问题,只能通过输入一个由 6 位数字组成的密码进行验证。芯芯已经很长时间没有使用密码登录,她只能逐一尝试

所有可能的密码组合。在尝试密码的过程中,如果连续输入 4 次错误密码,计算机就会被锁定。但芯芯发现了计算机的一个漏洞：如果在第 3 次输入错误密码后等待 10 分钟,就可以重新尝试输入 4 次密码。

为了尽可能多地尝试密码,而不让计算机被锁定,芯芯采取了每次输入 3 次密码,然后等待 10 分钟的策略。在输入的数据中,第一行包含正确的密码,从第二行开始每行有四个数据,前三个数据表示尝试的密码,第四个数据表示芯芯等待的时间。根据输入的数据,程序需要输出芯芯第几次输入的密码是正确的,如果在中途计算机被锁定了,则输出"Locked"。

【输入样例 1】

```
568345
678345 234445 242345 9
567356 568345 564564 10
```

【输出样例 1】

```
Locked
```

【输入样例 2】

```
920143
246311 636733 436632 10
234632 234456 235646 11
123536 920143 567356 9
```

【输出样例 2】

```
8
```

【示例代码】

```
#include <bits/stdc++.h>
using namespace std;

int main() {
    int password, tmp, t, cnt1 = 0, cnt2 = 0, flag = 0;
    cin >> password;                        // 存储正确的密码
    do {
        if (cnt1 < 3) {                     // 前 3 次输入密码
            cin >> tmp;                     // 输入密码
            cnt1++;                         // 累加本轮输入的密码次数
            cnt2++;                         // 累加总的输入密码次数
            if (tmp == password) {
                flag = 1;                   // 标记密码验证成功
            }
        }
        else {                              // 第 4 次输入密码
            cin >> t;                       // 输入等待时间
            if (t >= 10) cnt1 = 0;          // 可以有重新输入 3 次密码的机会
            else {                          // 仅有最后一次输入密码的机会
                cin >> tmp;
                cnt2++;
                if (tmp == password) {      // 密码能够匹配
                    flag = 1;
                }
                else {                      // 密码无法匹配
                    cout << "Locked";       // 等待时间不够被锁住
                    return 0;               // 结束程序
                }
```

```
            }
        }
    } while (flag == 0);                    // 只要没找到密码则继续寻找
    cout << cnt2;
    return 0;
}
```

密码的判定至少需要一次,因此使用 do while 循环进行判定。在前三次输入密码时,每次输入密码后会累加 cnt1 表示本轮输入密码的次数,同时也累加 cnt2 表示总的输入密码次数。如果输入的密码与正确密码匹配,则将 flag 标记为 1,表示已经找到了正确密码。

在第四次输入密码时,首先会输入等待时间 t。如果等待时间大于或等于 10 分钟,那么重新有 3 次输入密码的机会。如果等待时间不足 10 分钟,那么仅有最后一次输入密码的机会。如果在这种情况下输入的密码不正确,则程序立即输出"Locked",表示等待时间不足,计算机被锁住。

循环会一直执行,直到找到正确的密码,此时 flag 的值为 1,然后程序会输出 cnt2 表示找到密码时所尝试的总次数。

第 10 课 循环中断语句

【导学牌】

了解循环中断语句的作用

掌握 continue、break 循环中断语句的使用方法

【知识板报】

在循环中有两个常用的中断语句，分别是 continue 与 break 语句，两者的功能是不同的。之前可以通过 return 0 的方式让程序提前全部结束，但如果只是需要跳出某个循环去执行循环后面的指令，而非终止所有程序，抑或只是结束当前正在执行的语句，跳转到下一次循环，在这些情况下则需要 continue 与 break 语句。

例 5-26：整数移位

给定一个整数 X($1 \leqslant X \leqslant 10^9$)，现要求将这个整数不断往右移位，请输出每次移位后的整数，但跳过那些个位数为奇数的数字，如 1234 的移位计算过程为 1234、123、12、1，因为 123 和 1 的个位都是奇数，所以被跳过，输出结果为 1234、12。

【输入样例】

```
12236
```

【输出样例】

```
12236
122
12
```

【示例代码】

```
#include <bits/stdc++.h>
using namespace std;

int main() {
    int x;
    cin >> x;
    while (x) {                     // 逐位分离
        if (x % 2 == 1) {           // 奇数
            x /= 10;
            continue;               // 跳过后续指令，执行下一次循环
        }
        cout << x << endl;
        x /= 10;
    }
    return 0;
}
```

本题要求在整数移位的过程中跳过奇数，continue 语句适用于这类需要在循环中跳过本次循环，直接执行下一轮循环的场景。continue 语句并非跳出整个 while 循环，而是在某次循环中一旦执行了 continue 语句，本次循环后续原本需要执行的指令就会被跳过，不再执行。

例 5-27：级数求和

已知 $S_n = 1 + 1/2 + 1/3 + \cdots + 1/n$，对于任意一个整数 k，当 n 足够大时，$S_n$ 会大于 k。现给定一个整数 k($1 \leqslant k \leqslant 15$)，请计算一个最小的 n，能够满足 $S_n > k$。

【输入样例 1】

1

【输出样例 1】

2

【输入样例 2】

4

【输出样例 2】

31

【示例代码】

```
#include <bits/stdc++.h>
using namespace std;

int main() {
    int s, ans;
    double sum = 0;                       // 和为浮点数
    cin >> s;
    for (int i = 1; ; i++) {
        sum += 1.0 / i;                   // 累加
        if (sum > s) {                    // 累加后判断
            ans = i;
            break;
        }
    }
    cout << ans;
    return 0;
}
```

在 for 循环中并未给出循环的终止条件,代表此循环可以一直执行下去,在此需要增加跳出整个 for 循环的指令,才能够避免死循环的问题。continue 语句只能跳过本次循环的后续指令,由于循环没有终点,continue 语句不能让程序跳出 for 循环。在 for 循环、while 循环、do while 循环中,break 语句都可以直接跳出隶属的循环结构,从而跳转到循环外,继续执行后续的其他指令。有一点需要注意,如果在 switch-case 语句中使用 break 语句,则只是跳出了选择语句,并不能作用于外部的循环语句。

例 5-28: 判断质数

质数,也称为素数,是指在大于 1 的自然数中,除了 1 和自身外没有其他因子(也称约数或因数)的数。换言之,质数是只能被 1 和自身整除的数,如 2、3、23、97 等整数,除了 1 和自身以外,不能被其他的正整数整除。与之相对的如 4、6、10 等整数,除了 1 和自身以外,还存在着其他的因子,这类数称为合数。

给定一个正整数 X($1 \leqslant X \leqslant 10^9$),请判断它是否为质数,如果是质数则输出“prime”,否则输出“no”。

【输入样例】

23

【输出样例】

prime

【示例代码】

```
#include<bits/stdc++.h>
using namespace std;

int main() {
    bool flag = 1;                          // 假设是质数
    int x;
    cin >> x;
    if (x < 2) flag = 0;                    // 对 0 和 1 进行特判,非质数
    for (int i = 2; i * i <= x; i++) {      // 在[2, sqrt(x)]范围内寻找因数
        if (x % i == 0) {                   // 如果能被其他数整除
            flag = 0;                       // flag 为 0 代表是合数
            break;                          // 如果已经判断为合数,立即跳出循环
        }
    }
    if (flag) cout << "prime";
    else cout << "no";
    return 0;
}
```

在示例代码中,使用了一种称为"试除法"的方法来判断一个数是否为质数。具体做法是从 2 开始,依次将 2、3、4、5、…作为除数,检查是否能够整除给定的数 x。如果 x 能够被某个数整除,那么 x 不是质数,可以通过 break 语句立即跳出循环,以节省大量的不必要枚举。如果 x 不能被任何小于 x 的数整除,那么 x 就是质数。

在枚举因子的范围时,从 2 开始,因为 1 是任何整数的因子,所以判断 1 没有意义。为了减少循环的次数,将判断的范围限定在 2 到 x 的平方根之间。例如,对于数字 10000,其平方根是 100,如果在 2～100 找不到任何因子能够整除 10000,那么也就不存在 100～10000 的因子,因为因子是成对的,成对的两个因子相乘等于 10000。

需要注意的是,我们在判断时并没有使用 i <= sqrt(x)这种形式,而是将不等式的左右两边都平方了。这是因为计算机在进行乘法运算时效率更高,相比于除法和求平方根运算,乘法更快速。程序效率的点滴提高都可以尽量避免程序超时问题。

本章寄语

在本章中,我们首先学习了 for 循环,for 循环结构相对容易理解和掌握。通过学习 for 循环,我们能够实现递推数列、循环输入、循环判断、查找极值等内容。这些概念在今后的编程中经常使用,因此需要牢固掌握。

基于 for 循环的基础,我们进一步学习了 while 循环。可以将 while 循环理解为 for 循环的一种简化形式,两者可以相互替代。我们还学习了 do while 循环,并通过示例来理解这两种循环结构的区别和联系。

我们还学习了循环中断语句,这些语句使我们能够更加灵活地控制循环的流程,为处理复杂的情况提供了更多的操作灵活性,使循环更贴合真实场景。

理解循环结构是学习编程的重要一步,强烈建议在解决所有例题时,尝试使用 for、while 和 do while 这三种不同的循环方式来实现。除了示例代码的思路,如果你有其他方法,也鼓励尝试。在尝试的过程中,能够更好地理解循环的实现细节,并通过不断修正错误来巩固和提升编程技能。理解循环结构需要不断地练习,对于大多数同学来说,一开始可能对循环的实现细节会有些陌生,甚至只是模糊了解。相信通过足够的练习,定会掌握循环的各类用法,从而更加精准地应用它们。

第6章　多重循环

多重循环，也被称为循环嵌套，指的是在一个循环内部包含另一层或多层循环结构的情况。与选择结构类似，循环结构也可以相互嵌套，形成多重循环的结构。

多重循环的逻辑可以看作是在一个大循环内部嵌套了一些小循环，这种设计能够有效地处理那些具有多维结构或需要复杂迭代逻辑的问题。多重循环的灵活性使得我们能够处理各种不同的情况，从简单的矩阵操作到复杂的算法实现，都可以受益于多重循环的结构。

多重循环的核心思想为，在每次外层循环迭代时，内层循环都会被完整地执行。这意味着内层循环将在外层循环的每一轮迭代中都重新开始。多重循环允许我们在解决问题时更灵活地处理各种不同层次和维度的数据结构，以及需要多次迭代的复杂操作。

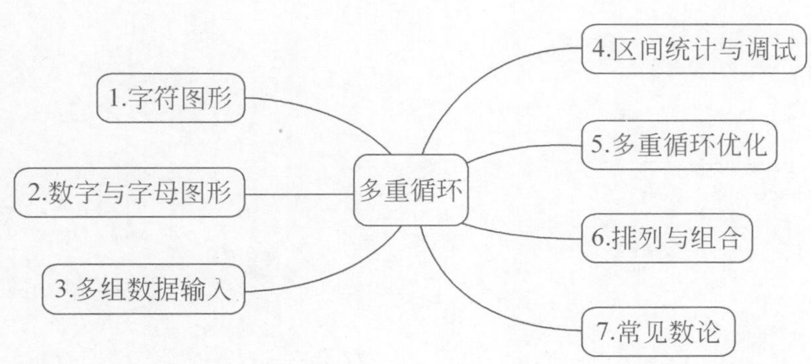

第1课　字符图形

【导学牌】

了解多重循环的概念,理解循环中行与列的规律

通过字符图形的输出,掌握双重循环的使用方法

【知识板报】

学习字符图形是打开多重循环的钥匙,通过平面的图形打印,在程序设计的过程中能够充分理解循环变量的控制与关联。本课利用了较大篇幅,充分关注双重循环两个循环计数器 i 与 j 的范围关系,有可能是每一行的元素个数在增加,也可能是随着行的变化,每一行的元素个数在减少,留心观察,有迹可循。

例 6-1:字符正方形

给定一个整数 N(0 < N < 10)与一个字符,请输出 N 行 N 列的字符正方形。

【输入样例】

```
3 @
```

【输出样例】

```
@@@
@@@
@@@
```

【示例代码】

```
#include <bits/stdc++.h>
using namespace std;

int main() {
    int n;
    char c;
    cin >> n >> c;
    for (int i = 1; i <= n; i++) {              // 共有 n 行
        for (int j = 1; j <= n; j++) {          // 每行有 n 列元素
            cout << c;
        }
        cout << endl;                           // 换行
    }
    return 0;
}
```

打印二维字符可以通过双重循环实现,外层的循环控制行数,内层的循环控制列数,字符的输出在内层的循环中,要注意换行语句 cout << endl 的位置是位于内层循环执行的后面,但在外层循环的内部。

初学多重循环时,建议外层 for 循环的变量 i 设置为 1 到<=n,将 i 对应到每一行的行号,会更加利于理解。虽然也可以从 0 到< n 实现 n 次循环,但行号有一个差值,初学时会存在一定干扰。

例 6-2:字符三角形

给定一个整数 N(0 < N < 10)与一个字符,请输出 N 行字符三角形,每行的字符个数与行号一致,也就是第 1 行输出 1 个字符,第 2 行输出 2 个字符,以此类推。

【输入样例】

```
5 #
```

【输出样例】

```
#
##
###
####
#####
```

【示例代码】

```
#include <bits/stdc++.h>
using namespace std;

int main() {
    int n;
    char c;
    cin >> n >> c;
    for (int i = 1; i <= n; i++) {
        for (int j = 1; j <= i; j++) {        // 每行有 i 个元素
            cout << c;
        }
        cout << endl;
    }
    return 0;
}
```

外层循环控制行数较为简单，有几行就循环几次，关键在于内层循环的循环次数。在此，内层循环的循环次数是动态的，并不是固定的某个数。内层循环的关键点在于循环条件 j <= 某个数据，这个数据决定了每次内层循环执行的次数。观察此题不难发现，每一行的元素个数即是该行的行号，即第 1 行会输出 1 个符号，第 2 行输出 2 个符号，所以 j <= i 即能动态地根据 i 行输出 i 列的内容。

总结规律：当 j 与 i 同时递增，且递增的速度一致时，只需要 i 加上或者减去相应的起始差距，进行修正，如表 6-1 所示。

表 6-1　i 与 j 的递增速度一致

例如 n=5								
i	j		i	j		i	j	
1	1		1	3		1	0	
2	2		2	4		2	1	
3	3	j = i	3	5	j = i + 2	3	2	j=i−1
4	4		4	6		4	3	
5	5		5	7		5	4	

例 6-3：字符宽三角

给定一个整数 N(0 < N < 10)与一个字符，请输出 N 行字符宽三角，每行的字符个数比上一行多两个，以此类推。

【输入样例】

```
5 $
```

【输出样例】

```
$
$$$
$$$$$
$$$$$$$
$$$$$$$$$
```

【示例代码】

```
#include <bits/stdc++.h>
using namespace std;

int main() {
    int n;
    char c;
    cin >> n >> c;
    for (int i = 1; i <= n; i++) {
        for (int j = 1; j <= i * 2 - 1; j++) {      // 每行有 i * 2 - 1 个元素
            cout << c;
        }
        cout << endl;
    }
    return 0;
}
```

输出的三角形相对于例 6-2,底边较宽,这是因为每一行的元素个数变化速率是 2,每增加 1 行,对应列的元素个数每次增加 2 个。根据规律,每一行的 j<=后的元素个数是由 i * 2－1 计算而来。

总结规律:当 j 与 i 同时递增,但 j 递增的速度比 i 快时,i 需要乘 j 变化的速率,再进行起始差距修正,如表 6-2 所示。

表 6-2　j 的递增是 i 的倍数

例如 n=5								
i	j		i	j		i	j	
1	1		1	4		1	0	
2	3	j=i * 2－1	2	7	j=i * 3＋1	2	4	j=i * 4－4
3	5	j 增速是 2	3	10	j 增速是 3	3	8	j 增速是 4
4	7		4	13		4	12	
5	9		5	16		5	16	

例 6-4:字符倒三角

给定一个整数 N(0<N<10)与一个字符,请输出 N 行字符倒三角,每行的字符个数比上一行少一个,以此类推。

【输入样例】

```
7 *
```

【输出样例】

```
*******
******
*****
****
***
**
*
```

【示例代码】

```
#include <bits/stdc++.h>
using namespace std;

int main() {
    int n;
    char c;
    cin >> n >> c;
    for (int i = 1; i <= n; i++) {
        for (int j = 1; j <= n - i + 1; j++) {      // 每行有 n - i + 1 个元素
            cout << c;
        }
        cout << endl;
    }
    return 0;
}
```

随着行数的增加，每行输出的元素个数在减少，通过观察发现，行数和列数之和是相等的，规律为 j<=n−i+1。

总结规律：i 递增，j 递减，但变化速率一致，因为 i 与 j 的“和”固定，可先通过 n−i 计算，再进行修正，如表 6-3 所示。

表 6-3　j 每次递减 1

例如 n = 5								
i	j	j=n−i i 与 j 之和为 n	i	j	j=n−i+2 i 与 j 之和为 n+2	i	j	j=n−i+5 i 与 j 之和为 n+5
1	4		1	6		1	9	
2	3		2	5		2	8	
3	2		3	4		3	7	
4	1		4	3		4	6	
5	0		5	2		5	5	

例 6-5：字符梯形

给定一个整数 N(0<N<10)与一个字符，请输出 N 行字符梯形，第 1 行输出 5 个字符，后续每行的字符个数比上一行多 2 个，以此类推，除了最后一行，每行在字符前都有若干空格需要输出，字符右侧对齐。

【输入样例】

```
4 A
```

【输出样例】

```
      AAAAA
    AAAAAAA
  AAAAAAAAA
AAAAAAAAAAA
```

【示例代码】

```
#include <bits/stdc++.h>
using namespace std;

int main() {
    int n;
    char c;
```

```
    cin >> n >> c;
    for (int i = 1; i <= n; i++) {
        for (int j = 1; j <= (n - i) * 2; j++) {      // 每行有(n - i) * 2个空格
            cout << ' ';
        }
        for (int j = 1; j <= i * 2 + 3; j++) {        // 每行有 i * 2 + 1个元素
            cout << c;
        }
        cout << endl;
    }
    return 0;
}
```

每一行需要分成两个部分,先是空格部分后是字符部分,都需要精确计算输出的个数。空格随着行数的增加而减少,字符随着行数的增加而增加,变化的速率都是 2,总结规律,可以确定每行输出空格的次数为(n−i) * 2,而每行输出的字符个数为 i * 2+3。

值得关注的是,在内层循环中,两个 for 循环内的变量都是 j,这是没有影响的,因为 j 仅存在于 for 循环中,离开了第一个 for 循环后,第二个 for 循环是重新建立了一个新的变量,如果为了区分,也可以把第二个变量 j 换成 k 或者其他变量。

总结规律:i 递增,j 递减,但 j 变化速率较快,通过(n−i)×(j 的变化速率),最后修正,如表 6-4 所示。

表 6-4　j 递减的速率不为 1

例如 n=5

i	j		i	j		i	j	
1	8	j=(n−i) * 2 j 递减的速率为 2	1	12	j=(n−i) * 3 j 递减的速率为 3	1	17	j=(n−i) * 4+1 j 递减的速率为 4
2	6		2	9		2	13	
3	4		3	6		3	9	
4	2		4	3		4	5	
5	0		5	0		5	1	

第 2 课　数字与字母图形

【导学牌】

了解数字与字母图形的输出特点

掌握行列数与输出数据的变化规则

【知识板报】

上一课通过字符图形，深入说明了双重循环的概念以及行列元素的输出控制，本课延续上一课的主干知识框架，通过数字与字母的输出形式，加深对于双重循环的理解与把握，核心依然是 j<=后的数据，其决定了对应的行中应输出的元素个数，但不仅要关注输出的元素个数，还需要输出正确的数据形式，并非是固定的某个字符。

例 6-6：数字三角形

给定一个整数 N(0＜N＜10)，请输出 N 行数字三角形，每行的数字个数与行号一致。

【输入样例】

```
6
```

【输出样例】

```
1
12
123
1234
12345
123456
```

【示例代码】

```
#include <bits/stdc++.h>
using namespace std;

int main() {
    int n;
    cin >> n;
    for (int i = 1; i <= n; i++) {
        for (int j = 1; j <= i; j++) {          // 每行有 i 个数字
            cout << j;                          // 输出内容为列号
        }
        cout << endl;
    }
    return 0;
}
```

关注的重点依然是每行输出的元素个数，即 j<=后的数据，先确定每行的元素个数，再思考输出的元素应该是什么内容，此题中每行元素的个数是 i 个，输出的元素是其所在的列号 j。

例 6-7：数字正三角

给定一个整数 N(0＜N＜10)，请输出 N 行数字正三角，除了第 1 行的数字个数为 1，其余每行的数字个数比上一行多两个。

【输入样例】

```
4
```

【输出样例】

```
   1
  123
 12345
1234567
```

【示例代码】

```
#include <bits/stdc++.h>
using namespace std;

int main() {
    int n;
    cin >> n;
    for (int i = 1; i <= n; i++) {
        for (int j = 1; j <= n - i; j++) {          // 每行的空格有 n - i 个
            cout << ' ';
        }
        for (int k = 1; k <= i * 2 - 1; k++) {      // 每行的数字个数有 i * 2 - 1 个
            cout << k;                              // 输出列号
        }
        cout << endl;                               // 换行
    }
    return 0;
}
```

在找到相应的规律后，在内层使用两个循环，分别输出空格与数字，j 和 k 为内层循环的两个变量，j 控制的是空格的输出，k 控制的是列号的输出。

例 6-8：字母右三角

给定一个整数 N(0<N<10)，请输出 N 行字母右三角形，除了第 1 行输出一个字母 A，其余每行的字母个数比前一行多一个，每行输出的第 1 个字母都是 A。

【输入样例】

```
5
```

【输出样例】

```
    A
   AB
  ABC
 ABCD
ABCDE
```

【示例代码】

```
#include <bits/stdc++.h>
using namespace std;

int main() {
    int n;
    cin >> n;
    for (int i = 1; i <= n; i++) {
        for (int j = 1; j <= n - i; j++) {      // 每行的空格有 n - i 个
            cout << ' ';
        }
        for (int k = 1; k <= i; k++) {          // 每行的字母个数有 i 个
            cout << char('A' + k - 1);          // 输出对应的字母
        }
```

```
        cout << endl;                                    // 换行
    }
    return 0;
}
```

在循环的内部有两个同级的 for 循环，分别控制空格和字母的输出。首先需要根据规律确定内层循环的次数，在输出字母时，根据 j 的变化，计算 j 与字符'A'的差值，并转换成字符类型即可。

例 **6-9**：字母对称三角

给定一个整数 N(0＜N＜10)，请输出 N 行字母对称三角，除了第 1 行输出一个字母 A，其余每行的字母个数比前一行多两个，字母呈现轴对称的特性。

【输入样例】

```
6
```

【输出样例】

```
     A
    BAB
   CBABC
  DCBABCD
 EDCBABCDE
FEDCBABCDEF
```

【示例代码】

```
#include <bits/stdc++.h>
using namespace std;

int main() {
    int n;
    cin >> n;
    for (int i = 1; i <= n; i++) {
        for (int j = 1; j <= n - i; j++) {         // 每行的空格有 n - i 个
            cout << ' ';
        }
        for (int k = 1; k <= i * 2 - 1; k++) {     // 每行的字母个数有 i * 2 - 1 个
            cout << char(abs(k - i) + 'A');        // 输出对应的字母
        }
        cout << endl;                              // 换行
    }
    return 0;
}
```

输出空格与字符元素的个数，与数字正三角(例 6-7)完全一致，重点是输出的内容需要调整，经过分析发现，除去前面的空格，中间的字母都是 A，且字母 A 所在的位置都是每一行的行号，如第 2 行的字母 A 在第 2 个字母，第 4 行的字母 A 对应在第 4 个字母的位置，由此可以通过与字母 A 位置的差值，结合 ASCII 码的偏移量，进行转化处理即可。

第 3 课　多组数据输入

【导学牌】

理解多组数据的循环输入

掌握多组数据的处理策略和初始化

【知识板报】

在程序设计中，使用循环语句可以有效地处理多个输入数据。然而有时我们会面对多组数据，每组数据的规模并不一致。在这种情况下，单一层级的循环可能无法满足需求，因此我们需要使用多重循环的方式来处理多组数据。这样可以更灵活地适应不同数据组的情况，确保程序正确运行。

例 6-10：跳绳成绩

芯芯所在的学校有 T 个班，现已知每个班级的人数以及班级里每位同学的跳绳成绩，请设计一个程序，能够分析每个班的跳绳数据，要求输出班级的最高成绩、最低成绩、平均成绩（保留 2 位小数）。

第 1 行输入 T(1⩽T⩽50)，表示全校的班级总数，接下来每两行为一组，每组的第 1 行数据为某个班级总人数 N(1⩽N⩽45)，总人数 N 的下一行数据是该班级每位同学的跳绳成绩。

【输入样例】

```
3
5
163 190 159 155 190
4
191 188 176 167
7
188 168 175 189 167 165 157
```

【输出样例】

```
190 155 171.40
191 167 180.50
189 157 172.71
```

【示例代码】

```
#include <bits/stdc++.h>
using namespace std;

int main() {
    int t, n, tmp, maxn, minn, sum;
    cin >> t;
    for (int i = 0; i < t; i++) {                    // t 个班级,也可使用 while (t --)
        cin >> n;
        maxn = INT_MIN;                              // 初始化最高分为最小值
        minn = INT_MAX;                              // 初始化最低分为最大值
        sum = 0;                                     // 初始化总分为 0
        for (int j = 1; j <= n; j++) {
            cin >> tmp;
            if (tmp > maxn) maxn = tmp;              // 求最高分
            if (tmp < minn) minn = tmp;              // 求最低分
            sum += tmp;                              // 求总分
        }
```

```
        printf("%d %d %.2f\n", maxn, minn, 1.0 * sum / n); // 输出最高分、最低分、均分
    }
    return 0;
}
```

在示例代码中，当面对多组或多行数据的输入时，单重循环已经不足以胜任，因此可以引入双重循环来更灵活地处理这类问题。外层循环用于控制有多少组数据，而内层循环用于控制每组数据的输入和处理。在进入内层循环之前，需要注意是否需要重新初始化一些变量，以避免前面循环的数据对本次循环的分析造成干扰，如示例代码中，每到一个新的班级，会对 maxn、minn 及 sum 进行数据的初始化。具体的初始化策略应根据实际需求来确定。

这道题目要求对多组数据进行分析与解决，需要使用循环语句和条件判断来处理每个班级的跳绳数据。通过遍历每个班级的成绩，可以求得最高成绩、最低成绩和总分，并在最后计算平均成绩。此题旨在锻炼处理多组数据和循环控制的能力，同时也需要注意数据类型和计算精度的处理。

例 6-11：旅行城市的天气

芯芯和家人正在进行跨国自驾旅行。他们会在一座城市旅行若干天，并记录当地每天的天气情况（天气用数字表示：1 表示晴天，2 表示雨天，3 表示多云）。请编写一个程序，读取他们的旅行记录，并统计他们在每座城市遇到的不同天气情况的种类。

输入：第 1 行数据是一共旅行了多少座城市 T（$1 \leqslant T \leqslant 100$），以后的每组数据中，第 1 个整数是在该城市旅行的天数 N，后 N 个整数是记录的天气情况。

输出：对于每组数据，输出该组数据中不同天气情况的数量，换行输出。

【输入样例】

```
4
3 1 2 3
5 1 2 1 1 2
7 3 3 1 1 2 2 1
5 2 2 2 2 2
```

【输出样例】

```
3
2
3
1
```

【示例代码】

```
#include <bits/stdc++.h>
using namespace std;

int main() {
    int t, n, weather;
    bool flag1, flag2, flag3;                    // 标记三种天气,当然也可以使用 int 型
    cin >> t;
    while (t--) {                                // 共 t 座城市
        cin >> n;
        flag1 = flag2 = flag3 = 0;               // 清空三种天气的标记
        while (n--) {                            // 在某座城市停留了 n 天
            cin >> weather;                      // 读入天气
            if (weather == 1) flag1 = 1;         // 标记: 出现过晴天
            if (weather == 2) flag2 = 1;         // 标记: 出现过雨天
            if (weather == 3) flag3 = 1;         // 标记: 出现过多云
```

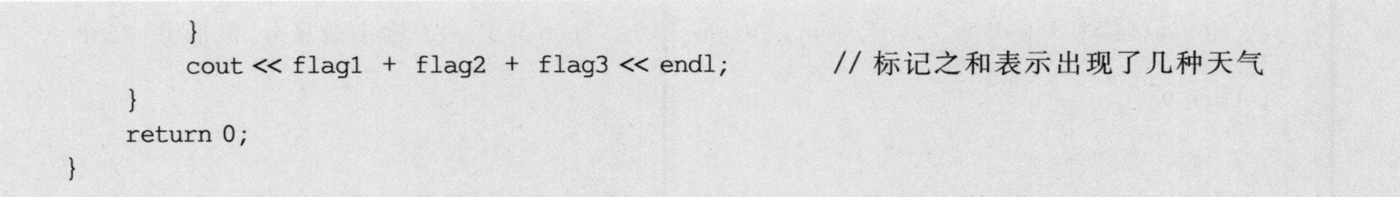

```
        }
        cout << flag1 + flag2 + flag3 << endl;          // 标记之和表示出现了几种天气
    }
    return 0;
}
```

通过外层循环确定循环次数为 t 座城市，并定义三个标记变量 flag1、flag2、flag3，分别用于标记晴天、雨天和多云是否出现过，在进入内层循环之前，将它们初始化为 0。

使用内层循环来逐个读入天气情况，根据其值来更新对应的标记变量，如果天气为 1，则将 flag1 设为 1；如果天气为 2，则将 flag2 设为 1；如果天气为 3，则将 flag3 设为 1。通过这样的处理，可以得到每座城市遇到的不同天气情况的种类数量。

当内层循环执行结束时，表示当前城市已结束旅行，可以在内层循环执行完毕后立即输出三种天气情况的标记之和，即共出现了几种天气。

通过标记变量的设置与更新，可以很方便地统计天气情况的种类数量。同时，使用循环来逐行读取输入，保证了对多组数据的处理。

例 6-12：考勤等第

芯芯的老师平时对于同学们的考勤要求非常严格，在这一学期中，只有全勤的同学可以获得 A，如果有请假情况，等第为 B，如果出现缺勤情况，等第为 C，如果请假次数和缺勤次数的总和大于或等于 3 次，等第为 D。

输入：第一行为班级学生人数 N 与这学期的上课次数 M，从第二行开始的 N 行 M 列的数据为第 N 位同学在 M 次课中的考勤情况(1 代表签到，2 代表请假，3 代表缺勤)。

输出：逐行输出每位同学的考勤等第。

【输入样例】

```
5 7
1 1 1 1 1 1 1
1 2 1 1 1 1 1
1 2 2 1 1 1 1
3 1 2 1 1 1 1
1 2 1 1 2 1 2
```

【输出样例】

```
A
B
B
C
D
```

【示例代码】

```
#include <bits/stdc++.h>
using namespace std;

int main() {
    int n, m, tmp, cnt2, cnt3;
    cin >> n >> m;
    for (int i = 1; i <= n; i++) {
        cnt2 = cnt3 = 0;                          // 清空每位同学的请假和缺勤的次数
        for (int j = 1; j <= m; j++) {            // m 次课
            cin >> tmp;                           // 输入每次课的考勤情况
            if (tmp == 2) cnt2++;                 // 累计请假次数
            if (tmp == 3) cnt3++;                 // 累计缺勤次数
```

```
        }
        if (cnt2 == 0 && cnt3 == 0) cout << 'A' << endl;                  // A 等第
        if (1 <= cnt2 && cnt2 < 3 && cnt3 == 0) cout << 'B' << endl;      // B 等第
        if (cnt3 >= 1 && cnt2 + cnt3 < 3) cout << 'C' << endl;            // C 等第
        if (cnt2 + cnt3 >= 3) cout << 'D' << endl;                        // D 等第
    }
    return 0;
}
```

对于每位同学，使用两个计数器 cnt2 和 cnt3 分别统计其请假和缺勤的次数，在进入内层循环前需要清空这两个计数器。在内层循环中逐列读取每次课的考勤情况，并根据情况进行计数。最后根据统计结果与题意的条件要求进行判断，从而确定每位同学的考勤等第。

在数据处理中，经常会遇到 n 行 m 列数据规模的样式，通常使用双重循环实现 n 行 m 列数据的读入，行的数据在外层循环，列的数据在内层循环。此题的解法体现了双重循环处理多组数据的能力，同时需要注意计数器的使用、条件判断的内在逻辑。

第 4 课　区间统计与调试

【导学牌】

理解区间统计的变量初始化操作

掌握区间统计的基本方法

【知识板报】

通过单重循环，可以判断某个数据含有的信息。但在一定区间内判断所有的具有某些属性的数据，并分类汇总，单重循环未必能够胜任，基于数据分析的需要，可以使用多重循环进行枚举判断。

例 6-13：数据的解压缩

数据压缩是计算机科学和通信领域广泛使用的技术，其主要目标是通过减小数据的规模，从而实现节省存储空间和降低数据传输成本的目的。

现给定一些被压缩的数据，根据题目要求进行解压还原，并将原始数据输出。

输入的第 1 行为 N(1≤N≤100)，代表一共有 N 段压缩数据，每段压缩数据的解压规则如下：

每段压缩数据分为两类，如果该段数据的第一个整数是正整数，则输出第 1 个与第 2 个正整数之间的所有整数，如果该段数据的第 1 个整数为负整数，则输出第 2 个整数，数量为第一个负整数的绝对值。

【输入样例】

```
2
1 5 -5 3
```

【输出样例】

```
1 2 3 4 5 3 3 3 3 3
```

【示例代码】

```
#include <bits/stdc++.h>
using namespace std;

int main() {
    int n, tmp1, tmp2;
    cin >> n;
    for (int i = 0; i < n; i++) {
        cin >> tmp1 >> tmp2;                // 读入一段数据的两个整数
        if (tmp1 > 0) {                     // 解压情况 1：输出区间的所有数据
            for (int j = tmp1; j <= tmp2; j++) {
                cout << j << ' ';
            }
        }
        else {                              // 解压情况 2：输出 abs(tmp1)个 tmp2
            for (int j = 1; j <= abs(tmp1); j++) {
                cout << tmp2 << ' ';
            }
        }
    }
    return 0;
}
```

此题根据题意进行模拟即可。外层循环控制读入N段压缩数据，内层循环前读入的压缩数据，根据临时变量tmp1分两种压缩规则进行解压缩，如果tmp1为正数，则输出tmp1到tmp2区间的所有数据，如果tmp1为负数，则输出对应负数的绝对值数量的tmp2，最终所有数据合并在一行。

例 **6-14**：**K** 的个数

给定一个区间的范围[1,10000]，请统计在此区间中，有多少个数字含有K(0≤K≤9)，并统计所有数字共存在多少个K，如1,11是两个含有1的数，共有三个1。

输入三个数据，前两个是数据的范围，第3个是需要寻找的数字K。

【输入样例】

```
1 11 1
```

【输出样例】

```
3 4
```

【示例代码】

```
#include <bits/stdc++.h>
using namespace std;

int main() {
    int l, r, k, tmp, cnt1 = 0, cnt2 = 0;
    cin >> l >> r >> k;
    for (int i = l; i <= r; i++) {
        tmp = i;
        while (tmp) {                          // tmp 不为 0 则进入循环
            if (tmp % 10 == k) {
                cnt1++;
                break;                         // 若含有 k 则跳出 while 循环
            }
            tmp /= 10;                         // 逐位分离,放在 if 之外
        }
        tmp = i;
        while (tmp) {                          // 逐位分离,统计一共含有多少 k
            if (tmp % 10 == k) {
                cnt2++;
                // cout << i << endl;          // 调试与观察: 输出过程中含有 k 的数
            }
            tmp /= 10;
        }
    }
    cout << cnt1 << ' ' << cnt2;
    return 0;
}
```

在一个区间，寻找含有k的数，必须对每个整数进行逐位分离，区间的每个整数即是变量i本身，但是不能把i直接进行分离，需要将i做一个复制品进行分离，因为i是控制循环的变量，一旦i的数据发生变化，对于整个循环的循环次数会造成影响，在此题中会导致程序死循环。

在循环中对tmp进行了两次分离，在判断整数是否含有k时使用了break语句，因为只要含有k就表示新出现了一个含有k的整数，并不在意这个整数中有多少个k，如果把break语句取消，则可以统计一共含有多少个k。请注意，tmp /= 10如果放在if语句中，会导致死循

环,因为无论个位目前是否是 k,都需要进行逐位分离。

如果输出的结果有误,或者希望观察每次统计的数据是否正确,可以在程序判断的过程中进行输出,如程序在第二次分离的过程中,若发现含有 k 的整数,则输出对应的 i。这是常用的调试方法,当然最后不要忘记把调试的语句注释掉,根据题意,它们是不需要输出的。

例 6-15:质数统计

给定一个区间,范围在[1, 10000],请统计该区间上含有多少个质数。

输入:两个整数,代表区间的范围,请输出质数的个数。

【输入样例】

```
1 100
```

【输出样例】

```
25
```

【示例代码】

```
#include <bits/stdc++.h>
using namespace std;

int main() {
    int l, r, cnt = 0, flag;
    cin >> l >> r;
    for (int i = l; i <= r; i++) {              // 区间遍历
        flag = 1;                               // 假设是质数
        if (i < 2) flag = 0;                    // 质数特判
        for (int j = 2; j * j <= i; j++) {
            if (i % j == 0) {                   // 判断合数
                flag = 0;
                break;
            }
        }
        if (flag == 1) {                        // 若未修改成 0,则依然是质数
            cnt++;
            // cout << i << endl;               // 调试与观察:过程中的质数
        }
    }
    cout << cnt;
    return 0;
}
```

在前面的内容中,我们学习了如何判断整数是否为质数。但如果需要判断多个数据是否为质数,就需要使用双重循环。外层循环负责控制需要判断的整数范围,内层循环则负责检查这个数是否是质数。如果符合质数的条件,则计数器对应累加。

在判断质数的过程中,如果输出的质数总数与预期不符,或者程序没有按预期工作,则可以在程序执行过程中输出一些数据,以便进行调试和观察,培养调试的良好习惯,能够更容易地找到程序中的逻辑问题。

第 5 课　多重循环优化

【导学牌】

理解循环优化的重要意义

掌握循环优化的策略

【知识板报】

多重循环为我们提供了一种系统性的方式来遍历问题的所有可能情况，使我们能够没有遗漏地进行枚举与尝试。但是在有可能的情况下，我们可以优化多重循环的结构，减少循环层级，或者寻找更高效的算法来提高程序的执行效率。

在多重循环思路的基础上，我们应不断探索创新，深入理解问题的本质，寻找更优化的解决方案，不仅能提高程序的执行效率，还可以更好地应对复杂问题。

例 6-16：鸡兔同笼

鸡兔同笼问题是一个经典的数学问题，也称为“鸡兔同栏”问题。它是一个代数问题，通常涉及在一个笼子里放置了一定数量的鸡和兔子，给定总的头数和脚数，要求解出笼子里鸡和兔子的数量各有多少只。

现在有一个装有若干只鸡和兔的笼子，已知笼子中共有 N 只头与 M 条腿，保证 N 与 M 的范围均不超过 10000，求鸡与兔各有多少只？

【输入样例】

2000 6000

【输出样例】

1000 1000

【示例代码】

解法 1：双重循环枚举

```
#include <bits/stdc++.h>
using namespace std;

int main() {
    int n, m;
    cin >> n >> m;
    for (int i = 0; i <= n; i++) {                  // 枚举鸡的个数
        for (int j = 0; j <= n; j++) {              // 枚举兔的个数
            if (i + j == n && i * 2 + j * 4 == m) { // 符合两个条件代表有解
                cout << i << ' ' << j;
                return 0;
            }
        }
    }
    return 0;
}
```

解法 2：单重循环枚举

```
#include <bits/stdc++.h>
using namespace std;
```

```
int main() {
    int n, m;
    cin >> n >> m;
    for (int i = 0; i <= n; i++) {                    // 单层循环枚举鸡的个数即可
        if (i * 2 + (n - i) * 4 == m) {               // 兔的个数等于 n - 鸡的个数
            cout << i << ' ' << n - i;
            return 0;
        }
    }
    return 0;
}
```

解法 3：数学公式

```
#include <bits/stdc++.h>
using namespace std;

int main() {
    int n, m;
    cin >> n >> m;
    cout << (n * 4 - m) / 2 << ' ';                   // 计算鸡的数量
    cout << (m - n * 2) / 2;                          // 计算兔子的数量
    return 0;
}
```

解法 1 与解法 2 的优势在于简单易懂,两种解法都能够找到符合条件的鸡兔数量。解法 1 适用于数据规模较小的情况,解法 2 相对于解法 1 减少了一层循环,执行效率会快得多,如果在数据规模较大的情况下,解法 1 可能会导致超时。

解法 3 的解决方案更加高效,是通过数学公式进行计算,无须循环枚举,适用于数据规模较大的情况,能够快速给出结果。

对于数据规模较大的情况,推荐使用解法 3,以获取更高的执行效率。但如果问题较为复杂,难以建立数学公式,解法 2 也是一个不错的选择,相对解法 1 会更为优化。

总的来说,不同的解法在不同的情况下各有优劣,应根据实际情况选择最合适的解决方案。在编程中,灵活运用各种解法,并根据数据规模和问题复杂程度进行优化,是提高代码效率和性能的关键。

例 **6-17**：百钱百鸡

百钱百鸡问题是中国古代数学经典问题之一,这个问题源自中国古代的数学书籍《张丘建算经》。百钱百鸡问题以其简单有趣的形式,成为数学教育和智力游戏中的经典。

假设有一个人准备用 100 元钱买 100 只鸡。公鸡每只 5 元钱,母鸡每只 3 元钱,小鸡三只 1 元钱。请思考如何合理分配这 100 元钱,以买到 100 只鸡,并确保刚好花光 100 元。请输出所有可能的购买方案,包括公鸡、母鸡和小鸡的数量。

【输入样例】

无

【输出样例】

无

【示例代码】

解法 1：三重循环

```
#include <bits/stdc++.h>
using namespace std;

int main() {
    for (int i = 0; i <= 100; i++) {                    // 枚举公鸡数量
        for (int j = 0; j <= 100; j++) {                // 枚举母鸡数量
            for (int k = 0; k <= 100; k++) {            // 枚举小鸡数量
                if (i + j + k == 100 && i * 5 + j * 3 + k / 3 == 100 && k % 3 == 0) {
                    // 三个条件: 总数等于 100,价格等于 100,且 k 是 3 的倍数
                    cout << i << ' ' << j << ' ' << k << endl;
                }
            }
        }
    }
    return 0;
}
```

解法 2：双重循环

```
#include <bits/stdc++.h>
using namespace std;

int main() {
    for (int i = 0; i <= 100 / 5; i++) {            // 枚举公鸡数量
        for (int j = 0; j <= 100 / 3; j++) {        // 枚举母鸡数量
            int k = 100 - i - j;                    // 计算小鸡的数量
            if (i * 5 + j * 3 + k / 3 == 100 && k % 3 == 0) {
                // 两个条件: 价格等于 100,且 k 是 3 的倍数
                cout << i << ' ' << j << ' ' << k << endl;
            }
        }
    }
    return 0;
}
```

由于题目的输入与输出是固定的，仅有一种标准的答案，类似此类的题目，一般不会提供输入与输出样例。

百钱百鸡问题涉及三个变量之间的关系，通常我们可以通过三重嵌套循环逐一判断是否满足题目的条件。还可以类似于鸡兔同笼问题，减少一层循环，通过已知的公鸡和母鸡的数量来推算小鸡的数量。这种方法可以提高程序的效率，尤其是在大规模数据的情况下。

解法 2 中，可以通过总价除以单价来计算可购买的公鸡和母鸡的最大数量。这样限制了总数的大小，减少了不必要的枚举范围。当然，这些数值也可以手工计算，但在编程辅助计算可用的情况下，最好不要手工计算，以提高准确性，同时便于后续的调试和错误查找。

此外，需要注意的是小鸡的数量必须是 3 的倍数。如果在程序中不判断 k 是否是 3 的倍数，会导致符合条件的组合数量增加，但这些组合是错误的。原因在于 k 除以 3 会产生余数，导致计算购买小鸡的金额时存在一定误差。

例 6-18：阶乘之和

给定一个正整数 N（1≤N≤12），求不大于 N 的所有正整数阶乘之和（求：1!＋2!＋3!＋…N!）。

【输入样例】

```
5
```

【输出样例】

```
153
```

【示例代码】

解法 1：双重循环

```
#include <bits/stdc++.h>
using namespace std;

int main() {
    int n, sum = 0, jc;
    cin >> n;
    for (int i = 1; i <= n; i++) {          // 枚举[1, n]的所有整数
        jc = 1;                             // 初始化累乘器为 1
        for (int j = 1; j <= i; j++) {      // 计算 i 的阶乘
            jc *= j;                        // 累乘
        }
        sum += jc;                          // 累加阶乘和
    }
    cout << sum;
    return 0;
}
```

解法 2：单重循环

```
#include <bits/stdc++.h>
using namespace std;

int main() {
    int n, sum = 0, jc = 1;                 // 初始化累乘器为 1
    cin >> n;
    for (int i = 1; i <= n; i++) {          // 枚举[1, n]的所有整数
        jc *= i;                            // i! = (i - 1)! * i
        sum += jc;                          // 累加
    }
    cout << sum;
    return 0;
}
```

解法 1 简单易懂，在内层循环中计算每个数的阶乘值，通过双重循环实现阶乘的累加。

解法 2 在解法 1 的基础上进行了优化，它利用了连续两个阶乘之间的递推关系，例如，4!＝4 * 3!。当已知 N－1 的阶乘值时，可以通过递推关系计算得到 N 的阶乘值，这样可以节省一层循环，提高执行效率。

解法 2 的优化思路更加巧妙，充分利用了数据之间的递推性质，使程序更高效。

例 6-19：金币问题

国王将金币作为工资，发放给忠诚的骑士。第一天，骑士收到一枚金币；之后两天(第二天和第三天)，每天收到两枚金币；之后三天(第四、五、六天)，每天收到三枚金币；之后四天(第七、八、九、十天)，每天收到四枚金币……这种工资发放模式会一直这样延续下去，即连续 N 天每天收到 N 枚金币后，骑士会在之后的连续 N＋1 天里，每天收到 N＋1 枚金币。

请计算在前 N 天里，骑士一共获得了多少金币。

【输入样例】

100

【输出样例】

945

【示例代码】

```
#include <bits/stdc++.h>
using namespace std;

int main() {
    int n, day = 0, sum = 0, flag = 0;
    cin >> n;
    for (int i = 1; ; i++) {                    // 哪一行结束未知,可以不写
        for (int j = 1; j <= i; j++) {          // 每一行循环的次数为 i
            day++;                              // 累加天数
            sum += i;                           // 累加金币
            if (day == n) {                     // 若到了第 n 天
                flag = 1;
                break;                          // 跳出内层循环
            }
        }
        if (flag == 1) break;                   // 跳出外层循环
    }
    cout << sum;
    return 0;
}
```

我们可以将发金币的整个过程转换成一种数学模型,通过之前学过的数字三角形进行模拟。

1

2 2

3 3 3

4 4 4 4

5 5 5 5 5

与之前学习的数字三角形不同的是,这个问题不需要输出每一行或每一列的结果,而是通过累加策略来计算总金币,并需要一个额外的计数器变量来统计天数,因为金币问题可能会在某一行的中途结束程序。

计算的过程中,使用了双重循环实现累加数字三角形中的每个数字。通过计数器 day,在内层循环中进行条件判断,当达到特定的天数时,使用变量 flag 标记条件已满足,然后跳出内层循环。外层循环也可以通过检查变量 flag 来判断是否需要提前跳出循环。

这种在循环中通过标记实现的优化策略,能够有效地跳出双层或更多层的嵌套循环,减少不必要的枚举,提高代码的执行效率。

第6课　排列与组合

【导学牌】

了解排列与组合在循环中的应用

掌握多重循环的方法实现排列与组合

【知识板报】

排列与组合是常见的组合数学问题，是数学、计算机科学中的重要概念。排列是指从一组元素中选择若干个元素，然后按照一定的顺序排列它们。而组合则是指从一组元素中选择若干个元素，无须考虑它们的顺序。使用多重循环可以有效地模拟排列和组合的问题，枚举出所有可能的情况。

例 6-20：元素重复使用的排列

给定一个整数 N(1≤N≤9)，在[1, N]上选择 3 个数字进行排列，每个数字可以重复使用，请输出所有的排列形式。

【输入样例】

```
2
```

【输出样例】

```
1 1 1
1 1 2
1 2 1
1 2 2
2 1 1
2 1 2
2 2 1
2 2 2
```

【示例代码】

```
#include <bits/stdc++.h>
using namespace std;

int main() {
    int n;
    cin >> n;
    for (int i = 1; i <= n; i++) {                      // 枚举第一个数
        for (int j = 1; j <= n; j++) {                  // 枚举第二个数
            for (int k = 1; k <= n; k++) {              // 枚举第三个数
                printf("%d %d %d\n", i, j, k);          // C风格输出
            }
        }
    }
    return 0;
}
```

示例代码中三层枚举的循环范围保持一致，这是因为每个元素都可以重复使用，它们之间没有相互干扰或限制。在这三重循环中，使用了三个变量，分别是 i、j 和 k，用于模拟数据的排列和输出。由于输出量较大，因此可以采用 C 风格的输出方式提高效率。

通过使用三重循环，能够精确模拟允许元素重复的排列。如果需要选择不同数量的元素

进行排列，例如选择4个或5个元素进行排列，只需增加循环的层级，比如选择4个元素时需要四重循环。尽管层级不同，但基本方法保持一致。

例 6-21：元素仅用一次的排列

给定一个整数N(3≤N≤9)，在[1, N]上选择3个数字进行排列，每个数字不得重复使用，请输出所有的排列形式。

【输入样例】

```
4
```

【输出样例】

```
1 2 3
1 2 4
1 3 2
…(省略了中间数据)
4 2 3
4 3 1
4 3 2
```

【示例代码】

```
#include <bits/stdc++.h>
using namespace std;

int main() {
    int n;
    cin >> n;
    for (int i = 1; i <= n; i++) {                    // 枚举第一个数
        for (int j = 1; j <= n; j++) {                // 枚举第二个数
            for (int k = 1; k <= n; k++) {            // 枚举第三个数
                if (i != j && i != k && j != k) {     // 互不相等
                    printf("%d %d %d\n", i, j, k);    // C风格
                }
            }
        }
    }
    return 0;
}
```

与例6-20排列问题最大的不同点在于，此题中元素的使用次数仅限一次，即在排列中不允许出现两个相同的元素。为了满足这一要求，可以通过使用条件判断来逐一检查i、j和k是否互不相等，只有当它们互不相等时才能进行输出。

例 6-22：元素重复使用的组合

给定一个整数N(1≤N≤9)，在[1, N]上选择3个数字进行组合，每个数字可以重复使用，请输出所有的组合形式。

【输入样例】

```
2
```

【输出样例】

```
1 1 1
1 1 2
1 2 2
2 2 2
```

【示例代码】

```
#include <bits/stdc++.h>
using namespace std;

int main() {
    int n;
    cin >> n;
    for (int i = 1; i <= n; i++) {                    // 枚举第一个数
        for (int j = i; j <= n; j++) {                // 从 i 开始,枚举第二个数
            for (int k = j; k <= n; k++) {            // 从 j 开始,枚举第三个数
                printf("%d %d %d\n", i, j, k);        // C 风格
            }
        }
    }
    return 0;
}
```

在相同的数据范围内,组合的方案数会比排列的要少得多。例如,对于数字 123,排列的方案包括 123、132、213、231、312、321 共 6 种排列方案,但它们都被视为同一种组合,通常只需按字典序输出其中一个即可。

在组合方案的枚举中,为避免输出同一个组合的不同排列形式,常规的思路是内层循环的枚举起点是在外层循环的基础上往右侧枚举,由于本题每个数可以重复使用,因此在多重循环中,下一层循环的起始数据是上一层循环的数据本身。

例 6-23:元素仅用一次的组合

给定一个整数 N(3≤N≤9),在[1, N]上选择 3 个数字进行组合,每个数字不得重复使用,请输出所有的组合形式。

【输入样例】

```
4
```

【输出样例】

```
1 2 3
1 2 4
1 3 4
2 3 4
```

【示例代码】

```
#include <bits/stdc++.h>
using namespace std;

int main() {
    int n;
    cin >> n;
    for (int i = 1; i <= n; i++) {                    // 枚举第一个数
        for (int j = i + 1; j <= n; j++) {            // 从 i + 1 开始,枚举第二个数
            for (int k = j + 1; k <= n; k++) {        // 从 j + 1 开始,枚举第三个数
                printf("%d %d %d\n", i, j, k);        // C 风格
            }
        }
    }
    return 0;
}
```

本例与例6-22的不同之处仅在于一个方面需要修改，即内层循环的起始点。内层循环的起始点应设置为外层循环数字的下一个数字，这样可以确保避免重复。因此，在程序中无须使用if语句判断是否存在元素相等的情况，因为程序在执行过程中已经自动规避了元素重复的可能性。

例6-24：非固定层级的组合

给定一个整数N(4≤N≤9)，在[1，N]上选择M(1≤M≤4)个数字进行组合，每个数字不得重复使用，请输出所有的组合形式。

【输入样例】

```
5 4
```

【输出样例】

```
1 2 3 4
1 2 3 5
1 2 4 5
1 3 4 5
2 3 4 5
```

【示例代码】

```
#include <bits/stdc++.h>
using namespace std;

int main() {
    int n, m;
    cin >> n >> m;
    for (int i = 1; i <= n; i++) {                              // 枚举第 1 个数
        if (m >= 2) {                                           // 如果超过 2 个数
            for (int j = i + 1; j <= n; j++) {                  // 从 i + 1 开始,枚举第 2 个数
                if (m >= 3) {                                   // 如果超过 3 个数
                    for (int k = j + 1; k <= n; k++) {
                        if (m >= 4) {                           // 如果超过 4 个数
                            for (int l = k + 1; l <= n; l++) {
                                printf("%d %d %d %d\n", i, j, k, l);   // 四组合
                            }
                        }
                        else printf("%d %d %d\n", i, j, k);     // 三组合
                    }
                }
                else printf("%d %d\n", i, j);                   // 二组合
            }
        }
        else printf("%d\n", i);                                 // 一组合
    }
    return 0;
}
```

示例代码是一种非常规的循环层级控制策略，通过多重嵌套循环的方式实现了在整数[1,N]上选取M个数据进行组合的问题。

当面对不确定取多少个数据的组合或者排列的问题时，可以通过if语句判断层级，如果需要更多层级，则对应进入到内层的循环中，否则止步于当前循环。然而对于更大规模的组合或者排列问题，更优的方法可能是使用递归搜索或其他更高效的算法，感兴趣的同学可以自行研究。

第7课 常见数论

【导学牌】

了解常见的数论问题

掌握质数、因子、公约数、公倍数、质因数分解的常用方法

【知识板报】

在编程中,数论是一个常见且重要的领域,涉及处理整数和它们的性质,如前文中学习的判断质数的方法,即是数论的相关内容。除了判断质数,还有很多常见的数论问题会经常出现在编程中,如因子与质因子、最大公约数与最小公倍数、质因数分解等问题,本课会通过一些常见的数论案例,感受数论在编程中的重要意义。

例 6-25:完美数

完美数又称完全数,是一类特殊的正整数,它等于其所有真因子之和(真因子是指除了自身以外的其他因子)。换言之,如果一个数的所有真因子之和等于它本身,那么它就是一个完美数。

完美数的研究可以追溯到古希腊时期,古希腊数学家欧几里得和弟子尼科马库斯首先研究了完美数的性质。尽管已知的完美数不多,但数学家们一直在努力寻找更多的完美数。

现给定两个整数 L 与 R($2\leqslant L\leqslant R\leqslant 10000$),请输出 L 与 R 之间的所有完美数。

【输入样例】

```
2 500
```

【输出样例】

```
6 28 496
```

【示例代码】

```
#include <bits/stdc++.h>
using namespace std;
int main() {
    int l, r, sum;
    cin >> l >> r;
    for (int i = l; i <= r; i++) {
        sum = 1;                          // 初始化因子之和,至少含有 1 这个因子
        for (int j = 2; j * j <= i; j++) {    // 循环找因子,j * j <= i 即可
            if (i % j == 0) {             // 找到了某个因子
                if (j * j == i) sum += j;    // 如果是 j 是 i 的平方根,则只加 j
                else sum += j + i / j;    // 非平方根的情况,j 与 i/j 都是真因子
            }
        }
        if (sum == i) cout << i << ' ';      // 判断是否为完美数
    }
    return 0;
}
```

使用外层循环实现从 l 到 r 的范围遍历。在内层循环中,逐一检查每个数字 i 是否为完美数。在计算真因子之和时,首先初始化 sum 为 1,因为 1 一定是每个数字的因子。接着从 2 开始逐一判断,循环的条件是 j * j <= i。这是因为因子是成对出现的,所以较小的因子一定在 i 的平方根以下。当找到某个因子时,需要进行特殊处理:如果这个因子恰好是 i 的平方根,

那只需将这个因子 j 加入 sum 中，否则，将较小因子与较大因子都加入 sum 中。

最后，在外层循环中，检查 sum 是否与 i 相等，以确定 i 是否是完美数。通过这种方法，能够有效地判断某个范围内的完美数，以及计算出它们的真因子之和。这个算法利用了因子的成对性质和数学性质，使得在编程中实现这个问题变得相对简单与高效。

例 6-26：最大质因子

给定一个整数 N(2≤N≤10000)，求该整数的最大质因子。

【输入样例】

```
415
```

【输出样例】

```
83
```

【示例代码】

```
#include <bits/stdc++.h>
using namespace std;
int main() {
    int n, flag;
    cin >> n;
    for (int i = n; ; i-- ) {                       // 从 n 开始递减查找
        if (n % i == 0) {                           // 找到因子 i,再判断 i 是否为质数
            flag = 1;                               // 假设 i 为质数,标记为 1
            for (int j = 2; j * j <= i; j++) {      // 判断 i 能否被其他数整除
                if (i % j == 0) {                   // 如果能被其他数整除则是合数
                    flag = 0;                       // 取消质数标记
                    break;                          // 立即跳出内层的 for 循环
                }
            }
            if (flag) {                             // 判断是否为质数
                cout << i;                          // 找到了最大的质因子
                return 0;                           // 找到后立即结束程序,避免死循环
            }
        }
    }
    return 0;
}
```

大于或等于 2 的整数一定存在某个最大的质因子，如果该整数本身就是质数，那么它的最大质因子就是它本身。可以从这个整数本身开始递减判断，找到第一个既是因子又是质数的数，即为该整数的最大质因子。

有多种方法可以寻找最大质因子。除了示例代码，还可以使用分解质因子的方法，将整数分解为一系列质因子，最后一个分解出来的质因子即为最大的质因子。还可以从 1 开始查找因子，根据因子是成对出现的性质，可以同时查找并判断这一对因子是否满足条件。理论上，这种方法的算法时间效率可能更高，但由于篇幅的限制，这里不详细展开，有兴趣的同学可以进一步研究。

例 6-27：最大公约数(**Greatest Common Divisor, GCD**)与最小公倍数(**Least Common Multiple, LCM**)

给定 N(1≤N≤100)对整数，每对有两个整数，求每对整数的最大公约数与最小公倍数。

求最大公约数(GCD)与最小公倍数(LCM)有很多方法，这里介绍的是辗转相除法，也称

为欧几里得算法,是一种用于求解两个正整数 GCD 的有效算法。其基本思想是通过重复使用取余操作来逐步缩小两个整数的范围,直到得到 GCD,由于其高效性和简洁性,常用于编程和数学等领域。

LCM 可以在求得 GCD 后,根据公式:a * b==GCD * LCM,即 LCM=a * b/GCD 得来,为防止 a * b 的计算结果超过整数型的表示范围,建议通过 LCM=a/GCD * b 计算。

辗转相除法的数学原理:对于整数 a、b 和余数 r(r=a%b),如果 a 能被 b 整除(即 a%b==0),那么 b 就是 a 和 b 的 GCD。否则,GCD 等于 b 和 r 的 GCD。

辗转相除法的步骤如下:

1. 选取两个正整数 a 和 b 作为输入。
2. 计算 a 除以 b 的余数,用 r 表示,即 r = a % b。
3. 若 r 为 0,则 b 就是 GCD,算法结束,返回 b。
4. 若 r 不为 0,则将 b 赋值给 a,将 r 赋值给 b,然后返回第 2 步,继续执行。
5. 重复执行步骤 2、3、4,直到余数 r 等于 0 为止。最终,辗转相除法得到的 b 即是 a 和 b 的 GCD。

【输入样例】

```
3
45 60
99 36
2345 789
```

【输出样例】

```
15 180
9 396
1 1850205
```

【示例代码】

```
#include <bits/stdc++.h>
using namespace std;

int main() {
    int n, A, B, a, b, r, gcd, lcm;
    cin >> n;
    while (n-- ) {                          // n 对数据
        cin >> A >> B;                      // 读入 A 与 B 的原始数据
        a = A;                              // A 的复制品
        b = B;
        while (b != 0) {                    // 若 b 不为 0,继续辗转相除,也可写成:while (b)
            r = a % b;                      // 计算余数
            a = b;                          // b 赋值给 a
            b = r;                          // r 赋值给 b
        }
        gcd = a;                            // a 为最大公约数 gcd
        lcm = A / gcd * B;                  // 根据公式计算最小公倍数 lcm
        cout << gcd << ' '<< lcm << endl;
    }
    return 0;
}
```

表 6-5 演示了两个整数的辗转相除过程。

表 6-5　两个整数辗转相除的过程

a	b	r
678	2345	678
2345	678	311
678	311	56
311	56	31
56	31	25
31	25	6
25	6	1
6	1	0
1	0	

经过辗转相除，678 与 2345 的最大公约数为 1，如果两个数的最大公约数为 1，则称这两个数是互质的关系。

辗转相除开始时，并不要求 a 大于 b，如表 6-5 所示，如果 a 小于 b，在第一轮辗转相除时，会自动将 a 与 b 的数值进行交换，所以并不需要额外判断。

当 a % b 等于 0 时，两个数的最大公约数即是 b，但从可读性和编程习惯的角度，a 与 b 会再进行一次辗转相除，如果 b 为 0，a 即是最大公约数，能更直观地表达辗转相除算法的核心思想，上述示例代码演示了这一过程。当然，写成下面的代码方式在逻辑上也是正确的，执行结束后，b 为最大公约数，两种方法都可以得到最大公约数。

```
while (a % b != 0) {                    // 若 a % b 不为 0，继续辗转相除
    r = a % b;                          // 计算余数
    a = b;                              // b 赋值给 a
    b = r;                              // r 赋值给 b
}
cout << b;                              // b 为最大公约数 gcd
```

在 Dev-C++ 与 Code::Blocks 等编译器中，提供了一个非标准的拓展函数__gcd(参数 1，参数 2)，gcd 字母前是两个下画线符号，用于计算两个整数的最大公约数，但这个函数并非属于 C++的标准库(STL)，而是特定于某些编译器的拓展功能，建议初学者多用手写辗转相除法，以提高对于辗转相除法的理解，而不是依赖既有的函数，后期还可以自己编写通过辗转相除法求最大公约数的自定义函数。

例 **6-28**：质因数分解

质因数分解是将一个正整数表示为若干个质数乘积的过程，如 60 可以分解成 $2\times2\times3\times5$ 的形式。

给定一个整数 $N(1<N\leqslant10^6)$，请分解该整数，并从小到大输出它的所有质因子。

【输入样例】

```
9240
```

【输出样例】

```
2 2 2 3 5 7 11
```

【示例代码】

```
#include <bits/stdc++.h>
using namespace std;

int main() {
    int x;
    cin >> x;
    for (int i = 2; i * i <= x; i++) {      // 从 2 开始寻找
        while (x % i == 0) {                // 循环找质因子
            cout << i << ' ';               // 输出
            x /= i;                         // 整除因子
        }
    }
    if (x != 1) cout << x;                  // 若 x 不为 1,则 x 本身分解成了质数,需要单独输出
    return 0;
}
```

示例代码中从 2 开始枚举寻找因子,范围与判断质数类似(即,i * i<= x)。在这个过程中,从小到大能够找到的因子一定是质数。将 x 除以该因子进行分解,直到不能再分解为止。最后需要单独判断 x 是否不等于 1。如果 x 等于 1,那么就成功地分解完了;如果 x 不等于 1,那么还剩最后一个质数,需要单独输出。

此方法是经典的质因数分解方法,非常有效且可靠。通过不断地找到最小的因子并除以它,直到无法再分解,可以得到一个数的所有质因子。这有助于我们理解质因数分解的基本原理,并在编程中应用它来解决各种数学问题。

本章寄语

本章的学习内容是多重循环，也称为循环嵌套。一旦循环涉及嵌套，循环的总次数即为内外两层循环的次数相乘，这会导致算法的时间复杂度快速增加。

在理解多重循环的过程中，首要任务是理解外层循环变量和内层循环变量的变化方式。本章我们通过查找字符图形中的规律，深入理解行数和列数与循环变量之间的内在关系。

多重循环经常用于解决多组数据的输入、区间统计以及调试等问题。我们在这里列举的一些典型案例，值得反复思考。通过多重循环，我们还实现了排列与组合的输出，为处理后续数组学习中数据的排列与组合问题提供了清晰的思路。

基于循环知识的学习，在最后一节介绍了一些简单的数论概念，如质数、最大公约数、最小公倍数等。通过多重循环的方式可以有效解决这些数论的问题，并在实践中加深对于多重循环的理解与应用。

第7章　一维数组

在循环的章节中，我们学会了使用循环的方式进行大量数据的输入与处理，通过循环结构，已经能够极大地提高程序的实用性与功能性。但这还远远不够，若需要存储成千上万个数据，而且后续还需要重复提取与使用，而仅仅使用变量存储，是不足以应对的。例如存储一万个整数后，根据输入的顺序进行反向输出，假设我们使用变量会以这样的形式存储：cin >> a1 >> a2 >> a2 >>…>> a10000，很明显这种方式是不切实际的，我们不可能逐一建立 10000 个变量。

基于存储数据的需要，我们引进了数组的概念，数组主要的功能即是存储数据，使得数据的访问与维护更加高效与便捷。本章重点介绍一维数组的相关概念，一维数组是最基本、最常用的数据结构，掌握一维数组的灵活使用，可以在实践中提高编写程序的效率与质量。

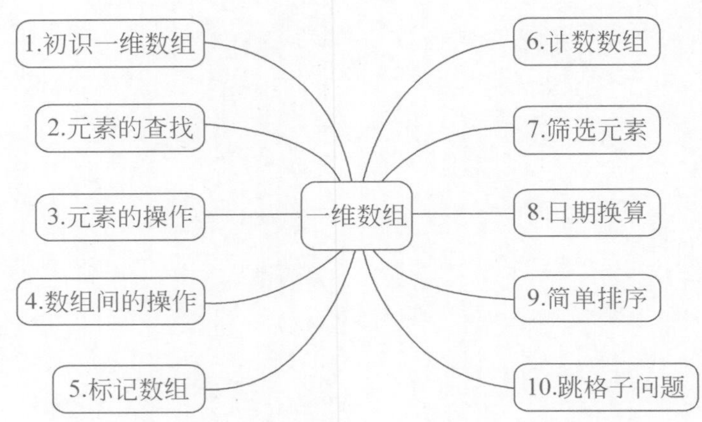

第 1 课　初识一维数组

【导学牌】

了解一维数组的定义

理解一维数组的初始化

掌握全局变量与数组的使用

【知识板报】

一维数组是最常见的数据结构，用于存储一组相同类型的元素，这些元素在内存中是连续存储的，并可以通过下标进行访问和操作。数组可以被视为多个同类型的数据元素依次排列，它们共享一个通用的名称，类似于一个班级中的学生，每位学生都有一个独立的学号，通常从 1 开始，依次递增，以表示学生的唯一身份。然而，在计算机编程中，数组的索引编号通常从 0 开始，这与一些数学和算法的约定一致，例如线性代数和统计学常使用以 0 为起始的编号方式。

初学者可以从 1 开始编号，这更符合日常的习惯和认知，但同时也需要掌握以 0 为起始的编号方式，因为这是编程中的常见惯例，在后续的编程学习中具有重要作用。

例 7-1：数组的赋值与访问

给定 N 组数据，每组数据有两个整数，第一个整数为数组的下标，第二个整数为数组的整数值，通过 N 组数据，对数组进行赋值。

在对 N 组数据赋值后，将有 M 次访问，每次访问给定了数组的下标，请输出该下标的数据，如果下标未被赋值过，则输出 0。

数据保证赋值与访问的下标范围都不超过 100。

【输入样例】

```
4
1 100
2 3
5 2
99 77
5
1 5 99 4 100
```

【输出样例】

```
100 2 77 0 0
```

【示例代码】

```
#include <bits/stdc++.h>
using namespace std;

int main() {
    int a[105] = {0};                    // 定义与初始化数组
    int n, m, pos, tmp;
    cin >> n;
    for (int i = 1; i <= n; i++) {
        cin >> pos >> tmp;               // 读入下标与数值
        a[pos] = tmp;                    // n 次赋值
    }
    cin >> m;
```

```
    while (m--) {
        cin >> pos;                          // 读入下标
        cout << a[pos] << ' ';               // m次输出
    }
    return 0;
}
```

示例代码中引用了一维数组的概念,通过一维数组实现了 n 次赋值与 m 次访问的操作,以下是一维数组的相关概念介绍。

一维数组的定义

定义一维数组的方法和定义变量类似,语法格式如下:

```
数组类型 数组名称[元素个数]
```

数组名称的命名要求与变量一致,区别在于定义数组时,需要确认数组的大小,数组的大小填写在数组名后的中括号内。如 int a[105],定义了一个含有 105 个 int 型元素的数组,能够访问的范围是 a[0]到 a[104],中括号内的数字称为数组的下标,可以通过下标的方式访问对应的元素。

通常在定义数组时,数组大小会设置得比题目要求的数组元素多一些,一般会多 5～10 个,以备不时之需。在中括号内的数字需指定一个常量,而不是变量,否则会引起一些难以预估的问题。

常见的数组名与使用场景见表 7-1。

表 7-1 常见的数组名与使用场景

数　组	使用场景	数　组	使用场景
a[ ]、arr[ ]	最通用与常用的数组	v[ ]、vis[ ]	访问或标记数组
cnt[ ]、count[ ]	计数数组	s[ ]、str[ ]	字符数组
tmp[ ]	临时数据的数组	num[ ]、val[ ]	数字或数值数组
ans[ ]	答案与结果的数组	memo[ ]	记忆化搜索数组
dis[ ]、dist[]	位移量、偏移量的数组	dp[ ]	动态规划数组

除了以上数组名,还有许多其他的数组名,可以根据个人自己的使用习惯定义,尽量能表示数组的功能,便于程序的阅读即可。

数组的初始化

如同变量需要初始化一样,在使用数组之前,也需要对数组进行初始化,未初始化的数组内容是不确定的。以下是常见的几种数组初始化的方法。

1. 定义数组的同时进行初始化,例如:

int a[10] = {1, 2, 3, 4, 5};

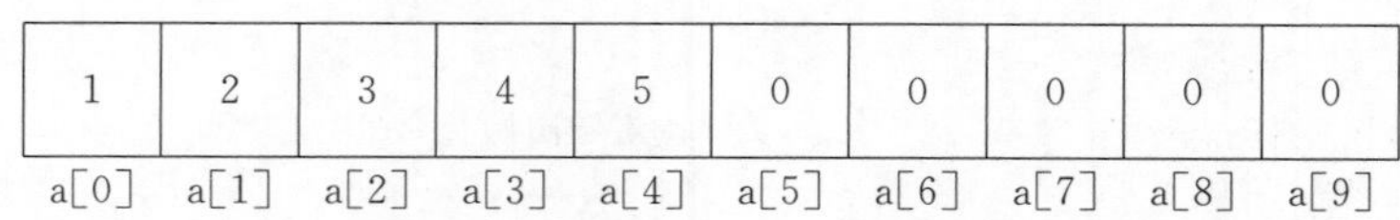

在定义数组时,用一对大括号进行赋值初始化,默认会从 a[0]开始逐个元素赋值,对于未赋值的元素,会自动初始化为 0。如果需要从 a[1]开始赋值,舍弃 a[0]的存储单位,则可以通过 int a[10] = {0, 1, 2, 3, 4, 5}的形式,将 a[0]手动赋一个空值,其他元素从 a[1]开始赋值,效果如下:

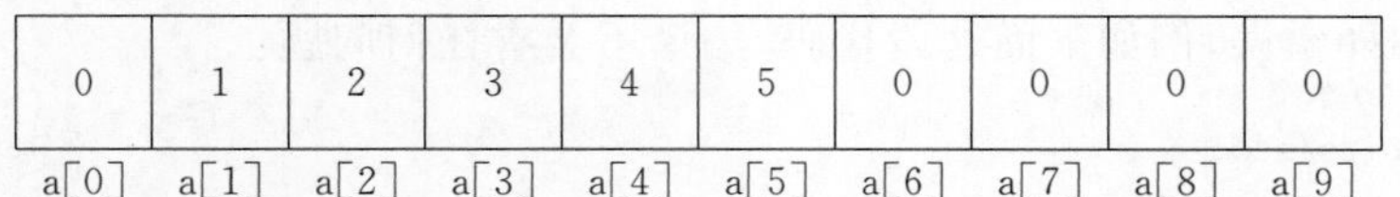

如果元素需要全部初始化为 0,可以使用 int a[10] = {0}或 int a[10] = { }的形式。

2. 逐个元素的赋值

```
int a[10];
a[1] = 1;
a[2] = 2;
```

逐个元素的赋值,如同变量的赋值,赋值的操作是在定义数组之后,但与初始化不同的是,那些没有被赋值的元素,其内容是未知的,不一定为 0。

3. 函数赋值

① memset()函数

memset()函数是根据字节进行赋值,通常用于字符型的数组,例如:

```
char s[15];
memset(s, 'F', sizeof(s));
```

表示字符数组中 s[0]～s[14]的元素全部初始化为字符'F'。

如果需要整体赋值 int 型的整数,通常用于赋值 0 或-1,例如:

```
int a[105];
memset(a, 0, sizeof(a));                    // 全部赋值为 0
memset(a, -1, sizeof(a));                   // 全部赋值为 -1
```

如果想要整体赋值成其他整数,建议使用 fill()函数。

② fill()函数

与 memset()函数不同,fill()函数可以赋值的范围更加广泛,是对每个元素的连续赋值,例如:

```
int a[105];
fill(a, a + 100, 7);                       // a[0]到 a[99]赋值为 7
fill(a + 1, a + 101, 9);                   // a[1]到 a[100]赋值为 9
```

数组元素的访问

一维数组访问的语法格式如下:

```
数组名[下标]
```

数组的元素可以随机访问,随机访问是指在数据结构中能够直接访问任意位置的元素。如 a[2]即是访问下标为 2 的元素,由于数组的第一个元素是 a[0],所以 a[2]实际上是数组的第三个元素。

数组越界问题

数组越界是指程序在运行过程中,访问的元素不在数组存储空间之内。例如 int a[10],数组的下标范围是 a[0]到 a[9],如果访问 a[10]或者 a[-2]等不存在的数组空间元素,则称为数组越界。

需要注意的是,由于数组越界导致的一系列问题,有时很难查找原因,因为 C++允许访问数组元素的任何地址,包括越界地址,编译器通常不会检查数组是否越界访问,所以在编译时

通常不会提示编译错误,例如下面这段代码,编译不会有任何问题:

```
#include <bits/stdc++.h>
using namespace std;
int main() {
    int a[35];
    a[-1] = 1;
    a[35] = 6;
    cout << a[-1] << ' ' << a[35];
    return 0;
}
```

当在越界的情况下进行数据的读写,很可能会导致内存的存储混乱,出现意想不到的情况,所以在访问数组元素的过程中,务必保证访问的范围在数组的合法范围内,不要越界。

例 7-2:逆序输出

给定 N(1≤N≤1000)个整数,将 N 个整数进行逆序输出。

【输入样例】

```
9
1 2 3 4 0 8 7 6 9
```

【输出样例】

```
9 6 7 8 0 4 3 2 1
```

【示例代码】

```
#include <bits/stdc++.h>
using namespace std;
int a[1010];                                  // 全局数组
int n;                                        // 全局变量
int main() {
    cin >> n;
    for (int i = 1; i <= n; i++) {
        cin >> a[i];                          // 循环读入
    }
    for (int i = n; i >= 1; i--) {
        cout << a[i] << ' ';                  // 循环逆序输出
    }
    return 0;
}
```

全局变量与数组

之前我们在 main()主函数上方都会留有一个空行,现在终于派上用场。在函数外(包括主函数)建立的变量或者数组都是全局的,全局变量与数组会作用于后续的整个程序中,直到程序结束为止。在 C++中,全局变量会自动初始化为 0,全局数组中的每个元素也会全部初始化为 0,建议将数组尽量定义在全局中,以防数组未初始化带来一系列问题。当然定义在全局中也有一些弊端,例如 y0、y1、yn、j0、j1、jn 等变量名不能使用,因为它们已经在万能头文件中被占用。

数组的循环读入与输出

因为数组的下标是连续的,可以使用 cin >> a[i]的方式实现数组的循环读入,在之前的循环读入中,使用 tmp 变量进行数据的临时存储,但这种方式容易导致数据被后续读入数据所

替换或改写，无法长期保留。现在有了数组这种数据结构，则可以使用一系列的 a[i]变量将数据长期存储在计算机的内存中，当需要时，可以根据对应的下标随时访问与调用。

数组的核心概念在于通过连续的下标实现数据的存储，这不仅方便了数据的存储和访问，还提供了各种灵活多变的操作方法。在例 7-2 中，数组的输出采用了逆序的方式，如果数据没有被存储在数组中，则实现逆序输出将会变得困难。

第 2 课　元素的查找

【导学牌】

了解元素查找的基本方法

掌握查找过程的策略

【知识板报】

数组的元素查找是指在一个给定的数组中寻找特定值的过程。数组是一种线性数据结构,它包含一组连续的元素,可以通过数组下标来访问每个元素,数组的元素查找是编程中常见的基本操作之一。

例 7-3：元素的个数与位置

给定一个整数 N($1 \leqslant N \leqslant 1000$)与 N 个整数 Ai($-10^9 \leqslant A_i \leqslant 10^9$),在数组中查找整数 M 是否存在,如果存在,请统计 M 的个数与所在的位置,如果不存在输出−1。

【输入样例】

```
15
123 35 34 67 -78 35 768 345 234 1 -23 45 35 12 35
35
```

【输出样例】

```
4
2 6 13 15
```

【示例代码】

```
#include <bits/stdc++.h>
using namespace std;
int n, m, cnt;
int a[1010];                                    // 数组大小足够
int main() {
    cin >> n;
    for (int i = 1; i <= n; i++) {
        cin >> a[i];                            // 输入 n 个整数
    }
    cin >> m;                                   // 读入需要寻找的元素
    for (int i = 1; i <= n; i++) {
        if (a[i] == m) cnt++;                   // 统计个数
    }
    if (cnt == 0) {                             // 不存在该元素
        cout << -1;
        return 0;
    }
    cout << cnt << endl;                        // 输出个数
    for (int i = 1; i <= n; i++) {
        if (a[i] == m) cout << i << ' ';        // 查找位置输出
    }
    return 0;
}
```

示例代码使用了三次循环进行数组的操作。第一次循环用于读入数组的所有元素,因为只有在读取所有数据后,程序才能确定需要查找的元素 m 的值。第二次循环用计数器 cnt 统计元素 m 在数组中出现的次数,因为只有在统计完所有数量后,程序才能逐一输出 m 所在的

位置。第三次循环用于查询 m 的值在数组中的位置，并将其输出。

在学习数组之前，这种需要多次访问数据的操作会比较复杂，但通过数组，程序能够实现所有元素的长期存储，为后续的元素调用和操作提供了便利的条件。

例 7-4：接近平均值

给定一个包含 N(1≤N≤10000)个元素的整数数组，并给定一个整数 K 表示误差范围的百分比。现在要计算这个数组的平均值(结果保留两位小数)，并输出所有与平均值在误差范围内的元素。在这里，误差范围是指在平均值的基础上，允许上下浮动 K%的范围。具体地说，对于某个元素，如果它与平均值之间的差异不超过平均值的 K%，则该元素符合条件需要输出。

【输入样例】

```
10 18
9 8 10 12 11 13 7 12 7 14
```

【输出样例】

```
10.30
9 10 12 11 12
```

【示例代码】

```
#include <bits/stdc++.h>
using namespace std;
int n, k;
double ave;                                  // 均值定义为浮点型
int a[10005];                                // 定义数组
int main() {
    cin >> n >> k;
    for (int i = 0; i < n; i++) {
        cin >> a[i];
        ave += a[i];                         // 边输入边求和
    }
    ave /= n;                                // 计算均值
    printf("%.2f\n", ave);                   // 输出均值
    for (int i = 0; i < n; i++) {
        if (ave - ave * k / 100.0 <= a[i] && a[i] <= ave + ave * k / 100.0) {
            cout << a[i] << ' ';             // 若在 K% 的误差范围内,则输出对应的元素
        }
    }
    return 0;
}
```

首先定义了数量足够的数组，在输入 n 个数据的过程中，可以边输入边求和，在判断误差范围时，注意将 k 的百分比转换成对应的小数，逐一判断 a[i]是否在误差的范围内，如果能够满足误差范围，则输出对应的 a[i]元素。

例 7-5：查找峰值与谷值

峰值元素是指大于其左右相邻元素的元素，谷值元素是指小于其左右相邻元素的元素。

给定含有 N(1≤N≤10000)个元素的整数数组，找出数组中的峰值与谷值(首尾元素不进行判断)，并分行输出对应的位置。

【输入样例】

```
15
51 35 -78 34 768 5 345 7 -243 345 234 6567 23 -13 -23
```

【输出样例】

```
5 7 10 12
3 6 9 11
```

【示例代码】

```
#include <bits/stdc++.h>
using namespace std;
int n, a[10005];                                    // 数组大小足够
int main() {
    cin >> n;
    for (int i = 1; i <= n; i++) {
        cin >> a[i];                                // n 次输入
    }
    for (int i = 2; i < n; i++) {
        if (a[i - 1] < a[i] && a[i] > a[i + 1]) {
            cout << i << ' ';                       // 寻找峰值
        }
    }
    cout << endl;                                   // 换行
    for (int i = 2; i < n; i++) {
        if (a[i - 1] > a[i] && a[i] < a[i + 1]) {
            cout << i << ' ';                       // 寻找谷值
        }
    }
    return 0;
}
```

示例代码的第 1 个循环语句用于读入数据,第 2 个循环语句从数组的第 2 个元素开始到倒数第 2 个元素结束遍历,对于每个位置 i,判断对应的元素是否是峰值,即 a[i]大于 a[i−1]并且大于 a[i+1],如果是峰值,则输出 i。同样的原理,在第 3 个循环语句中判断谷值并输出。

例 7-6:两数之和

给定含有 N(1≤N≤1000)个元素的整数数组与一个目标值 K,在数组中寻找两个整数,使得它们的和等于目标值。输出所有符合条件的两个数的索引(下标),求最后一共输出多少对整数。

【输入样例】

```
10
2 3 1 4 2 3 2 1 4 3
4
```

【输出样例】

```
1 5
1 7
2 3
2 8
3 6
3 10
5 7
6 8
8 10
9
```

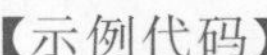

【示例代码】

```
#include <bits/stdc++.h>
using namespace std;
int n, k, cnt;                                   // 全局变量 cnt 自动初始化为 0
int a[1005];                                     // 定义数组
int main() {
    cin >> n;
    for (int i = 1; i <= n; i++) {
        cin >> a[i];                             // 输入 n 个整数
    }
    cin >> k;                                    // 输入目标值
    for (int i = 1; i < n; i++) {                // 枚举第 1 个加数
        for (int j = i + 1; j <= n; j++) {       // 枚举第 2 个加数
            if (a[i] + a[j] == k) {              // 判断是否等于目标值
                cnt++;                           // 计数器累加
                cout << i << ' '<< j << endl;    // 输出一对索引
            }
        }
    }
    cout << cnt;                                 // 输出对数
    return 0;
}
```

示例代码使用了双重循环的方式同时查找两个元素，根据题意，查找的关键点在于查找的数对是组合，不能重复，如 1、5 这一对输出后不能再输出 5、1。所以 j 的搜索范围是从 i 的下一个开始进行组合的查找，而 i 的最大值范围是 i < n，当然写成<=n 也无关紧要，因为当 i 等于 n 时，j 在内层循环中不存在 j <= n 的情况，内层循环会自动结束，最后输出总对数 cnt 即可。

第3课　元素的操作

【导学牌】

了解数组元素操作的常见形式

掌握交换、移动、插入、删除数组元素的操作方法

【知识板报】

数组元素的操作在编程中非常重要,因为它涉及数据的重新排列和整理,从而满足特定的需求和条件。数组元素的交换、移动、插入、删除等操作是数组操作的基本功,具有广泛的适用性。

数组的移动是插入与删除操作的前提。数组的移动一般有两种常规的思路,一是枚举移动的起点,根据起点与终点的递推关系进行移动;二是枚举移动的终点,根据终点反推与元素的起点关系进行移动。

例 7-7:元素的交换

给定含有 N(1≤N≤10000)个元素的整数数组与 M(1≤M≤100)个随机的位置,输入的每个位置的元素,要与前一个元素交换,如果元素位置是 1 则需要和 N 位置所在的元素进行交换。

当完成 M 次交换后,请逐一输出所有的数组元素,空格间隔。

【输入样例】

```
15
1 2 3 4 5 6 7 8 9 10 11 12 13 14 15
5
2 4 6 8 1
```

【输出样例】

```
15 1 4 3 6 5 8 7 9 10 11 12 13 14 2
```

【示例代码】

```
#include <bits/stdc++.h>
using namespace std;
int n, m, pos;
int a[10005];                                      // 定义数组
int main() {
    cin >> n;
    for (int i = 1; i <= n; i++) {
        cin >> a[i];                               // 输入 n 个元素
    }
    cin >> m;
    while (m--) {                                  // m 次交换
        cin >> pos;
        if (pos == 1) swap(a[1], a[n]);            // 特判:位置 1
        else swap(a[pos], a[pos - 1]);             // 与前一个元素交换
        // 调试:检查每次交换后是否正确
        // for (int i = 1; i <= n; i++) {
        //     cout << a[i] << ' ';
        // }
        // cout << endl;
    }
```

```
    for (int i = 1; i <= n; i++) {
        cout << a[i] << ' ';
    }
    return 0;
}
```

数组元素之间的交换，是较为简单的数组操作方式，交换可以通过三个变量之间赋值或者swap()函数的方式实现。仅仅是两个元素之间位置交换，不会对其他元素造成影响，策略相对简单。如果输出的结果与输出样例并不一致，可以尝试在程序中输出每次交换后的数组元素，调试与检查无误后，再进行注释即可，勤写调试程序一定比眼睛盯着程序找问题要靠谱得多。

例 7-8：元素的复制

给定一个长度为 2N(1⩽N⩽1000)的数组的前 N 个元素，N+1～2N 项之间的每项元素皆由前 N 个位置的某一项复制而来，请根据输入，输出数组的所有元素。

输入的前两行：N 与前 N 项的元素。

输入的第 3 行：N+1～2N 项是由 1～N 的哪个位置的项复制而来。

【输入样例】

```
5
1 3 5 7 9
1 2 3 5 4
```

【输出样例】

```
1 3 5 7 9 1 3 5 9 7
```

【示例代码】

```
#include <bits/stdc++.h>
using namespace std;
int n, pos;
int a[2005];                              // n最大为1000,2n最大为2000
int main() {
    cin >> n;
    for (int i = 1; i <= n; i++) {
        cin >> a[i];                      // 读入前n项
    }
    for (int i = n + 1; i <= 2 * n; i++) {
        cin >> pos;                       // 输入n+1到2n项是由哪个位置的项复制而来
        a[i] = a[pos];                    // 赋值
    }
    for (int i = 1; i <= 2 * n; i++) {
        cout << a[i] << ' ';              // 输出
    }
    return 0;
}
```

在示例代码中，首先完成前 n 项的数据读入，再通过 for 循环遍历 n+1 到 2n 项的下标，该区间内的数据均由前 n 项的某个数据复制而来。在复制之前获取给定的下标，通过赋值语句进行复制即可，最后输出所有的元素。

例 7-9：安静排队

芯芯在学校里面排队吃饭，每天的初始队伍是固定的，但是途中有些同学会讲话，老师会请这些讲话的同学排到当前队伍的最后，其他同学依次补上他们的位置。

给定全班的人数为N(1≤N≤100),学生的初始队伍是按照学号排队,学号从前往后依次是1～N的编号。在排队去食堂的过程中,有M位同学被点名,需要排在当前队伍的最后,老师每次点的是当前这位同学的排队位置。请输出到达食堂时,当前队伍中依次的学号。

【输入样例】

```
15 6
1 1 1 2 3 4
```

【输出样例】

```
4 6 8 10 11 12 13 14 15 1 2 3 5 7 9
```

【示例代码】

```
#include <bits/stdc++.h>
using namespace std;
int n, m, pos, tmp;
int a[105];
int main() {
    cin >> n >> m;
    for (int i = 1; i <= n; i++) {
        a[i] = i;                   // 初始化学号
    }
    while (m--) {                   // m 次点名
        cin >> pos;                 // 该位置的同学出列到队伍最后
        tmp = a[pos];               // 先临时存储这位同学的学号
        for (int i = pos + 1; i <= n; i++) {
            a[i - 1] = a[i];        // 向左移动: 变量 i 需从左往右遍历
        }
        a[n] = tmp;                 // 移动到最后
    }
    for (int i = 1; i <= n; i++) {
        cout << a[i] << ' ';        // 输出
    }
    return 0;
}
```

例7-9演示了往左侧循环移动数组元素的方法。根据题意,首先需要将某个位置的元素先复制一份,因为要等后面所有的同学往前挪动后,再插入到队伍的最后。值得关注的是,如果数组元素需要整体向左侧移动,要优先移动左侧的元素,这样做的目的是防止有些元素在移动的过程中被覆盖和修改,导致数据的缺失,同理,如果希望数组元素整体向右侧移动,需要优先移动右侧的元素。

循环移动的方法一般有两种,示例代码中遍历的范围是[pos+1,n],是通过枚举元素移动前的位置,每个a[i]将会移动到a[i−1]的位置。还有另一种移动策略是枚举元素移动后的位置,每个移动后的a[i]=a[i+1],两种移动策略都需要熟练掌握,在日后的编程学习中,不仅要自己写程序,还需要阅读其他同学的程序,虽然每个人的写法不尽相同,但基本的思路一致,所以尽量掌握同一功能的不同写法,能够锻炼自己融会贯通的能力。下列代码,演示了移动元素的第二种方法,在上述示例代码while中的for循环,还可以编写如下:

```
for (int i = pos; i < n; i++) {
    a[i] = a[i + 1];
}
```

这种写法是枚举了移动后的位置,赋值符号右侧是该位置的元素来源,虽然例7-9仅演示

了往某一侧循环移动了 1 步的情况，但如果移动的跨度不只 1 步时，移动的策略和思路是相通的，只需要将＋1 或－1 改成对应的移动步数即可。

例 7-10：随机插入

给定含有 N(1≤N≤100)个元素的整数数组与 M(1≤M≤100)次随机插入的操作，插入操作每次给定两个参数，分别是插入的位置和插入的数值。插入的过程是将原先该位置及后续的所有元素往右挪动一格，再插入对应的元素，请输出经过 M 次插入操作后的数组元素，以空格间隔。

【输入样例】

```
5
7 6 5 4 2
3
1 8
1 9
7 3
```

【输出样例】

```
9 8 7 6 5 4 3 2
```

【示例代码】

```
#include <bits/stdc++.h>
using namespace std;
int a[210];                                   // 初始元素 100 个 + 插入元素 100 个
int n, m, pos, tmp;
int main() {
    cin >> n;
    for (int i = 1; i <= n; i++) {
        cin >> a[i];                          // 读入初始元素
    }
    cin >> m;
    while (m--) {                             // m 次插入操作
        cin >> pos >> tmp;                    // 读入位置和元素
        for (int i = n; i >= pos; i--) {
            a[i + 1] = a[i];                  // 依次往右挪动
        }
        a[pos] = tmp;                         // 移动元素后再进行插入覆盖
        n++;                                  // 总元素数量增加 1
    }
    for (int i = 1; i <= n; i++) {
        cout << a[i] << ' ';
    }
    return 0;
}
```

在插入元素的过程中，首先需要考虑的是元素的移动，一般插入元素前需要将后续的所有元素先往后移动一格，易错点在于遍历的方向，一定要从右往左进行遍历。如果是从左往右，那么所有元素将会赋值成第一个元素。与例 7-9 排列不同的是，插入元素后，总元素的个数 n 会增加。当然除了示例代码中遍历元素移动前位置的方法，也可以采用遍历元素移动后位置的方法：

```
for (int i = n + 1; i > pos; i--) {
    a[i] = a[i - 1];
}
```

两种方法提供了两种有效的思路,没有优劣之分,使用不同方法的核心目标是锻炼编程中遍历范围的严谨性,唯有程序在脑海中有严谨的数据区间和方向,程序的正确率才会提高。

例 **7-11**:破风手

芯芯的爸爸喜欢骑行,曾经骑行过川藏线、青海湖、环台湾等经典路线。在骑行的领域中,"破风手"是骑行团队中起到领头作用的骑行者,负责在骑行队伍的最前面领航,破开空气并承受较大的空气阻力,为其他队员创造一个相对稳定的尾风区享受贴风,从而提高整个团队的骑行效率。

现给定一个车队总人数为 N(1≤N≤100),车手的初始编号为 1~N,在途中有些车手会轮流破风,当某位成员体力下降时,也会选择暂时退到车队尾部贴风休息,因为尾部的空气阻力较小。现已知在途中有 M(1≤M≤100)次队形变化,变化可能是某位成员骑到第一位进行破风,或者某位成员暂退到最后一位贴风。

在 M 行阵型变化中,第 1 个数据是当前车手的相对位置,第 2 个数据如果是 0,表示该位置的选手选择暂退尾部,如果是 1,则表示该位置的选手选择领航破风。请输出每次阵型变化后,当前队伍的编号顺序。

【输入样例】

```
10 5
5 1
3 1
2 0
8 0
7 1
```

【输出样例】

```
5 1 2 3 4 6 7 8 9 10
2 5 1 3 4 6 7 8 9 10
2 1 3 4 6 7 8 9 10 5
2 1 3 4 6 7 8 10 5 9
8 2 1 3 4 6 7 10 5 9
```

【示例代码】

```
#include <bits/stdc++.h>
using namespace std;
int n, m, pos, flag, tmp;
int a[105];
int main() {
    cin >> n >> m;
    for (int i = 1; i <= n; i++) {
        a[i] = i;                                   // 赋值初始队伍的编号
    }
    for (int i = 1; i <= m; i++) {
        cin >> pos >> flag;
        tmp = a[pos];                               // 暂存该位置的车手编号
        if (flag == 1) {                            // 选择破风
            for (int j = pos - 1; j >= 1; j--) {    // 枚举起点的方法
                a[j + 1] = a[j];                    // 往右移动
            }
            a[1] = tmp;                             // 当破风手
        }
        else {                                      // 选择到尾部贴风
            for (int j = pos; j < n; j++) {         // 枚举终点的方法
```

```
                a[j] = a[j + 1];                    // 往左移动
            }
            a[n] = tmp;                             // 当贴风手
        }
        for (int i = 1; i <= n; i++) {              // 输出变化后的车队阵型
            cout << a[i] << ' ';
        }
        cout << endl;
    }
    return 0;
}
```

此题实现了朝左右两个方向的循环移动策略，口诀是："往左移动先移左，往右移动先移右"。移动的策略需要根据输入的数据决定，通过选择结构有效地进行分类移动。

在每次阵型变化后，都应输出当前车队对应的编号顺序。

第 4 课　数组间的操作

【导学牌】

了解多个数组间的常见操作

掌握数组间操作的常见技巧与策略

【知识板报】

数组间会根据需要,经常进行元素之间的数据交流。在实际编程和数据处理中,我们常常需要对两个及以上的数组进行操作,学习多个数组之间的操作能够让我们更灵活地处理和操作数据,增强程序设计的实用性,培养自身驾驭程序的能力。

例 7-12:数组相加

给定两个数组 A 与 B,已知 A 与 B 的元素个数都为 N($1 \leqslant N \leqslant 10^5$),现希望将 A 数组中的最小值与 B 数组中的最大值进行交换,再进行数组逐项求和,请输出每一项相加的和,数据保证 A 数组中仅有一个最小值,B 数组中仅有一个最大值。

【输入样例】

```
5
1 3 5 7 9
2 4 6 8 10
```

【输出样例】

```
12 7 11 15 10
```

【示例代码】

```
#include <bits/stdc++.h>
using namespace std;
int n, pos1, pos2, minn = INT_MAX, maxn = INT_MIN;
int a[100005], b[100005], c[100005];                // 定义三个数组
int main() {
    cin >> n;
    for (int i = 0; i < n; i++) {
        cin >> a[i];
        if (a[i] < minn) {                           // 求 a 中最小值的位置
            minn = a[i];
            pos1 = i;
        }
    }
    for (int i = 0; i < n; i++) {
        cin >> b[i];
        if (b[i] > maxn) {                           // 求 b 中最大值的位置
            maxn = b[i];
            pos2 = i;
        }
    }
    swap(a[pos1], b[pos2]);                          // 交换数据
    for (int i = 0; i < n; i++) {
        c[i] = a[i] + b[i];
        cout << c[i] << ' ';
    }
    return 0;
}
```

在示例代码中，首先读入了两个数组 a 和 b 的元素，同时找到了数组 a 中的最小值和位置 pos1，以及数组 b 中的最大值和位置 pos2。然后通过 swap(a[pos1], b[pos2]) 语句，交换了数组 a 中的最小值和数组 b 中的最大值。

通过数组相加操作，c[i]的值是数组 a[i]和数组 b[i]对应位置上的元素之和。将 c 数组的元素逐个输出，以显示结果。

例 7-13：交互式乘法

给定两个数组 A 与 B，元素个数分别为 N(1≤N≤1000)与 M(1≤M≤1000)，现需要对两个数组的所有元素进行交互式乘法，要求 A 中的每个元素需要与 B 中的每个元素相乘并累计求和，如 A 数组是 1 2 3，B 数组是 4 5，交互式乘法的过程是 1×4＋1×5＋2×4＋2×5＋3×4＋3×5＝54。

第 1 行输入：N 与 M。

第 2 行输入：A 的 N 个元素。

第 3 行输入：B 的 M 个元素。

请计算数组 A 与 B 的交互式乘法，结果保证在 long long 型范围内。

【输入样例】

```
3 2
2 3 4
5 6
```

【输出样例】

```
99
```

【示例代码】

```
#include <bits/stdc++.h>
using namespace std;
int n, m;
int a[1005], b[1005];                          // 两个数组
long long sum;                                 // 累加求和使用 long long 型变量较为保险
int main() {
    cin >> n >> m;
    for (int i = 1; i <= n; i++) {
        cin >> a[i];                           // 读入数组 a
    }
    for (int i = 1; i <= m; i++) {
        cin >> b[i];                           // 读入数组 b
    }
    for (int i = 1; i <= n; i++) {
        for (int j = 1; j <= m; j++) {
            sum += a[i] * b[j];                // 累加交互式相乘的积
        }
    }
    cout << sum;
    return 0;
}
```

示例代码使用了双重循环的方法进行两个数组的遍历，在遍历数组 a 的过程中，每个元素都需要乘数组 b 的所有元素再进行累加求和，相当于数组 a 与 b 的所有元素，两两之间都需要相互认识一下打个照面。在双重循环中，内外层的 for 循环如果相互交换，对结果是没有影响的，形式如下：

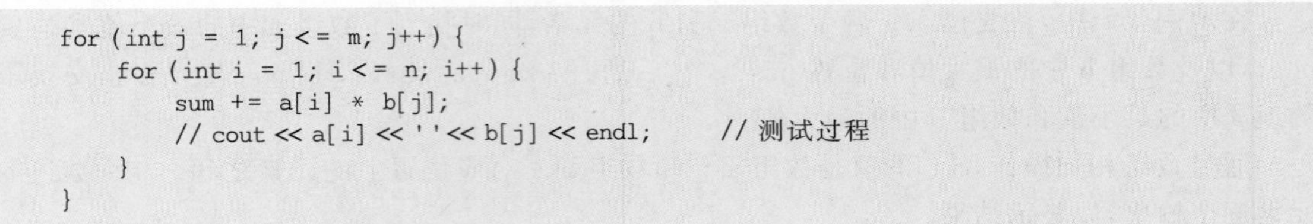

```
for (int j = 1; j <= m; j++) {
    for (int i = 1; i <= n; i++) {
        sum += a[i] * b[j];
        // cout << a[i] << ' '<< b[j] << endl;      // 测试过程
    }
}
```

虽然计算的顺序不同,但同样也可以实现两个数组的交互式乘法,具体的计算过程可以通过调试与输出的方法进行测试,感受遍历与计算的过程。

例 **7-14**:向左看齐

体育课上老师正在整队,班级同学被老师分成两排,每排有 N(1≤N≤100)位同学,现已知第 1 排所有同学的身高,第 2 排的每位同学想知道一件事情,即当老师说向左看齐时,能看到第 1 排多少位同学比自己高,假设第 2 排每位同学都能看到第 1 排在自己左边的所有同学。

【输入样例】

```
5
165.1 157.3 170.0 158.2 166.6
150.9 166.3 152.1 164.3 168.5
```

【输出样例】

```
0 0 2 2 1
```

【示例代码】

```
#include <bits/stdc++.h>
using namespace std;
int n, cnt;
double a[105], b[105];
int main() {
    cin >> n;
    for (int i = 1; i <= n; i++) cin >> a[i];    // 压缩行数的读入方法
    for (int i = 1; i <= n; i++) cin >> b[i];
    for (int i = 1; i <= n; i++) {               // 遍历数组 b 的每个元素
        cnt = 0;                                 // 计数器清空
        for (int j = 1; j < i; j++) {            // 向左看数组 a 的元素
            if (a[j] > b[i]) {                   // 如果 a 排某位同学身高超过 b 排当前同学
                cnt++;
            }
        }
        cout << cnt << ' ';                      // 输出有多少人比我高
    }
    return 0;
}
```

当在 for 循环中只有一个简单的输入语句时,可以考虑将其压缩成一行,可省略大括号,节省代码行数。

在双重循环中,外层循环用于枚举 b 队中每位同学的身高,而内层循环用于寻找在当前同学左侧的 a 队同学中身高超过他的总数。内层循环的遍历范围是从下标 1 开始到小于当前同学的下标,通过计数器进行累加判断,每次输出后需要清空计数器。

例 **7-15**:去哪儿旅行

爸爸妈妈准备带芯芯去旅行,现在的目的地尚未确定,于是爸爸、妈妈和芯芯三个人,分别写下自己想去的旅行地点,每个旅行地点用数字表示(升序),请输出每个人都想去的地方,如

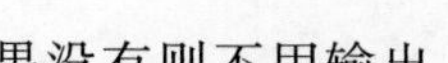

果没有则不用输出。

每个人的输入数据分两行，第 1 行为总数 N(1≤N≤100)，第 2 行为所有想去的旅行地点的数字代号。

【输入样例】

```
5
1 2 3 4 5
3
2 3 4
4
3 4 5 6
```

【输出样例】

```
3 4
```

【示例代码】

```
#include <bits/stdc++.h>
using namespace std;
int n1, n2, n3;
int a[105], b[105], c[105];
int main() {
    cin >> n1;
    for (int i = 1; i <= n1; i++) cin >> a[i];      // 读入爸爸的旅行地点
    cin >> n2;
    for (int i = 1; i <= n2; i++) cin >> b[i];      // 读入妈妈的旅行地点
    cin >> n3;
    for (int i = 1; i <= n3; i++) cin >> c[i];      // 读入芯芯的旅行地点
    for (int i = 1; i <= n1; i++) {                 // 三重循环,枚举三个人的旅行地点
        for (int j = 1; j <= n2; j++) {
            for (int k = 1; k <= n3; k++) {
                if (a[i] == b[j] && b[j] == c[k]) {
                    cout << a[i] << ' ';            // 如果某个地方大家都想去则输出
                }
            }
        }
    }
    return 0;
}
```

示例代码通过三重循环，实现了在三个数组中寻找交集元素的功能，如果需要在两个数组中寻找交集则使用两重循环即可，由于数据量不是很大，仅有 100，三重循环的最大枚举量是 100 万，在一秒内运行不会超时。

第5课　标记数组

【导学牌】

了解标记数组的概念

掌握标记数组的适用场景与标记方法

【知识板报】

标记数组在算法和编程中至关重要。标记数组常用于标记元素的状态,记录元素是否已经被访问或处理过。这种标记方法不仅可以用来去除重复的元素,还可以记录算法的执行过程和各种属性。此优化方式使得算法和程序执行更加高效和精确。

例 7-16:不同的年龄

芯芯喜欢交朋友,她有很多小伙伴,芯芯今天想知道,她的朋友中一共有多少不同的年龄。

输入 N 位朋友的年龄,年龄在 1～100,请输出共有多少不同年龄的朋友。

【输入样例】

```
10
3 3 3 9 9 10 10 12 12 12
```

【输出样例】

```
4
```

【示例代码】

```
#include <bits/stdc++.h>
using namespace std;
int n, age, cnt;
bool vis[105];                          // 最大年龄为 100 岁
int main() {
    cin >> n;
    for (int i = 0; i < n; i++) {
        cin >> age;
        vis[age] = 1;                   // 标记有 age 岁的朋友
    }
    for (int i = 0; i <= 100; i++) {
        if (vis[i]) cnt++;              // 若 vis[i]不为 0,代表有年龄为 i 的朋友
    }
    cout << cnt;
    return 0;
}
```

我们经常使用数组名为 vis 的布尔型数组作为标记,当然也可以是整数型的数组,定义成布尔型不仅是为了节省内存空间,同时也是提醒自己该数组的主要功能是用于标记。

根据题意,朋友的年龄段范围较小,都是在 100 以内的整数,在全局变量中定义了标记数组 vis,默认的每个数值都是 0,当输入朋友的年龄 age 时,对应的 vis[age]标记为 1,表示至少有一位朋友的年龄是 age。最后从小到大遍历整个标记数组,判断一共有多少个不同的年龄。

例 7-17:元素去重

给定 $N(1 \leqslant N \leqslant 10000)$个元素 $A_i(0 \leqslant A_i \leqslant 1000)$,请去除其中重复的元素,并从小到大输出。

【输入样例】

```
15
1 45 67 5 0 234 565 234 90 1 5 78 234 1 0
```

【输出样例】

```
0 1 5 45 67 78 90 234 565
```

【示例代码】

```
#include <bits/stdc++.h>
using namespace std;
int n, tmp;
bool vis[1005];                                  // 标记数组
int main() {
    cin >> n;
    while (n--) {
        cin >> tmp;
        vis[tmp] = 1;                            // 标记 tmp 出现过
    }
    for (int i = 0; i <= 1000; i++) {
        if (vis[i]) {                            // 或 vis[i] == 1
            cout << i << ' ';                    // i 为出现过的数
        }
    }
    return 0;
}
```

如果所有的元素范围不是很大，可以通过标记数组实现去重的功能。当某个元素出现过，则标记数组对应的下标 i 位置赋值为 1，表示 i 这个数已经出现过。待所有元素已标记完成后，从标记数组的起点位置到终点位置进行遍历，如果某个下标 i 的值为 1，则输出对应的 i，从而实现数据从小到大的去重输出。

但如果元素的范围很大，如可能会有 10 亿那么多的元素，建立的标记数组如果建立到 10 亿，会超过内存的限制范围，大部分情况下建立的数组大小不会超过 1 千万，当然极少数特殊情况下除外。

例 7-18：数位完美覆盖

给定 N(1⩽N⩽1000)个正整数，将每个整数进行数位分离，要求 0～9 每个数字至少出现一次，如果 0～9 的数字都出现过，则实现了数位完美覆盖，求解至少需要输入多少个整数，才能够满足数位完美覆盖，如果不能实现完美覆盖，则输出－1。

【输入样例】

```
10
123 456 789 1 2 3 10 4 5 6
```

【输出样例】

```
7
```

【示例代码】

```
#include <bits/stdc++.h>
using namespace std;
int n, cnt, tmp;
bool vis[10];                               // 0～9 标记
```

```
int main() {
    cin >> n;
    for (int i = 1; i <= n; i++) {
        cin >> tmp;
        while (tmp) {                       // 逐位分离
            if (vis[tmp % 10] == 0) {       // 判断数字是否出现过
                cnt++;                      // 若未曾出现过,计数器 + 1
                vis[tmp % 10] = 1;          // 标记已出现
            }
            tmp /= 10;                      // 移除个位
        }
        if (cnt == 10) {                    // 0~9 的所有数字都已出现
            cout << i;
            return 0;
        }
    }
    cout << -1;
    return 0;
}
```

示例代码通过一个布尔型数组 vis 来标记 0～9 这 10 个数字是否已经在输入的整数中出现过。对于每个整数 tmp,会被逐位分离,在分离的过程中检查每一位数字是否已经在数组 vis 中标记。如果某一位数字在数组 vis 中没有被标记,那么它会被标记为已出现,并且计数器 cnt 会增加 1。当 cnt 的值达到 10 时,表示 0～9 这 10 个数字都已经出现,于是程序输出当前的整数编号 i。如果循环结束后 cnt 仍然不等于 10,则所有数据都不能构成完美覆盖,程序会输出－1。

例 7-19:质数筛

筛法求质数是一种高效、简单、节省空间且适用于大范围数据的算法,能够在较小的时间复杂度内找到一定范围内的所有质数,这些质数可以在标记后多次查询使用,而无需重复判断,因此它在算法竞赛和许多实际问题中都有广泛的应用。

给定 N($1 \leqslant N \leqslant 10$)个区间,请输出每个区间中的所有质数,区间最大值为 10^7。

【输入样例】

```
5
1 10
20 50
500 550
10000 10060
9000000 9000100
```

【输出样例】

```
2 3 5 7
23 29 31 37 41 43 47
503 509 521 523 541 547
10007 10009 10037 10039
9000011 9000041 9000049 9000059 9000067
```

【示例代码】

```
#include <bits/stdc++.h>
using namespace std;
int n, l, r;
bool flag[10000005] = {1, 1};                 // 0 和 1 都不是质数,标记为 1
```

```
int main() {
    for (int i = 2; i <= 10000000; i++){          // 从 2 开始寻找质数
        if (!flag[i]) {                            // 若 i 为质数,则质数的倍数都标记成 1
            for (int j = i + i; j <= 10000000; j += i) {
                // i + i 开始,每次 += i
                flag[j] = 1;                       // 标记合数
            }
        }
    }
    cin >> n;
    while (n--) {                                  // n 个区间
        cin >> l >> r;
        for (int i = l; i <= r; i++) {
            if (!flag[i]) cout << i << ' ';        // 判断质数
        }
        cout << endl;
    }
    return 0;
}
```

这里使用了最为经典的一种筛法求质数：埃氏筛（埃拉托斯特尼筛法），埃氏筛的基本思想是从 2 开始，将每个质数的倍数都标记为合数，直到筛选出所有质数。除了埃氏筛，还有线性筛、欧拉筛、区间筛等策略，在大多数情况下，埃氏筛已经足够快速和实用。

标记数组除了 vis、flag、f、v 等也是常见的数组名。示例代码中通过埃氏筛将 1 千万以内的非质数全部标记为 1，在标记的过程中，大约标记了 3 千万次，其中有一些进行了重复的标记，如 6 既被 2 标记过也被 3 标记过。尽管会有一些被重复标记，但随着整数的增大，能找到的质数在减少，而且倍数的数据量也在减少，所以是非常高效的标记方法。当一次性将范围内的所有数据标记后，后续将不再需要进行质数判断，如果使用试除法，则很有可能在区间较大的情况下导致超时，筛法求质数适用于多次查询与较大范围数据的高效判断。

第6课 计数数组

【导学牌】

理解计数数组的概念

掌握计数数组的计数方法及适用范围

【知识板报】

计数数组是一种常见的存储结构,常用于统计元素出现的次数,通常使用的是整数数组,数组的长度取决于元素数据的大小。

计数数组适用于元素的取值范围较小的情况,因为计数数组的长度与取值范围相关。如果元素的取值范围非常大,使用计数数组可能会导致内存浪费。

例 7-20:竞选班长

芯芯所在的学校,班长的竞选是通过民主投票制,每位同学可以在 N 名候选人中投票,最终票数最高的同学当选班长,如果票数有并列情况的,最高票的几位同学可以同时担任班长。

给定 N(1≤N≤100)位候选人与 M(10≤M≤1000)张选票,候选人的编号是 1~N,每张选票上有对应的候选人编号,请输出担任班长的同学编号,同票的情况请依次输出多位班长的编号。

【输入样例】

```
5 10
4 4 3 3 2 3 4 4 1 4
```

【输出样例】

```
4
```

【示例代码】

```
#include <bits/stdc++.h>
using namespace std;
int n, m, tmp, maxn;
int cnt[105];                        // 计数数组
int main() {
    cin >> n >> m;
    for (int i = 0; i < m; i++) {
        cin >> tmp;                  // 输入选票
        cnt[tmp]++;                  // 累计选票
        if (cnt[tmp] > maxn) {       // 打擂台,求最高的选票数
            maxn = cnt[tmp];
        }
    }
    for (int i = 1; i <= n; i++) {
        if (cnt[i] == maxn) {        // 判断是否为最高票数
            cout << i << ' ';        // 输出班长对应的编号
        }
    }
    return 0;
}
```

计数数组可以使用 cnt 作为数组名,识别度较高,之前我们使用变量作为计数器,随着计数的要求增加,变量作为计数器可能会不够用,计数数组则可以胜任这些操作。

在示例代码中，每次输入一张选票，将对应的候选人票数增加，在增加票数的过程中，可能会出现新的最高票数，所以在计数的过程中，可以同时实现找最大值的操作。当输入数据结束，最高的选票数量也判断好了，最后按照顺序遍历计数数组，票数等于最高票的都可以输出。

例 7-21：统计页码数字

芯芯翻开了一本书，从这本书的第 N 页读到了第 M 页，请帮芯芯统计，她阅读的页码区间中，页码中 0～9 的每个数字，分别出现了多少次，请统计并输出。

【输入样例】

```
1 20
```

【输出样例】

```
2 12 3 2 2 2 2 2 2 2
```

【示例代码】

```
#include <bits/stdc++.h>
using namespace std;
int n, m, tmp;
int cnt[10];                                // 0～9 数字的计数数组
int main() {
    cin >> n >> m;
    for (int i = n; i <= m; i++) {
        tmp = i;                            // i 自身不便分离,需要找一个替身
        while (tmp) {
            cnt[tmp % 10]++;                // 个位的数字进行计数
            tmp /= 10;                      // 分离个位
        }
    }
    for (int i = 0; i <= 9; i++) {
        cout << cnt[i] << ' ';              // 输出 0～9 每个数组出现的频率
    }
    return 0;
}
```

示例代码通过计数数组 cnt，记录了 0～9 这 10 个数字的出现频率。程序首先从输入中获取阅读的起始页码 n 和结束页码 m。接着使用循环遍历 n～m 的所有页码。对于每个页码 i，使用临时变量 tmp 来进行逐位分离。在 while 循环中，tmp % 10 表示获取当前页码 i 的个位数字，并将其作为数组 cnt 中的下标，对应数字的计数加 1，再通过 tmp /= 10 移除已经处理过的个位，以便继续处理高位的数字。

最终通过一个循环遍历，输出每个数字在阅读页码区间中出现的频率。

例 7-22：高频字母

给定一段英文(不超过 100 个单词)，请统计每个英文字母(仅有小写字母)出现的频率，将字母按出现的频率由高到低输出。输出格式为每行一个字母及其对应的频率，用空格分隔。如果两个字母有相同的频率，按照字母表的顺序先后输出。

【输入样例】

```
best wishes to you.
```

【输出样例】

```
s 3
e 2
o 2
```

t 2
b 1
h 1
i 1
u 1
w 1
y 1

【示例代码】

```
#include <bits/stdc++.h>
using namespace std;
char c;                                          // 字符
int maxn;
int cnt[128];                                    // 计数数组,ASCII 码范围: 0～127
int main() {
    while (cin >> c) {                           // 循环读入字符
        cnt[c]++;                                // 对输入的字符进行计数
        maxn = max(maxn, cnt[c]);                // 求出现频率的最大值
    }
    for (int i = maxn; i > 0; i--) {             // 频率从高到低
        for (int j = 'a'; j <= 'z'; j++) {       // 按照字典序判断
            if (cnt[j] == i) {                   // 如果某个字母的频率与 i 一致
                cout << char(j) << ' ' << cnt[j] << endl;
                // 输出对应的字符与频率
            }
        }
    }
    return 0;
}
```

统计字符的出现频率是较为常见的计数统计要求,建立大小为 128 的计数数组 cnt,可以满足所有 ASCII 码范围内的字符统计要求。字符的本质是 ASCII 码,字符可以作为下标直接统计,如示例代码中 cnt[c]++,虽然 c 是字符,但是不需要转成整数型的 ASCII 码再统计。

在计数的过程中同时统计了频率的最大值,通过双重循环的方式,实现了从高频到低频字母的输出。外层循环由高到低对字母的出现频率进行枚举,内层循环通过字典序从字母 a 到 z 进行枚举,逐一核对是否有对应频率的字母,频率为 0 的字母无需输出。在不同频率查找的过程中,在有些频段可能没有字母符合,这是正常现象,也不可能每个频段都有字母恰巧符合。由于整个数据量并不是很大,因此采用枚举的形式不会超时,可以大胆尝试。

【导学牌】

理解筛选元素的概念

掌握筛选元素的方法与策略

【知识板报】

在给定的数据中，并非所有的数据都符合要求，经常需要经过二次处理，如在其中筛选一些所需的元素放入另一个数组中，或者是根据已有数据重新进行分类处理。在数据中提取有用信息，或将数据转化为更有意义的形式，为后续分析和应用提供更多价值，这些都是筛选元素的重要功能。

例 7-23：寻找奇数

给定 N(1≤N≤1000)个整数，请筛选出其中的奇数，并交换两个筛选后的数据。请输出交换后的所有元素。

【输入样例】

```
10
1 3 5 7 9 2 4 6 8 10
1 3
```

【输出样例】

```
5 3 1 7 9
```

【示例代码】

```
#include <bits/stdc++.h>
using namespace std;
int n, cnt, tmp, pos1, pos2;
int a[1010];
int main() {
    cin >> n;
    for (int i = 0; i < n; i++) {
        cin >> tmp;
        if (tmp % 2 == 1) {                     // 寻找奇数
            a[cnt++] = tmp;                     // 筛选元素进入数组,计数器增加
            // a[cnt] = tmp;                    // 这两行的效果与上一行一致
            // cnt++;
        }
    }
    cin >> pos1 >> pos2;
    swap(a[pos1 - 1], a[pos2 - 1]);             // 从 0 位置开始存储,需错开一位
    for (int i = 0; i < cnt; i++) {
        cout << a[i] << ' ';
    }
    return 0;
}
```

示例代码中最核心的一句代码是 a[cnt++] = tmp，用于筛选满足条件的奇数并将其存储到数组中，由于运算符++采用的是后缀的形式，所以 cnt 将从最初的 a[0]位置开始存储，最终的 a[cnt]并未存储数据，数据的存储范围是 a[0]到 a[cnt - 1]之间，cnt 最终的数值大小表示的是奇数元素的个数。当交换两个位置的元素时，也是因为 cnt 是从 a[0]位置开始存储

元素，所以整体需要往左偏移一个单位。

例 **7-24**：区间筛选

给定 N 个(1≤N≤100)区间，请在每个区间内，筛选能够同时被 3 和 4 整除的数，并将所有符合条件的整数倒序输出(数据可以重复)，符合条件的元素总数在 10000 个以内。

【输入样例】

```
3
1 16
90 110
105 130
```

【输出样例】

```
120 108 108 96 12
```

【示例代码】

```
#include <bits/stdc++.h>
using namespace std;
int n, l, r, cnt;
int a[10005];
int main() {
    cin >> n;
    while (n--) {
        cin >> l >> r;                          // 输入区间
        for (int i = l; i <= r; i++) {
            if (i % 3 == 0 && i % 4 == 0) {
                a[++cnt] = i;                   // 筛选元素进入数组,采用++cnt 的方法
                // ++cnt;                       // 分两句解释上一行代码
                // a[cnt] = i;
            }
        }
    }
    for (int i = cnt; i >= 1; i--) {             // cnt～1 倒序输出
        cout << a[i] << ' ';
    }
    return 0;
}
```

如果不要求倒序输出，此题不用数组也可以完成。但根据题意会有多个区间需要判断，并将符合条件的数据倒序输出，故需要一个数组用于存储满足条件的数据。与例 7-23 不同的关键点在于这里使用的是 a[++cnt] = i，运算符++采用了前缀的形式，这种策略更容易理解，cnt 会先+1 再存储数据，所有的数据都会存在 1 到 cnt 之间，a[cnt]存有最后一个有效数据，并非是例 7-23 中的无效数据。

a[cnt++]或 a[++cnt]的存储方法都需要掌握，并没有优劣之分，只是每个人的使用习惯不同，如同循环章节中 i 的两种循环的方式：0<=i<n 与 1<=i<=n，都能实现循环 n 次的操作。

例 **7-25**：进制转换

十进制转换其他进制，基本思想是将一个十进制数除以对应的进制数，将余数记录在一侧，将商继续除以进制数，直到商为 0。最后将所有的余数从后往前排列，即为对应的进制数。例如，将十进制的 135 转换成二进制数，如表 7-2 所示。

表 7-2　十进制转换二进制

被 除 数	除 数	商	余 数
135	2	67	1
67		33	1
33		16	1
16		8	0
8		4	0
4		2	0
2		1	0
1		0	1

从最后一个余数开始，将记录的数据从后往前输出，即得到转换后的二进制数 10000111。

现给定一个正整数 N($N \leqslant 10^9$)，将该整数转换成 R 进制($2 \leqslant R \leqslant 9$)，并将转换后的 R 进制数输出。

【输入样例】

10 4

【输出样例】

22

【示例代码】

```
#include <bits/stdc++.h>
using namespace std;
int x, r, cnt;
int a[40];                                    // 数组,足够大
int main() {
    cin >> x >> r;                            // 输入十进制整数 X 与转换的进制 R
    while (x) {                               // 直到 0 为止
        a[++cnt] = x % r;                     // 存储余数
        x /= r;                               // 求商
    }
    for (int i = cnt; i >= 1; i--) {          // 由高位到低位输出
        cout << a[i];
    }
    return 0;
}
```

int 类型整数的最大值是 $2^{31}-1$，如果用二进制存储该最大值，有 31 位，而二进制已经是位数较多的进制数，所以建立数组的时候，超过 31 位即可满足所有的进制存储要求。

十进制转换其他进制，可以通过循环求商与余数，将余数存储在数组中，直到商为 0 为止，并最终反向输出所有余数，即为对应的进制数。如果是超过十以上的进制，后期学习使用字符串存储会更为方便。

理解进制转换是编程学习中必不可少的知识，因为在计算机领域，二进制与十六进制都是被广泛使用的，掌握进制转换的内容，对于数据存储、信息传输、内存地址等相关知识会有更深入的理解。

第8课 日期换算

【导学牌】

理解数组存储月份的优势

掌握日期换算的基本方法

【知识板报】

运用数组存储每个月份对应的天数,可以较为便利地访问与处理与日期有关的数据,对于闰年或平年只需单独处理二月份的特殊情况即可。通过循环的方式进行遍历与访问,无需复杂的存储与查找,同时避免了大量数据的重排与分配。

例 7-26:一年中的第几天

给定一个日期,请计算该日期是对应年份的第几天。

【输入样例】

2021-5-10

【输出样例】

130

【示例代码】

```
#include <bits/stdc++.h>
using namespace std;
int y, m, d, sum;
int a[13] = {0, 31, 28, 31, 30, 31, 30, 31, 31, 30, 31, 30, 31}; // 初始化
int main() {
    scanf("%d-%d-%d", &y, &m, &d);
    if (y % 4 == 0 && y % 100 != 0 || y % 400 == 0) {         // 判断闰年
        a[2] = 29;                                             // 闰年的二月为 29 天
    }
    for (int i = 1; i < m; i++) {                              // m 月之前的所有天数累加
        sum += a[i];
    }
    sum += d;                                                  // 累加当月的天数
    cout << sum;
    return 0;
}
```

在定义与初始化数组的过程中,虽然一年有12个月,但数组建议开到13以上,让月份和天数对应,0月也需初始化,数组的下标表示月份,从1号位置开始,分别存储1月、2月、…、12月的天数。

通过C风格输入了某年的具体日期,根据闰年的条件进行判断,如果是闰年需要单独修改2月份的天数。通过循环的方式累加天数,能够较为高效地统计。

例 7-27:游园活动

芯芯的学校近期将举办一场游园活动,为了让大家提前布置教室,学校告知了游园活动前一天的日期,请编写程序并输出游园活动正式开始的日期。

【输入样例】

2023/2/28

【输出样例】

```
2023/3/1
```

【示例代码】

```
#include<bits/stdc++.h>
using namespace std;
int a[13] = {0, 31, 28, 31, 30, 31, 30, 31, 31, 30, 31, 30, 31}; // 月份初始化
int main() {
    int y, m, d;
    scanf("%d/%d/%d", &y, &m, &d);
    if (y % 400 == 0 || y % 4 == 0 && y % 100 != 0) {
        a[2]++;                                          // 闰二月增加一天
    }
    if (a[m] == d) {                                     // 月末的情况
        if (m == 12) {                                   // 年末的特判
            printf("%d/%d/%d", y + 1, 1, 1);
        }
        else {                                           // 其余月份
            printf("%d/%d/%d", y, m + 1, 1);
        }
    }
    else {                                               // 非月末
        printf("%d/%d/%d", y, m, d + 1);
    }
    return 0;
}
```

给定了游园活动前一天的日期，看似是特别简单的事情，但结果并非是日期直接加 1 天而来，而是需要考虑较为全面，例如需要考虑月末、年末、闰年等特殊情况。

程序设计的重点是在于逻辑上的清晰表达，年末是一种特殊的月末，可以嵌套在月末中特判，非月末的情况可以直接加 1 天即可，由于输入输出的格式要求较高，使用 C 风格会更为方便。

例 7-28：计算两个日期之间的天数

给定两个日期，求这两个日期之间需要经过多少天。

【输入样例】

```
2023 1 1
2025 1 1
```

【输出样例】

```
731
```

【示例代码】

```
#include<bits/stdc++.h>
using namespace std;
int main() {
    int y1, y2, m1, m2, d1, d2, sum1 = 0, sum2 = 0;
    int a[13] = {0, 31, 28, 31, 30, 31, 30, 31, 31, 30, 31, 30, 31};
    cin >> y1 >> m1 >> d1 >> y2 >> m2 >> d2;
    if (y1 % 4 == 0 && y1 % 100 != 0 || y1 % 400 == 0) a[2] = 29; // 闰年
    for (int i = 1; i < m1; i++) sum1 += a[i];
    sum1 += d1;                        // 以起始年份的 1 月 1 日开始计算，到起始日期的天数
    for (int i = y1; i < y2; i++) {    // 到终止日之前累加完整的年份天数
        if (i % 4 == 0 && i % 100 != 0 || i % 400 == 0) sum2 += 366;
```

```
        else sum2 += 365;
    }
    if (y2 % 4 == 0 && y2 % 100 != 0 || y2 % 400 == 0) a[2] = 29;
    else a[2] = 28;
    for (int i = 1; i < m2; i++) {          // 累加终止年份的 1 月 1 日到终止日期的天数
        sum2 += a[i];
    }
    sum2 += d2;
    cout << sum2 - sum1;                    // 计算差值即为两个日期的天数差值
    return 0;
}
```

计算两个日期的差值,是一个相对的概念,如同计算一天中的两个时间的差值,实际上是计算两个时间点相对于 0 点的时间,再进行相减。同样的方法,也适用于计算日期差,可以将日期的 0 点假设成起始年份的 1 月 1 日,两个日期分别计算从起始年份的 1 月 1 日开始,需要经历多少天方可到达,最终计算出两个日期的天数差值。

第9课 简单排序

【导学牌】

认识常见的简单排序

掌握常用的排序方法

【知识板报】

排序通常是指将杂乱无章的元素，依照升序（从小到大）的方式进行排列，当然也可以依照降序（从大到小）或特定规则自定义排序。经过排序后的元素数据，更利于后续的访问与查找，提高数据的可读性与可操作性，对于后续与数据处理的相关任务提供了重要的支持和帮助，也更利于设计和实现更高效的算法。

每种排序方法都具有其自身的特性，在不同情况下的表现力会有差异，没有一种排序方法适用于所有情况，因此了解不同的排序方法可以帮助我们根据具体问题的特点选择最合适的排序策略，以达到更高效的排序效果，选择合适的排序算法取决于数组的规模、初始顺序以及对性能的要求等。

选择排序、冒泡排序、插入排序、快速排序等都是较为常见与实用的排序算法，在实际应用中，选择合适的排序算法可以显著影响算法的性能和效率。

例 7-29：选择排序

给定 N（1≤N≤1000）个整数，请根据选择排序的算法思想进行排序并输出。

【输入样例】

```
10
738 5 8437 783 980 1 6 54 67 1230
```

【输出样例】

```
1 5 6 54 67 738 783 980 1230 8437
```

【示例代码】

```
#include <bits/stdc++.h>
using namespace std;
int n, a[1005];
int main() {
    cin >> n;
    for (int i = 1; i <= n; i++) cin >> a[i];
    for (int i = 1; i < n; i++) {                    // 也可以写成 i <= n
        for (int j = i + 1; j <= n; j++) {           // 遍历 i 以后的元素
            if (a[j] < a[i]) swap(a[i], a[j]);       // 寻找比 a[i]更小的元素
        }
    }
    for (int i = 1; i <= n; i++) {
        cout << a[i] << ' ';
    }
    return 0;
}
```

选择排序是一种简单的排序算法，易于理解和实现。有助于初学者理解排序的基本原理。选择排序的核心思想是打擂台，通过打擂台的方式，每一轮选择剩余元素中的最小值放在对应的位置。

示例代码中外层循环遍历的是 1～n－1 之间的每个下标位置,内层循环遍历的是外层循环变量 i 下标之后的所有元素,每一轮循环能够确保剩余元素中的最小值放在 a[i]。

外层循环中的条件严格意义上是 i<n,因为当倒数第二个元素已经排序完成后,最后一个元素自然就是最大值,最后一个元素的后面也没有元素与之打擂台。当然写成 i<=n 也可以,因为当 i 等于 n 时,内层循环也会由于判断条件不符合自动结束。

例 7-30:冒泡排序

给定 N(1≤N≤1000)个整数,请根据冒泡排序的算法思想进行排序并输出。

【输入样例】

```
10
123 4 678 34 68 35 546 3453 3 35
```

【输出样例】

```
3 4 34 35 35 68 123 546 678 3453
```

【示例代码】

```
#include <bits/stdc++.h>
using namespace std;
int n, a[1005];
int main() {
    cin >> n;
    for (int i = 1; i <= n; i++) cin >> a[i];
    for (int i = 1; i < n; i++) {                           // 外层循环控制轮数,需要 n-1 轮排序
        for (int j = 1; j <= n - i; j++) {                  // 内层循环:相邻元素的对比和互换
            if (a[j] > a[j + 1]) swap(a[j], a[j + 1]);      // 大的尽量往后挪
        }
    }
    for (int i = 1; i <= n; i++) {
        cout << a[i] << ' ';
    }
    return 0;
}
```

之所以称之为冒泡排序,是由于每一轮操作中,把最大的元素比喻成气泡的样子,会"咕噜咕噜"移动到对应后侧的位置。其基本思想是通过相邻元素的比较和交换来逐步将最大的元素"冒泡"到正确的位置。

冒泡排序的循环一共有 n－1 轮,通过外层循环控制实现,在每一轮排序中,都从第一个元素开始对比相邻的两个元素,如果它们的顺序不正确则交换它们的位置,这样经过一轮排序后,最大的元素就会"冒泡"到最后的位置。因为上一轮已经将一个最大值"冒泡"到了最后,所以本轮的冒泡范围需要减少一个,从而节省时间。

其实,冒泡排序算法的时间效率和选择排序并没有区别,只是不同的排序思想。当数据符合基本有序的情况下,可以使用改良版的冒泡排序,可以极大地提升时间效率。

冒泡排序的改良版:

```
#include <bits/stdc++.h>
using namespace std;
int n, a[1005];
bool flag;                                  // 标记每一轮是否有元素交换
int main() {
    cin >> n;
    for (int i = 1; i <= n; i++) cin >> a[i];
```

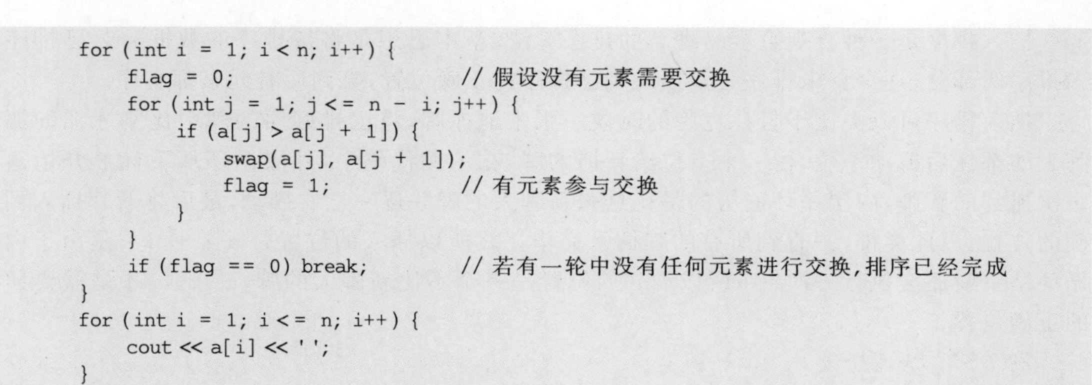

```
    for (int i = 1; i < n; i++) {
        flag = 0;                           // 假设没有元素需要交换
        for (int j = 1; j <= n - i; j++) {
            if (a[j] > a[j + 1]) {
                swap(a[j], a[j + 1]);
                flag = 1;                   // 有元素参与交换
            }
        }
        if (flag == 0) break;               // 若有一轮中没有任何元素进行交换,排序已经完成
    }
    for (int i = 1; i <= n; i++) {
        cout << a[i] << ' ';
    }
    return 0;
}
```

改良版与经典版的冒泡排序思想相同,但引入了标记变量 flag,以优化排序过程。在每一轮排序开始时,假设本轮没有元素需要排序,在每一轮排序中,如果有元素需要交换,则将 flag 标记为 1,表示有元素参与了交换。在每轮排序后检查变量 flag,如果 flag 依然是 0,则表示这一轮确实没有任何元素参与了交换,也就意味着数组内的元素已经排好序了,可以提前终止排序操作,不再需要执行后续轮次的冒泡排序,从而省去了后续不必要轮次的比较和交换操作,优化了排序的时间效率。

例 7-31：插入排序

给定 N(1≤N≤1000)个整数,请根据插入排序的算法思想进行排序并输出。

【输入样例】

```
10
134 46 77 9 23356 2 56 3 521 46
```

【输出样例】

```
2 3 9 46 46 56 77 134 521 23356
```

【示例代码】

```
#include <bits/stdc++.h>
using namespace std;
int n, tmp, a[1005];
int main() {
    cin >> n;
    for (int i = 1; i <= n; i++) cin >> a[i];
    for (int i = 2; i <= n; i++) {                  // 从第二张牌开始插入
        tmp = a[i];                                 // 临时存储待插牌
        int j;                                      // 离开内层循环后的 j 还需要使用
        for (j = i - 1; j >= 1; j--) {              // 从右往左插入
            if (a[j] > tmp) a[j + 1] = a[j];        // 若遇到较大的牌则往右挪
            else break;                             // 不能再往前挪动
        }
        a[j + 1] = tmp;                             // 插入牌
    }
    for (int i = 1; i <= n; i++) {
        cout << a[i] << ' ';
    }
    return 0;
}
```

插入排序是一种直观且容易理解的排序算法,基本思想是将待排序的数据分为已排序和未排序两部分,逐个将未排序元素插入到已排序的正确位置,直到所有元素都有序。

插入排序可以类比于打扑克牌的时候一张张地抓牌,将已排好序的牌中比刚才抓的那张牌大的都往后挪动一位,留一个空位给新抓的牌,在示例代码中,外层循环从下标 2 开始遍历每次抓到的新牌,内层循环遍历的是比这张新牌大的牌并逐一往右挪动,最后将新牌插入到正确的位置,以此类推,一直到所有的牌插入完毕。之所以插入的位置是 a[j + 1],是由于内层循环结束前还会执行一次 j--,所以 a[j]的位置是一个不比新牌大的牌,a[j+1]才是需要插入的正确位置。

例 7-32:快速排序

给定 N(1≤N≤100000)个整数,请根据快速排序的算法思想进行排序并输出。

【输入样例】

```
15
431 -58 690 872 -5 77 515 216 357 678 382 628 821 134 972
```

【输出样例】

```
-58 -5 77 134 216 357 382 431 515 628 678 690 821 872 972
```

【示例代码】

```
#include <bits/stdc++.h>
using namespace std;
int n, a[100005];
int main() {
    cin >> n;
    for (int i = 1; i <= n; i++) {
        cin >> a[i];
    }
    sort(a + 1, a + n + 1);              // 快速排序
    for (int i = 1; i <= n; i++) {
        cout << a[i] << ' ';
    }
    return 0;
}
```

相对于前三种排序算法,快速排序的使用率更高,是一种高效的排序算法,在很多情况下具有明显的优势。快速排序可以使用 sort()函数实现,语法格式如下:

```
sort(begin, end);
```

begin 为排序的起始地址,end 为排序的终点地址,默认是以升序(从小到大)排序。

当建立数组 a[100005]时,系统会给每个元素都分配一个固定的地址,每个元素的地址可以通过取地址符 & 查看,如 cout << &a[0],可以输出 a[0]元素所在的内存地址,内存地址一般使用十六进制表示,如 0x7ba680 就是一个内存地址的表示形式,当然这个地址只是一个模拟的例子,内存地址通常是由操作系统和内存管理器来动态分配的。

对于数组而言,a[0]所在的地址,也是整个数组的起始地址,有三种表现形式:&a[0]、&a、a。意味着 cout << &a[0]、cout << &a、cout << a,三者的结果是完全一致的。所以在 sort(a+1,a+n+1)中,a+1 代表的是地址 &a[1],因为地址 &a[1]与 &a[0]相差一个存储单位,通常在排序中会使用 a 加一个数表示某个元素的地址,终点的地址同样也是通过 a 加一个整数的形式进行表示,这种编写方式相对会更加简洁。

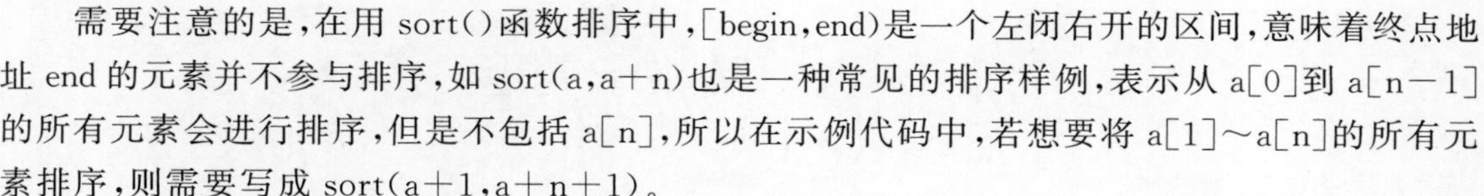

需要注意的是，在用 sort()函数排序中，[begin,end)是一个左闭右开的区间，意味着终点地址 end 的元素并不参与排序，如 sort(a,a+n)也是一种常见的排序样例，表示从 a[0]到 a[n-1]的所有元素会进行排序，但是不包括 a[n]，所以在示例代码中，若想要将 a[1]～a[n]的所有元素排序，则需要写成 sort(a+1,a+n+1)。

在使用 sort()函数排序时，a 具体需要加什么数字，可以记住口诀："从第一个需要排序的位置到第一个不需要排序的位置"，这样可以让很多初学者避免混淆，如 sort(a,a+n)，即从 0 号到 n-1 号位置之间进行排序，n 号位置是第一个不需要排序的地方，如 a(a+1,a+n+1)，即从 1 号位置到 n 号位置之间进行排序，n+1 号是第一个不需要排序的位置。

sort()函数可用于大量无序分布的数据的排序，是公认较为快速的排序方法，所以才能称之为"快排"，除了按照默认升序的形式进行排序，在后续函数章节的学习中，我们还会介绍按照特定要求的自定义排序。

第10课 跳格子问题

【导学牌】

理解跳格子相关的问题

掌握有关跳格子的策略

【知识板报】

在一维数组中,有许多常见的“跳格子”类问题,这类问题通常涉及在数组上移动、跳跃或按照一定规则进行元素的选择。

这类问题的应用广泛,例如在计算机游戏中模拟角色的移动,路径规划、图像处理,以及优化问题等都有可能涉及“跳格子”类问题的解决。

例7-33:青蛙过河

给定一个长度为N(1≤N≤10000)的整数数组,每个元素表示河流中的石墩到岸边的距离,青蛙从岸边开始,每次可以跳跃到相邻的石墩,已知青蛙的最长跳跃距离为K(距离小于或等于K视为可以到达),请问青蛙最多可以跳到第几个石墩。

输入第一行为K,第二行为N。

输入第三行为N个整数,表示每个石墩到岸边的距离。

【输入样例】

```
5
6
4 8 13 20 25 26
```

【输出样例】

```
3
```

【示例代码】

```
#include <bits/stdc++.h>
using namespace std;
int n, k, a[10005];
int main() {
    cin >> k >> n;
    for (int i = 1; i <= n; i++) {
        cin >> a[i];                          // 岸边的距离
        if (a[i] - a[i - 1] > k) {            // 判断距离是否过宽
            cout << i - 1;                    // 如果距离超过 k 则跳跃结束
            return 0;
        }
    }
    cout << n;                                // 能跳到最后一块石墩
    return 0;
}
```

依据题意模拟青蛙跳石礅的过程即可,a[0]默认是岸边的坐标,在初始化时已经自动为0。每输入一个石墩a[i],可以立即判断能否从上一个石墩跳过来,如果无法到达,则输出上一个石墩的编号,如果中途未输出,则一定能够跳到最后一块石墩,可在循环外输出n。

例7-34:最远的距离

给定N(1≤N≤10000)个非负整数,每个元素表示当前位置可以往右跳跃的最大步数,现

从数组的 1 号位置开始起跳，每次跳跃的步数在 0 到 a[i]之间，如果能跳到终点 N 的位置，输出 N，否则输出最远能跳到的距离。

【输入样例 1】

```
5
2 1 1 0 0
```

【输出样例 1】

```
4
```

【输入样例 2】

```
5
1 3 2 4 3
```

【输出样例 2】

```
5
```

【示例代码】

```
#include <bits/stdc++.h>
using namespace std;
int n, a[10005], maxn;
int main() {
    cin >> n;
    for (int i = 1; i <= n; i++) cin >> a[i];
    maxn = 1;                                  // 至少可以在 1 的位置
    for (int i = 1; i <= n; i++) {
        if (i > maxn) {                        // 当前位置无法跳到
            cout << maxn;
            return 0;
        }
        maxn = max(maxn, i + a[i]);            // 打擂台求最远的距离
    }
    cout << min(maxn, n);                      // 最远也不能超过 n
    return 0;
}
```

在数组中，并非所有的元素都是正数，如果都是正数则一定会跳到终点。

求能够到达的最远距离，主要的思路是在目前能够到达的跳跃范围内，枚举和寻找有可能跳到的更大位置，一旦当前枚举的范围已经超过了之前能够跳到的最大值，代表该位置是无法到达的，输出 maxn 或 i－1 即为最远的距离。

例 7-35：跳跃游戏

给定一个含有 N(1≤N≤10000)个元素的整数数组，每个元素表示当前位置指定跳跃的步数，例如元素为 3 表示该位置指定往右跳 3 步，－2 表示从这个位置指定往左跳 2 步，现给定起点与终点两个位置，请问能否从起点跳到终点，如果可以请输出跳跃的次数，如果无法跳到终点，输出“－1”。

【输入样例】

```
5 1 4
1 3 1 1 -2
```

【输出样例】

```
4
```

【示例代码】

```
#include <bits/stdc++.h>
using namespace std;
int n, st, ed, pos, cnt;
int a[10005];                                         // 存储跳跃规则
bool vis[10005];                                      // 标记是否访问
int main() {
    cin >> n >> st >> ed;                             // 输入起点 start 与终点 end
    for (int i = 1; i <= n; i++) cin >> a[i];
    pos = st;                                         // pos 从起点开始跳跃
    vis[pos] = 1;                                     // 标记起点已访问
    while (1) {
        if (pos == ed) {                              // 判断是否到达了终点
            cout << cnt;
            return 0;
        }
        pos += a[pos];                                // 根据规则进行跳跃
        if (1 <= pos && pos <= n && !vis[pos]) {      // pos 未出界,且是没有走过的路
            cnt++;                                    // 累加跳跃次数
            vis[pos] = 1;                             // 标记新的位置已访问
        }
        else {                                        // 出界,或已经访问过的地方
            cout << -1;
            return 0;                                 // 若无法到达终点立即结束
        }
    }
    return 0;
}
```

这是一个有趣的跳跃游戏,在每个位置上有唯一的跳跃规则,可以朝左或朝右跳指定的步数。在跳跃的过程中需要不断判断是否到达了目标终点,一般将程序中是否满足目标情况的判断语句放在循环内的第一句。在跳跃的过程中,并非一定能够达到终点,若下一步是走过的路,则会形成一个死循环的路线且永远找不到终点,若下一步不在 1～n 之间的位置,表示跳跃失败(出界),到达不了终点。

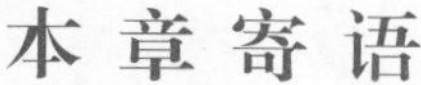

本章寄语

在本章中，我们学习了一维数组的相关概念和应用。课程内容涵盖了数据的读入、查找以及一些常见的元素操作，这些基本技能非常重要，需要深刻理解和积极实践。

几乎所有算法问题都需要使用数组，因为数组能够高效地存储大量线性数据，而在数学等领域，通常无法实现大规模的数据存储与处理。

数组不仅可以用于数据的存储，还可以进行各项统计工作。例如，我们可以使用数组进行计数操作，而被计数的范围不仅限于数字，也可以包括字符等数据类型。通过一维数组，我们能够采取不同的排序策略，使数据按特定顺序排列。此外，我们还可以利用数组来解决一系列问题，如跳格子等常见问题。

一维数组还有许多其他功能，如何使用它取决于编写者的思路，相信通过本章的学习，我们对一维数组有了深刻的理解，可为解决各种编程问题提供更多的思路和技能。

第 8 章　多维数组

通过一维数组的学习，我们已经掌握了强大的数据存储方法，但这还不够，我们需要继续学习多维数组的有关知识，从而理解与掌握更多维度数据的存储结构，多维数组将帮助我们在编程中应对更多元的挑战。

如果说一维数组存储的是一条线，那么二维数组存储的即是一个面，三维数组存储的则是一个三维空间，当然还可以建立三维以上的存储空间，用于解决更加复杂的问题。

对于存储 N 行 M 列的数据，一维数组是不太方便的，需要建立多个一维数组，并且较为零碎。我们可以根据需要建立二维数组，则能够非常方便地存储与调用某行某列的数据。除了存储平面的数据，多维数组还能够存储图像、地图、矩阵关系、网格等信息数据，具有更强的普适性与应用性。

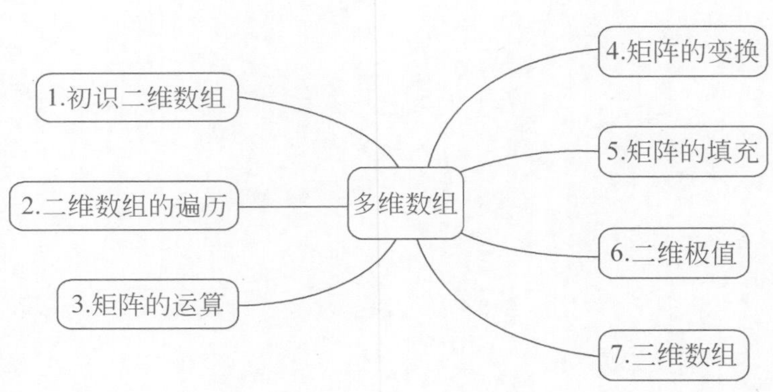

第1课　初识二维数组

【导学牌】

理解二维数组的定义与初始化

掌握二维数组的输入输出

【知识板报】

二维数组是编程中最常见的多维数组形式，它在处理平面结构的数据时非常有用。经常被用来存储、操作和处理表示平面分布的数据。这种平面可以是图像、矩阵、表格、数字地图等。

二维数组提供了一种结构化的方式来表示具有行和列属性的数据，数据排列在行和列的交叉位置。在矩阵运算、图像处理、表格分析等领域，二维数组的应用广泛而显著。

例如，图像可以通过将每个像素的颜色值存储在二维数组的不同位置来表示，从而实现图像的存储和处理。类似地，矩阵中的元素可以在二维数组中占据不同的位置，便于进行矩阵运算。对于表格数据，每一行可以视为一条记录，每一列则是记录中的一个属性，从而可以在二维数组中进行方便的数据操作。

总而言之，二维数组在编程中扮演着至关重要的角色，为处理平面数据提供了强大的工具。无论是从图像处理到科学计算，还是从表格应用到数据分析，都可以看到二维数组在广泛的应用中发挥作用。

例 8-1：指定位置翻倍

给定一个 N 行 M 列的二维数据（1≤N，M≤100），在其中指定一个位置进行数据的翻倍，请输出处理后的二维数据。

【输入样例】

```
5 6
1 1 1 1 1 1
1 1 1 1 1 1
2 2 2 2 2 2
3 3 3 3 3 3
4 4 4 4 4 4
3 4
```

【输出样例】

```
1 1 1 1 1 1
1 1 1 1 1 1
2 2 2 4 2 2
3 3 3 3 3 3
4 4 4 4 4 4
```

【示例代码】

```
#include <bits/stdc++.h>
using namespace std;
int n, m, x, y;
int a[105][105];                        // 定义与初始化二维数组
int main() {
    cin >> n >> m;                      // n 行 m 列
    for (int i = 1; i <= n; i++) {      // n 行
        for (int j = 1; j <= m; j++) {  // m 列
```

```
            cin >> a[i][j];                         // 读入二维数组
        }
    }
    cin >> x >> y;
    a[x][y] * = 2;                                  // 指定坐标数据的翻倍
    for (int i = 1; i <= n; i++) {
        for (int j = 1; j <= m; j++) {
            cout << a[i][j] << ' ';                 // 输出元素
        }
        cout << endl;                               // 换行
    }
    return 0;
}
```

二维数组的输入是通过双重循环控制,外层循环对应的是行号,内层循环对应的是列号。与一维数组类似,二维数组也是从 0 行与 0 列开始,建议初学者从 1 行 1 列开始存储,暂且舍弃 0 行与 0 列。

二维数组的读入与访问,一般是通过 a[i][j]的形式,i 代表行,j 代表列,a[i][j]则代表第 i 行第 j 列的元素内容。

在输出二维数组时,需要在内层循环结束后的下一行输出换行符,以区分不同行列元素的内容。

在掌握一维数组的相关基础上,理解二维数组时会相对容易很多,以下是二维数组的相关概念。

二维数组的定义

与一维数组类似,二维数组定义的语法格式如下:

```
数组类型 数组名称[元素行数][元素列数]
```

数组名遵从变量的命名规则,在定义二维数组时,第一个中括号内的数字表示行数,第二个中括号内的数字表示列数,如 int a[15][20],表示定义了一个名称为 a 的二维整数数组,共有 15 行和 20 列,其中行的范围是 0 到 14,列的范围是 0 到 19。

例如:int a[4][5],表现形式如下:

	0	1	2	3	4
0	a[0][0]	a[0][1]	a[0][2]	a[0][3]	a[0][4]
1	a[1][0]	a[1][1]	a[1][2]	a[1][3]	a[1][4]
2	a[2][0]	a[2][1]	a[2][2]	a[2][3]	a[2][4]
3	a[3][0]	a[3][1]	a[3][2]	a[3][3]	a[3][4]

二维数组的初始化

二维数组的初始化有以下几种思路:

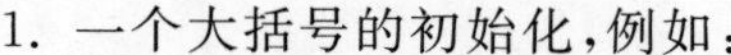

1. 一个大括号的初始化,例如:

int a[4][5] = {1, 2, 3, 4, 5, 6, 7, 8};

	0	1	2	3	4
0	1	2	3	4	5
1	6	7	8	0	0
2	0	0	0	0	0
3	0	0	0	0	0

如果在定义数组的同时,采用一个大括号进行初始化,元素会从 0 行 0 列开始,按照逐行赋值的形式,当某一行赋值结束时,会自动切换到下一行进行赋值,其余元素会自动初始化为 0。

2. 多个大括号的初始化,例如:

int a[4][5] = {{1}, {2, 3}, {4, 5, 6}, {7}};

	0	1	2	3	4
0	1	0	0	0	0
1	2	3	0	0	0
2	4	5	6	0	0
3	7	0	0	0	0

采用了在一个大括号内嵌套多个大括号的方法,在内层的大括号中逐行地进行前几个元素的初始化,类似于一维数组,不过这里是多个一维数组,剩余的元素会自动初始化为 0。

3. 逐个元素的初始化

与一维数组类似,二维数组也可以逐个元素或者部分元素进行初始化,如果是部分元素的初始化,建议将二维数组建立在全局中,以便自动初始化为 0,避免因部分元素未进行初始化而产生后续问题。

4. 函数赋值

① memset()函数

memset()函数能够实现二维数组的整体赋值,示例如下:

```
memset(a, 0, sizeof(a));    // 初始化为 0
memset(a, -1, sizeof(a));  // 初始化为 -1
```

通过上述两种操作,能让每一个元素都赋值为 0 或 −1。

② fill()函数

fill()函数能进行整体赋值,示例如下:

```
fill(a[0], a[0] + N × M, 2);
```

上述示例中,通过 fill()函数,实现了 N 行 M 列的二维数组 a,都赋值为 2。

例 8-2:边框元素翻倍

给定一个 N 行 M 列的二维数据(1≤N,M≤100),将其上、下、左、右四个边框的数据进行翻倍,请输出处理后的二维数据。

【输入样例】

```
4 5
1 1 1 1 1
1 1 1 1 1
1 1 1 1 1
1 1 1 1 1
```

【输出样例】

```
2 2 2 2 2
2 1 1 1 2
2 1 1 1 2
2 2 2 2 2
```

【示例代码】

```
#include <bits/stdc++.h>
using namespace std;
int n, m;
int a[110][110];
int main() {
    cin >> n >> m;
    for (int i = 1; i <= n; i++) {
        for (int j = 1; j <= m; j++) {
            cin >> a[i][j];                                  // n 行 m 列元素的输入
        }
    }
    for (int i = 1; i <= n; i++) {
        for (int j = 1; j <= m; j++) {
            if (i == 1 || i == n || j == 1 || j == m) a[i][j] * = 2; // 边框的数据翻倍
            cout << a[i][j] << ' ';
        }
        cout << endl;                                        // 换行
    }
    return 0;
}
```

根据数据范围,定义了足够大的二维数组,放在全局变量中会自动初始化为 0。在示例代码中通过双重循环实现了二维数组的读入,二维数组共有四个边框,分别是第一行、最后一行、第一列和最后一列,可以通过 i 与 j 判断当前的元素是否在边框上,如果在边框上将数据进行翻倍即可。

例 8-3:矩形区域翻倍

给定一个 N 行 M 列的二维数据(1≤N, M≤100),现给定两个点的坐标,请将以这两个点为对角线的矩形区域中的数据进行翻倍,两个点的坐标分别为(x1, y1)与(x2, y2),其中第

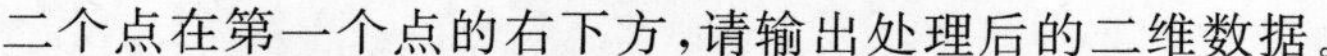

二个点在第一个点的右下方，请输出处理后的二维数据。

【输入样例】

```
4 5
1 1 1 1 1
1 1 1 1 1
1 1 1 1 1
1 1 1 1 1
2 2 3 4
```

【输出样例】

```
1 1 1 1 1
1 2 2 2 1
1 2 2 2 1
1 1 1 1 1
```

【示例代码】

```
#include <bits/stdc++.h>
using namespace std;
int n, m;
int a[110][110];
int main() {
    int x1, y1, x2, y2;                                    // y1 不能在全局中定义
    cin >> n >> m;
    for (int i = 1; i <= n; i++) {
        for (int j = 1; j <= m; j++) {
            cin >> a[i][j];                                // 读入
        }
    }
    cin >> x1 >> y1 >> x2 >> y2;
    for (int i = x1; i <= x2; i++) {                       // x1～x2 行
        for (int j = y1; j <= y2; j++) {                   // y1～y2 列
            a[i][j] *= 2;                                  // 矩形区域内数据翻倍
        }
    }
    for (int i = 1; i <= n; i++) {
        for (int j = 1; j <= m; j++) {
            cout << a[i][j] << ' ';
        }
        cout << endl;                                      // 换行
    }
    return 0;
}
```

在读入所有元素后，根据题意的要求，需要将一个矩形区域中的数据进行翻倍。矩形区域的行数范围在 x1～x2 之间，列数范围在 y1～y2 之间，可以通过双重循环，遍历区间范围内的所有元素并进行翻倍操作，最后输出完整的矩形区域即可。

第2课 二维数组的遍历

【导学牌】

了解二维数组的多种遍历方式

掌握常见的遍历方法

【知识板报】

一维数组的遍历形式主要是从左往右或者从右往左,二维数组的遍历方法主要分为两大类,一个是横向逐行遍历,一个是纵向逐列遍历,当然遍历可以调整方向,横向可以是从左往右或者从右往左,纵向可以是自上而下或者自下而上。遍历的起点也可以调整,从左上角开始的遍历情况较多,但也可以是从二维数组中的其他位置,例如可以从右下角到左上角的逐行或逐列遍历。

例 8-4:修改行的元素

给定一个 N 行 M 列的二维数据(1≤N, M≤100),请将其中指定的 K 行数据清空为 0,并输出修改后的二维数据。

【输入样例】

```
4 5
1 2 3 4 5
2 3 9 7 5
0 9 7 8 7
7 6 2 1 1
2
2 4
```

【输出样例】

```
1 2 3 4 5
0 0 0 0 0
0 9 7 8 7
0 0 0 0 0
```

【示例代码】

```
#include <bits/stdc++.h>
using namespace std;
int n, m, k, tmp;
int a[105][105];
int main() {
    cin >> n >> m;
    for (int i = 1; i <= n; i++) {
        for (int j = 1; j <= m; j++) {
            cin >> a[i][j];                     // 读入数据
        }
    }
    cin >> k;
    while (k--) {                               // k 行值修改
        cin >> tmp;                             // 读入某行
        for (int j = 1; j <= m; j++) {
            a[tmp][j] = 0;                      // 清空 tmp 行的所有数据
        }
    }
    for (int i = 1; i <= n; i++) {
        for (int j = 1; j <= m; j++) {
```

```
            cout << a[i][j] << ' ';
        }
        cout << endl;
    }
    return 0;
}
```

读入数据时使用的双重循环，即是最常见的遍历方法。在对 k 行数据进行清空时，由于行号已经读入到 tmp，意味着二维数组 a[tmp][j]中的 tmp 已经知晓，只需要枚举列号 j 即可，虽然这里的变量也可以写成 i，但建议初学者将 i 与行对应，将 j 与列对应，以免产生混淆。

例 8-5：列元素翻倍

给定一个 N 行 M 列的二维数据(1≤N, M≤100)，请将其中连续的列的数据进行翻倍，并输出修改后的二维数据。

【输入样例】

```
4 5
1 1 1 1 1
2 2 2 2 2
3 3 3 3 3
4 4 4 4 4
2 4
```

【输出样例】

```
1 2 2 2 1
2 4 4 4 2
3 6 6 6 3
4 8 8 8 4
```

【示例代码】

```
#include <bits/stdc++.h>
using namespace std;
int n, m, k, l, r;
int a[105][105];
int main() {
    cin >> n >> m;
    for (int i = 1; i <= n; i++) {
        for (int j = 1; j <= m; j++) {
            cin >> a[i][j];
        }
    }
    cin >> l >> r;                          // 列的区间
    for (int j = l; j <= r; j++) {          // 外层循环枚举列
        for (int i = 1; i <= n; i++) {      // 内层循环枚举行
            a[i][j] *= 2;                   // 翻倍
        }
    }
    for (int i = 1; i <= n; i++) {
        for (int j = 1; j <= m; j++) {
            cout << a[i][j] << ' ';
        }
        cout << endl;
    }
    return 0;
}
```

与上一题不同,此题需要对连续的列的数据进行翻倍。可以通过双重循环实现"逐列"的遍历操作,通常习惯性地将外层循环用于行的遍历,内层循环用于列的遍历,这是由于数据的读入顺序确实如此,但是当数据已经读入到二维数组中,在对数据进行处理时,访问的策略和方法是较为灵活的,可以将内外层循环的功能调换,为了习惯上的统一,建议在外层使用变量 j,内层使用变量 i,循环内部的数组 a 仍然使用 a[i][j]的样式。这种样式会比较习惯,通过循环的内外调换,留意枚举的范围,就可实现"逐列"的遍历操作。

当然,如果在遍历翻倍的区域时,外层循环使用 i,内层循环使用 j,也是能够实现数据翻倍的要求的,因为遍历的范围是一个矩形区域,逐行遍历与逐列遍历的矩形区域是一致的。

第3课　矩阵的运算

【导学牌】

了解矩阵的常见运算形式

掌握矩阵各类运算的方法

【知识板报】

二维矩阵的计算主要包括加法、减法与乘法，在进行加法与减法运算时，要求两个矩阵的行数与列数必须一致，这是前提条件，矩阵的乘法要求第一个数组的列数与第二个数组的行数一致，否则无法参与乘法运算。

例 8-6：矩阵加法

给定两个维度相等的二维整数矩阵 A 和 B，请计算它们的矩阵之和 C＝A＋B。矩阵的行数 N 和列数 M 都不超过 100，并且矩阵中的每个元素范围在－1000～1000。

【输入样例】

```
2 3
1 1 1
1 2 1
2 2 2
2 2 2
```

【输出样例】

```
3 3 3
3 4 3
```

【示例代码】

```
#include <bits/stdc++.h>
using namespace std;
int n, m;
int a[105][105], b[105][105], c[105][105];              // 3 个二维数组
int main() {
    cin >> n >> m;
    for (int i = 1; i <= n; i++) {
        for (int j = 1; j <= m; j++) {
            cin >> a[i][j];                               // 读入 a 矩阵
        }
    }
    for (int i = 1; i <= n; i++) {
        for (int j = 1; j <= m; j++) {
            cin >> b[i][j];                               // 读入 b 矩阵
        }
    }
    for (int i = 1; i <= n; i++) {
        for (int j = 1; j <= m; j++) {
            c[i][j] = a[i][j] + b[i][j];                  // 计算矩阵之和
            cout << c[i][j] << ' ';
        }
        cout << endl;                                     // 换行
    }
    return 0;
}
```

矩阵的加法首先需要满足两个矩阵的行列数必须一致，这点在题目中已经有所保证。通过双重循环的方式读入两个矩阵，在读入矩阵后同样是采用双重循环的方式进行矩阵的加法，每个元素相加后即可输出。

例 8-7：对角线运算

给定两个规模相等的正方形整数矩阵 A 和 B，请寻找矩阵的对角线，对角线的每个元素 C＝A－B，非对角线的元素 C＝A＋B，矩阵的行列数 N 不超过 100，并且矩阵中的每个元素范围在－1000～1000。

【输入样例】

```
5
2 2 2 2 2
2 2 2 2 2
2 2 2 2 2
2 2 2 2 2
2 2 2 2 2
1 1 1 1 1
1 1 1 1 1
1 1 1 1 1
1 1 1 1 1
1 1 1 1 1
```

【输出样例】

```
1 3 3 3 1
3 1 3 1 3
3 3 1 3 3
3 1 3 1 3
1 3 3 3 1
```

【示例代码】

```
#include <bits/stdc++.h>
using namespace std;
int n;
int a[105][105], b[105][105], c[105][105];
int main() {
    cin >> n;
    for (int i = 1; i <= n; i++) {
        for (int j = 1; j <= n; j++) {
            cin >> a[i][j];                          // 读入正方形矩阵 a
        }
    }
    for (int i = 1; i <= n; i++) {
        for (int j = 1; j <= n; j++) {
            cin >> b[i][j];                          // 读入正方形矩阵 b
        }
    }
    for (int i = 1; i <= n; i++) {
        for (int j = 1; j <= n; j++) {
            if (i == j || i + j == n + 1) {
                c[i][j] = a[i][j] - b[i][j];     // 对角线
            }
            else {
                c[i][j] = a[i][j] + b[i][j];     // 非对角线
            }
            cout << c[i][j] << ' ';
```

```
        }
        cout << endl;                                   // 换行
    }
    return 0;
}
```

矩阵的减法运算与加法类似，同样是需要两个矩阵的规模一致。此题的重点是在于对角线的判断，在矩阵中，对角线是指连接左上角和右下角，或连接右上角和左下角的线段。两条线需要单独判断，左上角到右下角这条线的特点比较鲜明，对角线上每个点的行数与列数是相等的。右上角到左下角的线段，通过观察发现一个规律，即每增加 1 行，列数会减 1，由此意味着行数加列数的和应该是一个恒定值，经过测算这个恒定值为 n + 1。

例 8-8：矩阵乘法

给定两个整数矩阵，矩阵的行列数分别为 N×M 与 M×K（1≤N，M，K≤100），请将这两个矩阵进行乘法运算，并输出乘法运算后的矩阵。

【输入样例】

```
3 2 3
1 1
1 1
1 1
1 1 1
1 1 1
```

【输出样例】

```
2 2 2
2 2 2
2 2 2
```

【示例代码】

```
#include <bits/stdc++.h>
using namespace std;
int n, m, k;
int a[110][110], b[110][110], c[110][110];             // 定义 3 个二维数组
int main() {
    cin >> n >> m >> k;
    for (int i = 1; i <= n; i++) {
        for (int j = 1; j <= m; j++) {
            cin >> a[i][j];                             // 读入 a
        }
    }
    for (int i = 1; i <= m; i++) {
        for (int j = 1; j <= k; j++) {
            cin >> b[i][j];                             // 读入 b
        }
    }
    for (int i = 1; i <= n; i++) {                      // c 矩阵有 n 行
        for (int j = 1; j <= k; j++) {                  // c 矩阵有 k 列
            for (int k = 1; k <= m; k++) {              // 第三层循环控制 m 次乘法运算
                c[i][j] += a[i][k] * b[k][j];           // 累加乘法的运算值
            }
        }
    }
    for (int i = 1; i <= n; i++) {
```

```
        for (int j = 1; j <= k; j++) {
            cout << c[i][j] << ' ';                             // 输出
        }
        cout << endl;
    }
    return 0;
}
```

矩阵乘法相对于矩阵加法和减法稍显复杂,要求在处理两个矩阵时遵循一些特殊规则,即第一个矩阵的列数必须等于第二个矩阵的行数,这样才能进行矩阵相乘的操作。

对于结果矩阵 C 中的每个元素 c[i][j],它是通过特定规则计算得出的。矩阵相乘的规则可以表示为:c[i][j] = a[i][1] * b[1][j] + a[i][2] * b[2][j] + … + a[i][m] * b[m][j]。这意味着每个元素的值需要通过循环 m 次的计算才能获得。因此,在矩阵相乘过程中,一般需要三重循环,前两重循环用于遍历结果矩阵中的每个元素的位置,而最内层循环用于对 a[i][k] * b[k][j]的数据进行累加,从而得到最终结果,即该位置的矩阵乘法运算值。

第 4 课 矩阵的变换

【导学牌】

了解常见的矩阵变换类型

掌握转置、旋转、翻转等变换的方法

【知识板报】

由二维数组存储的矩阵可以将数据进行一些变换，例如转置、旋转、翻转等操作。这些操作会应用到计算机图形处理、地理信息系统或几何学的相关领域中。

每一种变换方法都符合一个特定的规则，只要找到相应的规律，变换的操作便会迎刃而解。

例 8-9：转置

转置是将原始矩阵的行变成列，列变成行，从而改变矩阵的结构，转置在多个领域中都有实际应用，如将一个表格的行列进行交换，呈现不同的展示形式。

给定一个 N×M 的二维矩阵（1≤N，M≤100），请将这个二维矩阵进行转置操作，并输出转置后的矩阵。

【输入样例】

```
4 3
1 2 3
4 5 6
7 8 9
10 11 12
```

【输出样例】

```
1 4 7 10
2 5 8 11
3 6 9 12
```

【示例代码】

```
#include <bits/stdc++.h>
using namespace std;
int n, m;
int a[110][110], b[110][110];
int main() {
    cin >> n >> m;
    for (int i = 1; i <= n; i++) {
        for (int j = 1; j <= m; j++) {
            cin >> a[i][j];                    // 读入
        }
    }
    for (int i = 1; i <= n; i++) {
        for (int j = 1; j <= m; j++) {
            b[j][i] = a[i][j];                 // 行与列的转置操作
        }
    }
    for (int i = 1; i <= m; i++) {
        for (int j = 1; j <= n; j++) {
            cout << b[i][j] << ' ';            // 输出
        }
        cout << endl;
```

```
    }
    return 0;
}
```

矩阵的转置操作,其主要目标是实现行与列的元素转换,转置的方法除了示例代码中的方法,还有另外一种遍历的方式。

类似于一维数组的移动,元素移动的方法有两种,一种是枚举移动前的数据,考虑将这些数据移动至什么位置,如同示例代码中枚举的即是转置之前的原始数据,另一种是枚举移动后的数据,寻找该位置的数据是从何而来,转置的关键点在于,原先的行与列的数量会交换,所以在枚举移动后的数据时,需要注意行与列的范围,示例如下:

```
for (int i = 1; i <= m; i++) {                    // m 行
    for (int j = 1; j <= n; j++) {                // n 列
        b[i][j] = a[j][i];                        // 行与列的转置操作
    }
}
```

程序中遍历的是数组 b,通过枚举数组 b 的每个位置,去追溯其元素是从 a 数组中的哪个位置而来,转置的策略较为简单,i 与 j 互换即可实现。

例 8-10:向右旋转 90°

给定一个 N×N 的二维矩阵 (1≤N≤100),请将这个二维矩阵向右旋转 90°,并输出旋转后的矩阵。

【输入样例】

```
3
1 1 1
2 2 2
3 3 3
```

【输出样例】

```
3 2 1
3 2 1
3 2 1
```

【示例代码】

```
#include <bits/stdc++.h>
using namespace std;
int n;
int a[110][110], b[110][110];                        // 定义两个数组
int main() {
    cin >> n;
    for (int i = 1; i <= n; i++) {
        for (int j = 1; j <= n; j++) {
            cin >> a[i][j];                          // 读入二维数组 a
        }
    }
    for (int i = 1; i <= n; i++) {
        for (int j = 1; j <= n; j++) {
            b[j][n + 1 - i] = a[i][j];               // 向右旋转 90°
        }
    }
    for (int i = 1; i <= n; i++) {
```

```
        for (int j = 1; j <= n; j++) {
            cout << b[i][j] << ' ';              // 输出二维数组 b
        }
        cout << endl;
    }
    return 0;
}
```

给定的矩阵是正方形，向右旋转 90°，需要观察旋转后的数据与原先数据的规律。根据向右旋转的要求，不难发现，原先的每一列经过旋转后都变成了每一行，例如原先的第一列数据，变成了第一行的数据，原先的每一行数据，变成了 n + 1 − i 列的数据，经过分析发现这样的规律，b[j][n + 1 − i] = a[i][j]，通过双重循环即可实现向右的旋转操作。

还可以通过枚举旋转后的数组 b，实现向右旋转 90°的操作，关键步骤如下：

```
for (int i = 1; i <= n; i++) {
    for (int j = 1; j <= n; j++) {
        b[i][j] = a[n + 1 - j][i];          // 向右旋转 90°
    }
}
```

此方法枚举的是变换后的数组 b，通过规律去寻找每个数据的来源，思路与之前的方法是相通的，本质上没有区别，重点是在于理解两种不同的数组元素赋值或移动的方式。

例 8-11：向左旋转 90°

给定一个 N×M 的二维矩阵（1≤N，M≤100），请将这个二维矩阵向左旋转 90°，并输出旋转后的矩阵。

【输入样例】

```
3 4
1 1 1 1
2 2 2 2
3 3 3 3
```

【输出样例】

```
1 2 3
1 2 3
1 2 3
1 2 3
```

【示例代码】

```
#include <bits/stdc++.h>
using namespace std;
int n, m;
int a[110][110], b[110][110];                 // 定义两个数组
int main() {
    cin >> n >> m;
    for (int i = 1; i <= n; i++) {
        for (int j = 1; j <= m; j++) {
            cin >> a[i][j];                   // 读入二维数组 a
        }
    }
    for (int i = 1; i <= n; i++) {
        for (int j = 1; j <= m; j++) {
            b[m + 1 - j][i] = a[i][j];        // 向左旋转 90°
```

```
        }
    }
    for (int i = 1; i <= m; i++) {                    // m 行
        for (int j = 1; j <= n; j++) {                // n 列
            cout << b[i][j] << ' ';
        }
        cout << endl;
    }
    return 0;
}
```

向左旋转的思路与向右旋转基本一致,此题的难点在于旋转的矩阵并非一定是正方形,原本旋转前的N行M列数据,旋转后会变成M行N列的数据。

示例代码中枚举的数据是旋转之前的数据,也就是起点数据,向左旋转后,原先的每一行会变成每一列,原先的每一列会变成m+1−j行,经过赋值即可实现矩阵的向左旋转90°。

同样可以采用枚举旋转后的数据位置,推算数据的来源,需要注意的是旋转后的数据是M行N列,并非N行M列,关键步骤如下:

```
for (int i = 1; i <= m; i++) {                    // m 行
    for (int j = 1; j <= n; j++) {                // n 列
        b[i][j] = a[j][m + 1 - i];
    }
}
```

两种写法都可以进行尝试,重点关注行与列的值可能有不同的特性,避免转换过程中的数据丢失或覆盖。

例 8-12:水平翻转

给定一个N×M的二维矩阵(1≤N,M≤100),请将这个矩阵进行水平翻转,并输出翻转后的矩阵。

【输入样例】

```
3 4
1 2 3 4
2 3 4 5
3 4 5 6
```

【输出样例】

```
4 3 2 1
5 4 3 2
6 5 4 3
```

【示例代码】

```
#include <bits/stdc++.h>
using namespace std;
int n, m;
int a[110][110];
int main() {
    cin >> n >> m;
    for (int i = 1; i <= n; i++) {
        for (int j = 1; j <= m; j++) {
            cin >> a[i][j];
        }
    }
```

```
    for (int i = 1; i <= n; i++) {
        for (int j = 1; j <= m / 2; j++) {          // 枚举左侧一半的列
            swap(a[i][j], a[i][m + 1 - j]);         // 每行左右对称的元素互换
        }
    }
    for (int i = 1; i <= n; i++) {
        for (int j = 1; j <= m; j++) {
            cout << a[i][j] << ' ';
        }
        cout << endl;
    }
    return 0;
}
```

示例代码中通过双重循环进行交换，遍历的范围仅限左侧一半的元素，将每行左侧的元素通过关系式与右侧对称的元素进行互换，实现了水平翻转。

此题演示了水平翻转，同样的思想也可以用于垂直翻转，遍历的范围可以是上方一半的元素，将上方的元素与下方对称的元素进行互换，示例如下：

```
for (int i = 1; i <= n / 2; i++) {               // 枚举上方一半的行
    for (int j = 1; j <= m; j++) {
        swap(a[i][j], a[n + 1 - i][j]);          // 每列上下对称的元素互换
    }
}
```

当然也可以建立两个数组，将数组 a 翻转后的数据存储在数组 b 中，以水平翻转为例：

```
for (int i = 1; i <= n; i++) {
    for (int j = 1; j <= m; j++) {
        b[i][m + 1 - j] = a[i][j];               // 或 b[i][j] = a[i][m + 1 - j];
    }
}
```

使用两个数组进行垂直翻转的方法与之类似，微调一下程序即可，可自行尝试。

例 8-13：中心对称

给定一个 N×M 的数字图形（1≤N，M≤100），请将这个数字图形旋转 180°，如果和原来的矩阵一致，则表示该矩阵属于中心对称图形。

请判断该数字图形是否为中心对称，如果是输出"Yes"，否则输出"No"。

【输入样例】

```
3 4
1 2 0 1
0 0 0 0
1 0 2 1
```

【输出样例】

```
Yes
```

【示例代码】

```
#include <bits/stdc++.h>
using namespace std;
int n, m;
int a[110][110], b[110][110];
int main() {
```

```
    cin >> n >> m;
    for (int i = 1; i <= n; i++) {
        for (int j = 1; j <= m; j++) {
            cin >> a[i][j];
        }
    }
    for (int i = 1; i <= n; i++) {
        for (int j = 1; j <= m; j++) {
            b[n + 1 - i][m + 1 - j] = a[i][j];
            // 或 b[i][j] = a[n + 1 - i][m + 1 - j]
        }
    }
    for (int i = 1; i <= n; i++) {
        for (int j = 1; j <= m; j++) {
            if (a[i][j] != b[i][j]) {            // 逐一核对元素
                cout << "No";                    // 非中心对称图形
                return 0;
            }
        }
    }
    cout << "Yes";                               // 中心对称图形
    return 0;
}
```

中心对称图形的判断,需要保留原始的图形,可将旋转 180°后的图形存储在另一个数组中。通过逐位元素核对的方法进行分析,如果在某个位置不匹配,则输出"No",若没有元素是不相同的,则输出"Yes"。

中心对称的方法在程序中已经展示,在注释中的程序同样能达到效果,两种方法一个枚举的是原始数据,一个枚举的是旋转 180°后的数据。

第 5 课　矩阵的填充

【导学牌】

了解矩阵填充的几种常见类型

通过 while 循环学会矩阵填充的通用方法

【知识板报】

二维数组的矩阵填充是指将一个二维数组中的元素按照一定规则进行填充的过程。填充可以根据特定的算法、规律或者条件进行，目的通常是为了在二维数组中创建一些模式、图案或者满足特定需求的布局。

在计算机编程中，矩阵填充常常用于解决一些问题，如图像处理、图形绘制、模拟等。例如，可以使用矩阵填充来生成特定的数字方阵，或者在数学计算中构建特定的数字结构等。

例 8-14：炸弹

给定一个 N×M 的二维矩阵（1⩽N，M⩽100），矩阵内的元素均由 0、1、2 这三个数字构成，其中 1 代表炸弹，0 代表货物，2 代表墙壁，在矩阵中存在一个炸弹，炸弹的爆炸范围是以炸弹为中心，往上下左右四个方向进行爆破，遇到货物会把货物炸成 1，如遇到墙壁则该方向的爆炸结束，请输出爆炸后的二维矩阵。

【输入样例】

```
5 6
0 0 2 0 0 0
0 0 0 0 0 0
0 0 1 0 2 0
0 0 0 0 0 0
0 0 0 0 0 0
```

【输出样例】

```
0 0 2 0 0 0
0 0 1 0 0 0
1 1 1 1 2 0
0 0 1 0 0 0
0 0 1 0 0 0
```

【示例代码】

```
#include <bits/stdc++.h>
using namespace std;
int a[110][110];
int n, m, x, y, xx, yy;
int main() {
    cin >> n >> m;
    for (int i = 1; i <= n; i++) {
        for (int j = 1; j <= m; j++) {
            cin >> a[i][j];
            if (a[i][j] == 1) {                    // 寻找炸弹的位置
                xx = i;                            // 炸弹的行坐标
                yy = j;                            // 炸弹的列坐标
```

```
            }
        }
    }
    // x,y 是炸弹坐标的复制品,因 x,y 会在搜索过程中发生改变,但炸弹原始坐标不能忘记
    x = xx; y = yy;
    while (x - 1 >= 1 && a[x - 1][y] == 0) a[--x][y] = 1;    // 朝上搜索
                                      // x,y 回到炸弹原始坐标,换一个方向进行搜索
    x = xx; y = yy;
    while (x + 1 <= n && a[x + 1][y] == 0) a[++x][y] = 1;    // 朝下搜索
    x = xx; y = yy;
    while (y - 1 >= 1 && a[x][y - 1] == 0) a[x][--y] = 1;    // 朝左搜索
    x = xx; y = yy;
    while (y + 1 <= m && a[x][y + 1] == 0) a[x][++y] = 1;    // 朝右搜索
    for (int i = 1; i <= n; i++) {
        for (int j = 1; j <= m; j++) {
            cout << a[i][j] << ' ';
        }
        cout << endl;
    }
    return 0;
}
```

这是一个看似比较长的程序,同学们一看到这种程序,第一反应是这个题目会比较难,其实这是心理的一道门槛,是每个初学者必须要克服的。要知道,并不是所有的程序都很简短,实际在很多竞赛题目中,这个程序已经不算很长了,遇到这类稍微长一点的程序,需要静下心来好好分析,其实关键的步骤并没有想象的那么多。

如果将这个程序的输入与输出去掉,也包括输入中寻找炸弹的环节,会发现,剩下的程序内容已经不多了,而且有四个非常相似的几行代码,这些都是通过 while 循环的方式搜索一个方向或者是一条线,在这个方向上如果数据在二维数组内,且数字是 0 的情况,都会被炸弹炸成 1,只要理解了其中一两行,剩余的就是举一反三。

由于炸弹需要四个方向都搜索一遍,所以原始坐标的位置需要保留,当一个方向搜索完毕后,还需要将搜索的坐标再拉回来,换个方向继续搜索。在使用 while 循环进行搜索时,首先需要判断的是搜索的下一个位置是否满足两个要求,一个是搜索的位置没有越界,一个是该位置的数字为 0,一般我们会先判断位置是否在界内,这是一个大前提。在 while 循环的条件中,x 与 y 本身并没有发生改变,而是 x+1 等"试探"的形式,意思是假设 x+1 后,能否满足条件,如果满足,x 会通过++x 的形式让坐标先发生变化,然后再赋值为 1,如果不满足,x 还是停留在刚才符合条件的地方,并结束 while 循环。

这种思维方式是经典的搜索思想,搜索的概念简而言之,是基于当前的情况下,去搜索下一个满足条件的情况,当然上述示例代码中的搜索仅仅是用 while 循环实现一个方向的搜索,在后续算法的学习中,我们还会接触深度优先搜索、广度优先搜索等方法,但是核心思想是基本一致的,都是基于当前满足条件的情况下,根据一定的搜索规则,去搜索下一个满足条件的情况,以此类推,直到无法继续搜索为止。

例 8-15:螺旋填数

给定一个正整数 N(1≤N≤20),可以得到一个 N×N 的螺旋矩阵,示例如下:

1	2	3	4	5
16	17	18	19	6
15	24	25	20	7
14	23	22	21	8
13	12	11	10	9

请根据输入的整数 N，输出对应的螺旋矩阵，每个元素的场宽为 3，元素之间有空格间隔。

【输入样例】

```
6
```

【输出样例】

```
  1   2   3   4   5   6
 20  21  22  23  24   7
 19  32  33  34  25   8
 18  31  36  35  26   9
 17  30  29  28  27  10
 16  15  14  13  12  11
```

【示例代码】

```
#include <bits/stdc++.h>
using namespace std;
int a[30][30];
int n, x, y, cnt;
int main() {
    cin >> n;
    x = y = cnt = 1;                                          // 初始化位置和需要填充的数
    a[x][y] = cnt;                                            // 起点位置赋值
    while (cnt < n * n) {                                     // cnt 等于 n * n 时表示填充结束
        while (y + 1 <= n && !a[x][y + 1]) a[x][++y] = ++cnt;     // 往右搜索填数
        while (x + 1 <= n && !a[x + 1][y]) a[++x][y] = ++cnt;     // 往下搜索填数
        while (y - 1 >= 1 && !a[x][y - 1]) a[x][--y] = ++cnt;     // 往左搜索填数
        while (x - 1 >= 1 && !a[x - 1][y]) a[--x][y] = ++cnt;     // 往上搜索填数
    }
    for (int i = 1; i <= n; i++) {
        for (int j = 1; j <= n; j++) {
            printf("%3d ", a[i][j]);                          // 3 个场宽,元素之间有空格
        }
        cout << endl;
    }
    return 0;
}
```

通过例 8-14“炸弹”的学习，已经掌握了 while 循环搜索的基本思路，例 8-15 也是通过 while 循环进行四个方向的搜索，搜索的终点是填充完 N×N 个数字。

螺旋填充数字，是一个非常经典的二维填充案例，需要注意诸多细节，在建立变量时，需要建立横坐标 x、纵坐标 y 以及填充的数字 cnt，这三者的初始坐标都是 1，在进入循环填数之前，需要思考的是初始位置填充的数，也就是“在什么地方填什么数”的问题，虽然此题的初始位置

在左上角,但螺旋填数的起点也可以是其他地方。

外层的 while 循环控制填充数字的终点,只要 cnt 一旦到了 n×n,则表示所有的数已经填充完毕,如果写成 cnt <= n * n,会导致死循环,因为基于 n * n 这个数已经不可能再填充下一个数字了。内层使用四个 while 循环,方向依次是右、下、左、上,这个顺序是依据本题排序的,如果题目的填充方向发生改变,while 循环的顺序也要随之改变,比如改成逆时针填充。与例 8-14 最大的区别在于填充的数字并不是固定的 1,而是每次累加的 cnt,判断的条件也是两个,一是下一个想去的位置不能出界,二是该位置没有被填过数,以此类推,直到所有的数字填充完毕。

例 8-16:斜行填数

给定一个正整数 N(1≤N≤20),根据斜行填充,可以得到一个 N×N 的矩阵,示例如下:

11	7	4	2	1
16	12	8	5	3
20	17	13	9	6
23	21	18	14	10
25	24	22	19	15

请根据输入的整数 N,输出对应的矩阵,每个元素的场宽为 3,元素之间有空格间隔。

【输入样例】

```
6
```

【输出样例】

```
16  11   7   4   2   1
22  17  12   8   5   3
27  23  18  13   9   6
31  28  24  19  14  10
34  32  29  25  20  15
36  35  33  30  26  21
```

【示例代码】

```
#include <bits/stdc++.h>
using namespace std;
int a[30][30];
int n, x, y, cnt;
int main() {
    cin >> n;
    x = 1; y = n; cnt = 1;                      // 初始化 x,y 坐标与填充的数 cnt
    a[x][y] = cnt;                              // 填充第一个数在右上角
    while (cnt < n * n) {
        while (x + 1 <= n && y + 1 <= n) a[++x][++y] = ++cnt; // 朝右下角搜索
        if (x < n) {                            // 若停在最右侧,但不属于最后一行的情况下
            y = n - x;                          // 跳转后的 y 坐标与原位置的 x 坐标的和为 n
            x = 1;                              // x 坐标回到第一行
            a[x][y] = ++cnt;                    // 跳转到第一行为起点,手动填充斜行的起点数字
        }
```

```
        else {                              // 停在最后一行的情况
            x = n + 2 - y ;                 // 跳转后的 x 坐标与原位置的 y 坐标的和为 n + 2
            y = 1;
            a[x][y] = ++cnt;                // 跳转到左侧为起点
        }
    }
    for (int i = 1; i <= n; i++) {
        for (int j = 1; j <= n; j++) {
            printf(" %3d ", a[i][j]);       // 3 个宽度的输出
        }
        cout << endl;
    }
    return 0;
}
```

斜行填数的填充规则相对螺旋填数简单，都是从左上角往右下角填数，区别在于当填充到右下角后，如何跳转到下一个起点位置继续循环填充。

外层 while 循环依然是控制填充到 n * n 时结束，内层的 while 循环是从左上角往右下角进行搜索填充，如果到达了最右边或者最下边，需要根据一定的行列对应规则进行跳转，跳转也分成两种情况：一个是在矩阵的右边框，但是不包括最下边，需要跳转到第一行的某列；一个是在矩阵的最下边，需要跳转到第一列的某行，由此就能够通过循环与判断跳转的方式，实现斜行填数。

在斜行填数中，条件判断只需要判断下一个位置是否出界，并不需要判断是否被访问过，因为按照斜行填充的规律，只要不出界都不会遇到之前填充过的数字，这一点和螺旋填数存在一定区别，螺旋填数在已经填过的格子中是不能够再覆盖的，而斜行填数不存在这个问题，因此省略了判断是否填充过数据这个条件。

斜行填数的起点并非固定，此题的起点是从右上角开始，也可以从左上角开始，每次从右上角往左下角填数，填充的起点和路线也有很多种，但是方法是类似的，同学们可以自行研究和尝试。

例 8-17：蛇形填数

给定一个正整数 N(1≤N≤20)，可以得到一个 N×N 的蛇形矩阵，示例如下：

1	3	4	10	11
2	5	9	12	19
6	8	13	18	20
7	14	17	21	24
15	16	22	23	25

请根据输入的整数 N，输出对应的蛇形矩阵，每个元素的场宽为 3，元素之间有空格间隔。

【输入样例】

7

【输出样例】

```
  1   3   4  10  11  21  22
  2   5   9  12  20  23  34
  6   8  13  19  24  33  35
  7  14  18  25  32  36  43
 15  17  26  31  37  42  44
 16  27  30  38  41  45  48
 28  29  39  40  46  47  49
```

【示例代码】

```
#include <bits/stdc++.h>
using namespace std;
int n, x, y, cnt;
int a[30][30];
int main() {
    cin >> n;
    x = y = cnt = 1;
    a[x][y] = cnt;                                   // 手动填充第一个格子
    while (cnt < n * n) {                            // n == 0 时自动结束
        while (x + 1 <= n && y - 1 >= 1) a[++x][--y] = ++cnt; // 往左下角搜索填数
        if (x < n) a[++x][y] = ++cnt;                // 在最左侧但不在最后一行,往下挪动一格
        else a[x][++y] = ++cnt;                      // 在最下一行则往右挪动一格
        while (x - 1 >= 1 && y + 1 <= n) a[--x][++y] = ++cnt; // 往右下角搜索填数
        if (y < n) a[x][++y] = ++cnt;                // 在最上方但不在最后一列,往右挪动一格
        else a[++x][y] = ++cnt;                      // 在最右侧则往下挪动一格
    }
    for (int i = 1; i <= n; i++) {
        for (int j = 1; j <= n; j++) {
            printf("%3d", a[i][j]);                  // 3 个宽度
        }
        cout << endl;
    }
    return 0;
}
```

蛇形填数相当于斜行填数的升级版,斜行填数仅有一个方向的搜索与填充,但蛇形填数有两个方向,并且每次搜索到边界后,分别也有两种不同的跳转情况。

当朝左下角搜索时,while 循环结束时存在两种情况：如果坐标停留在最左侧但不在最下方,往下挪动一格即可；如果坐标停留在最下方,则往右挪动一格。

当朝右上角搜索时,while 循环结束时也存在两种情况：如果坐标停留在最上方且列坐标不在最右侧,往右挪动一格即可；如果坐标已经停留在最右侧,则需要往下挪动一格。

除了本课中列举的一些填充矩阵的案例,类似的方法还可以应用于其他的变式中,例如修改起点的位置,填充数改为倒序,或者填充的范围有一些特殊要求等,具体问题需要个性化处理,但核心的思想是一致的。

第6课 二维极值

【导学牌】

理解二维极值的概念

掌握统计二维极值的基本方法与策略

【知识板报】

面对一维数据，我们已经学习过用打擂台的方法进行极值的判断，当面对二维数据时，行列的极值也可以通过打擂台的思想实现。

由于每一行与每一列需要单独求极值，可以在二维数组的基础上，额外增加两个一维数组，用于求每一个行列对应的极值。

例 8-18：马鞍数

马鞍数是指在一个矩阵中，一个元素在它所在的行中是最小值，同时在它所在的列中是最大值，矩阵中存在的这种元素被称为“马鞍数”。一个矩阵可以有多个马鞍数，也可能一个都没有。

给定一个 N 行 M 列(1≤N，M≤10)的二维数列，每个元素都在 0～9，请寻找其中的马鞍数，输出其行列号与数值，马鞍数之间换行输出，如果不存在马鞍数，输出 No。

【输入样例】

```
5 5
1 6 7 8 1
4 5 6 7 2
3 4 5 2 3
2 3 4 9 4
5 6 7 6 5
```

【输出样例】

```
5 1 5
5 5 5
```

【示例代码】

```
#include <bits/stdc++.h>
using namespace std;
int n, m, flag;
int a[15][15], b[15], c[15];
int main() {
    cin >> n >> m;
    fill(b, b + n + 1, 2e9);                          // 记录每行的最小值,初始化尽量大
    fill(c, c + m + 1, -2e9);                         // 记录每列的最大值,初始化尽量小
    for (int i = 1; i <= n; i++) {
        for (int j = 1; j <= m; j++) {
            cin >> a[i][j];
            b[i] = min(b[i], a[i][j]);                // 寻找行上最小值
            c[j] = max(c[j], a[i][j]);                // 寻找列上最大值
        }
    }
    for (int i = 1; i <= n; i++) {
        for (int j = 1; j <= m; j++) {
            if (a[i][j] == b[i] && a[i][j] == c[j]) { // 判断马鞍数
```

```
                flag = 1;                                  // 标记至少有一个马鞍数
                cout << i << ' '<< j << ' '<< a[i][j] << endl;
            }
        }
    }
    if (!flag) cout << "No";
    return 0;
}
```

马鞍数问题是二维求极值的经典问题,之前可以通过打擂台的形式,计算一维数据中的极大值或极小值,并存入 maxn 或 minn 中,但是 maxn 和 minn 是变量,不能满足很多行与列的极值判断,所以需要通过建立两个一维数组实现。

每一个 a[i][j],都可能是对应的 b[i]行与 c[j]列的极值,可以在输入的过程中同时打擂台,这里直接使用 max()与 min()函数,原因是只需要求出对应的极值,而不需要记录其他参数,如这个极值出现在什么位置。

表 8-1 二维极值的存储方式

b					
1	1	6	7	8	1
2	4	5	6	7	2
2	3	4	5	2	3
2	2	3	4	9	4
5	5	6	7	6	5
	5	6	7	9	5

如表 8-1 所示,中间的二维区域是原始数据,左侧一列是数组 b,下方一行是数组 c,后续在求行与列的极值问题时,都可以在脑海中构建类似的模型,即二维数组的左侧与下方,通过对应的两个一维数组,用于记录相应的极值。

例 8-19:城市天际线

城市天际线是指从远处观看城市时,城市中的建筑物、摩天大楼、塔楼等高耸的建筑物形成的轮廓线。

现给定一个 N 行 M 列(1≤N,M≤1000)的二维数组,数组中的每个数值代表某个点的建筑物高度,示例如下:

```
1 2 3 3
4 1 8 4
2 7 6 5
0 3 4 6
```

这是一个二维数组,每个数值表示城市中某个建筑物高度,我们从垂直方向观看到的城市天际线是 4 7 8 6,从水平方向观看到的城市天际线是 3 8 7 6。

市政府为了提高城市的绿化水平,希望在不改变城市天际线的情况下,尽量多地架设一些空中花园,架设空中花园会提高建筑物的高度,假设我们允许在任意位置增加建筑物的高度,

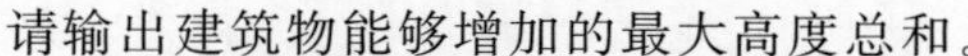

请输出建筑物能够增加的最大高度总和。

【输入样例】

```
4 4
1 2 3 3
4 1 8 4
2 7 6 5
0 3 4 6
```

【输出样例】

```
24
```

【示例代码】

```
#include <bits/stdc++.h>
using namespace std;
int n, m, sum;
int a[1010][1010];
int b[1010], c[1010];                              // 记录天际线,默认为 0
int main() {
    cin >> n >> m;
    for (int i = 1; i <= n; i++) {
        for (int j = 1; j <= m; j++) {
            cin >> a[i][j];
            b[i] = max(a[i][j], b[i]);             // 求 i 行的水平方向天际线
            c[j] = max(a[i][j], c[j]);             // 求 j 列的垂直方向天际线
        }
    }
    for (int i = 1; i <= n; i++) {
        for (int j = 1; j <= m; j++) {
            sum += min(b[i], c[j]) - a[i][j];
            // 两个方向天际线的较小值,减去该位置的高度,即为可以增加的最大高度
        }
    }
    cout << sum;
    return 0;
}
```

城市天际线也是求极值的问题,因为无论是水平还是垂直方向上的城市天际线,其组成部分都是由对应的行或列的最大值构成,根据题意中的要求,是在不改变天际线的情况下,希望尽量多地增加城市建筑物的高度,根据这一情况可知每个位置的最大高度,不得超过垂直天际线和水平天际线,则其位置能够达到的最大高度为垂直天际线与水平天际线两者的较小值,再运用该数值减目前二维数组中的实际值,能够计算该位置还能增加的最大建筑物高度,通过此方法累加每个位置的计算结果即可。

第7课 三维数组

【导学牌】

理解三维数组的概念

掌握三维数组的读入与操作

【知识板报】

三维数组是一种数据结构,用于存储三维立体空间的信息,可以将其类比为一本书。一维数组就像一行文字,提供了一行的信息,二维数组就像一行行信息构成的一页纸,三维数组则是由每一页的内容构成的一本书。

如果继续增加维度,可以将四维数组视为一个书架,五维数组视为整个楼层,六维数组视为图书馆,维度可以一直增加,直到宇宙的尽头。

理论上维度可以无限增加,但在实际应用中,我们会根据需要和资源的可行性来选择合适的维度。通常不会延伸到很高的维度,因为每增加一维,数据的复杂性会呈指数级增加。同时,内存和计算资源的限制也会影响多维数组的实际使用。

例 8-20:寻宝

芯芯和同学们在玩一个寻宝游戏,她们需要在一个巨大的立方体迷宫中寻找尽可能多的宝贝,并标记该宝贝对应的坐标,坐标用 X,Y,Z 表示。

现已知立方体迷宫的长、宽、高分别为 L、W、H($1\leqslant L,W,H\leqslant 10$),一共有 N($1\leqslant N\leqslant 100$)名同学参与了此次游戏,她们分别寻找宝贝,并标记自己找到的 M 个宝贝的三维坐标,请输出所有宝贝的位置(字典序)与一共发现了多少个不同的宝贝。

【输入样例】

```
10 10 10 3
2
1 1 2
1 3 1
1
2 3 5
3
2 3 5
4 7 2
1 3 1
```

【输出样例】

```
1 1 2
1 3 1
2 3 5
4 7 2
4
```

【示例代码】

```
#include <bits/stdc++.h>
using namespace std;
int a[15][15][15];                              // 三维数组
int l, w, h, n, m;
int x, y, z, cnt;
int main() {
```

```
    cin >> l >> w >> h >> n;
    for (int i = 0; i < n; i++) {                    // n个人
        cin >> m;                                    // 每个人找到m个宝贝
        while (m--) {
            cin >> x >> y >> z;
            a[x][y][z] = 1;                          // 标记位置
        }

    }
    for (int i = 1; i <= l; i++) {                   // 三重循环: 遍历三维数组
        for (int j = 1; j <= w; j++) {
            for (int k = 1; k <= h; k++) {
                if (a[i][j][k]) {                    // 有宝贝
                    cnt++;
                    cout << i << ' ' << j << ' ' << k << endl;
                }
            }
        }
    }
    cout << cnt;
    return 0;
}
```

根据示例代码，程序首先读取了立方体迷宫的尺寸(长、宽、高)以及参与游戏的同学人数N。接着程序进入循环，处理每位同学寻找的宝贝情况。对于每位同学，程序会读取她们找到的宝贝数量M，并在三维数组中标记这些宝贝的位置为1。

在标记完所有的宝贝位置后，通过三重循环遍历整个三维数组，寻找所有被标记为1的宝贝位置，并能够根据坐标的字典序输出，同时累加计数器cnt，最终输出不同宝贝的总数cnt。

例 **8-21**：**3D** 方块堆叠

给定一个长、宽、高分别为X、Y、Z(1≤X，Y，Z≤100)的立体空间，现有K(1≤K≤1000)次放置方块的操作，可以在这个立体空间内根据一定的要求进行堆叠，要求如下：

1. 该位置没有方块；
2. 该位置的下面必须要有方块(第一层除外)。

如果K个方块能够按照搭建的顺序摆放完，则输出“Yes”，否则输出“No”。

【输入样例】

```
5
1 1 1
1 1 2
1 2 1
1 1 3
1 2 2
```

【输出样例】

```
Yes
```

【示例代码】

```
#include <bits/stdc++.h>
using namespace std;
int a[105][105][105];                                // 三维数组
int x, y, z, k;
bool flag = 1;
```

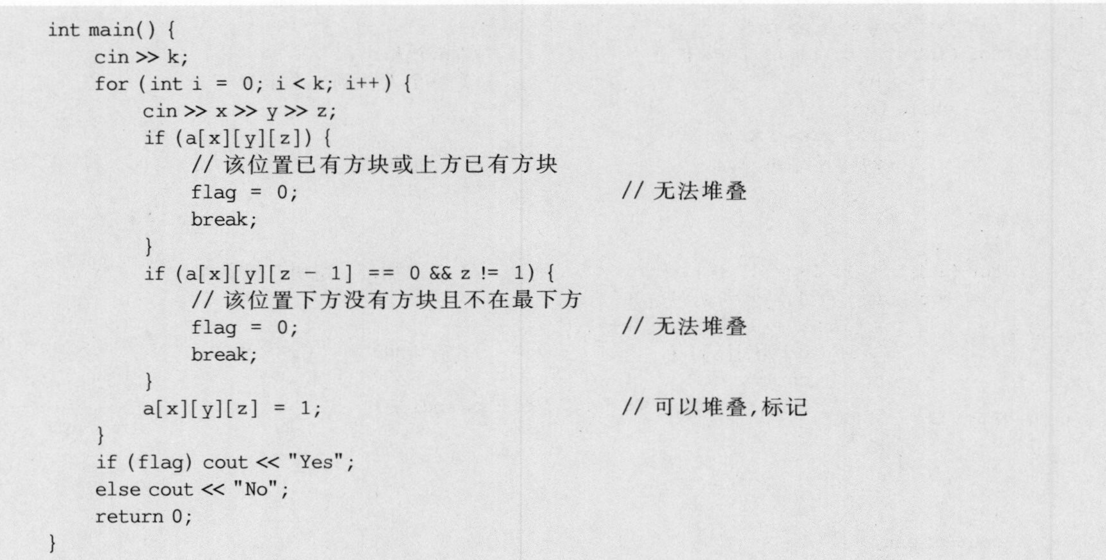

```
int main() {
    cin >> k;
    for (int i = 0; i < k; i++) {
        cin >> x >> y >> z;
        if (a[x][y][z]) {
            // 该位置已有方块或上方已有方块
            flag = 0;                          // 无法堆叠
            break;
        }
        if (a[x][y][z - 1] == 0 && z != 1) {
            // 该位置下方没有方块且不在最下方
            flag = 0;                          // 无法堆叠
            break;
        }
        a[x][y][z] = 1;                        // 可以堆叠,标记
    }
    if (flag) cout << "Yes";
    else cout << "No";
    return 0;
}
```

程序读取了方块堆叠的操作次数,程序在循环中,处理每个方块的放置操作,对于每个放置操作,需要检查对应的两个条件:该位置原本没有方块、该位置的下方必须要有方块(第一层除外)。

如果所有条件都得到满足,程序将该位置标记为已堆叠,并继续处理下一个方块。如果出现不满足条件的情况,程序将设置一个 flag 标记为 0,表示无法堆叠并跳出循环。

最终根据 flag 的标记值,程序输出“Yes”或“No”,表示是否能够按照给定的顺序摆放完方块。

本章寄语

在本章中，我们学习了二维数组的相关概念，掌握了二维数组的定义、读入以及遍历等基本操作。二维数组的学习将有助于加深对二维数据的理解和应用，为后续的编程挑战做好准备。最后一课中，我们还了解并学习了三维数组的概念与应用，实际上还存在更高维度的数组，而三维数组在此起到抛砖引玉的作用，更高维度的数组作用，同学们可以自行探索。

相对于一维数组，二维数组引入了额外的维度，通常需要使用双重循环来进行一系列操作。如果对双重循环不够熟悉，建议回顾第 6 章的内容，以加强基础。

遍历二维数组时，我们涉及遍历一个平面区域，通常遵循从左上角到右下角逐行遍历的顺序，但也可以采用其他方式，例如逐列遍历。在矩阵运算中，常见的操作包括矩阵相加或对角线元素的判断，而矩阵相乘需要理解相应元素的计算方法并通过编程语句来实现。

通过观察并寻找规律，我们能够实现对矩阵的各种变换，这些变换可以组合使用，以应对更加复杂的情景。在填充二维数组时，可以使用 while 循环的方式，通过循环搜索一行或一列，直到不再满足特定条件为止。

数组的极值也可以根据不同的角度进行统计，我们可以计算每行或每列的最大值或最小值，将这些极值存储在一维数组中，实现一维数组与二维数组的有机结合，以满足各种应用需求。这种方法可以在多维数组和数据处理问题中发挥着重要作用。

第9章　字　符　串

除了处理一些整数或浮点数相关的数学问题，计算机编程还可以胜任文字处理的任务，例如记录邮箱地址、进行文本分析或数据加密等，记录这些字符信息，需要使用字符串。

字符串往往以字符数组或 string 类的形式呈现，用于表示文本数据，如字母、字符数字、运算符、标点符号等。字符串在计算机领域中应用广泛，如网站中的文本标签、日志记录、网络信息传输等都可以借助字符串实现，在计算机编程中具有重要的作用。

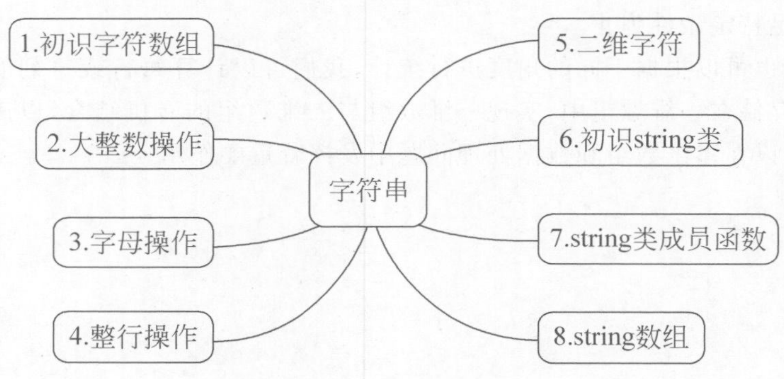

第 1 课　初识字符数组

【导学牌】

理解字符数组的概念与特性

掌握字符数组的输入、输出等常用操作

【知识板报】

与整数数组类似，存储字符的数组称之为字符数组，有时会将一维的字符数组称之为字符串。定义字符数组的方法与定义其他类型的数组是一致的，语法格式如下：

```
char s[110];
```

如上所示，定义了一个长度为 110 的字符数组 s，存储的范围是 s[0]～s[109]，字符串常用的数组名称有 s，str 等，这是一种常见的命名惯例，同时也增加了识别度，但并不是固定的，具体的命名方式可根据个人的编程风格与习惯决定。

在定义字符数组的同时可以进行初始化，有以下两种基本方法：

```
char s[110] = {'x', 'i', 'n', 'x', 'i', 'n'};
char s[110] = "xinxin";
```

第一种方法是类似整数数组逐位手动进行单个字符的赋值，第二种方法是整体的赋值，字符数组会从 0 开始整体存入该字符串，这两种方法存储到字符数组中的格式是完全一致的，结果如下：

'x'	'i'	'n'	'x'	'i'	'n'	'\0'
s[0]	s[1]	s[2]	s[3]	s[4]	s[5]	s[6]

字符数组存入相应的字符后，自动在末尾添加一个特殊的字符'\0'，作为字符串的结束标记，'\0'对应的 ASCII 码为 0。

例 **9-1**：电子邮箱

给定一个长度为 N(1≤N≤100)的电子邮箱地址，请输出该电子邮箱。

【输入样例】

```
13
wx@qq.com
```

【输出样例】

```
wx@qq.com
```

【示例代码】

解法 1：

```
#include <bits/stdc++.h>
using namespace std;
int n;
char c;
int main() {
```

```
    cin >> n;
    for (int i = 0; i < n; i++) {
        cin >> c;
        cout << c;
    }
    return 0;
}
```

通过 C++的 cin 语句进行逐位输入,每读入一个字符后立即输出该字符,实现了字符串的完整输出。

解法 2:

```
#include <bits/stdc++.h>
using namespace std;
int n;
char c;
int main() {
    scanf("%d\n", &n);                  // \n 吸收换行符
    for (int i = 0; i < n; i++) {
        scanf("%c", &c);                // 读入字符,还可以使用 c = getchar();
        printf("%c", c);                // 输出字符,还可以使用 putchar(c);
    }
    return 0;
}
```

这里采用了 C 风格的方法实现读入与输出,第一行如果不使用'\n'吸收一个换行符,会输出一个空白行。

还可以使用 getchar()函数实现逐个字符的读入,putchar()函数实现单独字符的输出操作,使用这两个函数进行字符的读入与输出,理论上速率会比 C 风格的读入与输出还略高一筹。

解法 3:

```
#include <bits/stdc++.h>
using namespace std;
int n;
char s[110];                            // 定义字符数组
int main() {
    cin >> n >> s;                      // 读入 n 与字符数组
    cout << s;                          // 整体输出字符数组
    return 0;
}
```

前两种方法都仅仅使用了字符变量,实现了读入与输出的操作。对于字符串,可以建立字符数组进行整体存储,存储的方法要比整数型的数据读入方便得多,通过 cin >> s 的方式能够实现全体字符读入到数组 s 中,字符默认从下标 0 开始存储,字符数组还可以整体输出,通过 cout << s 即可实现。

读入数据后,字符在数组中的存储方式如下:

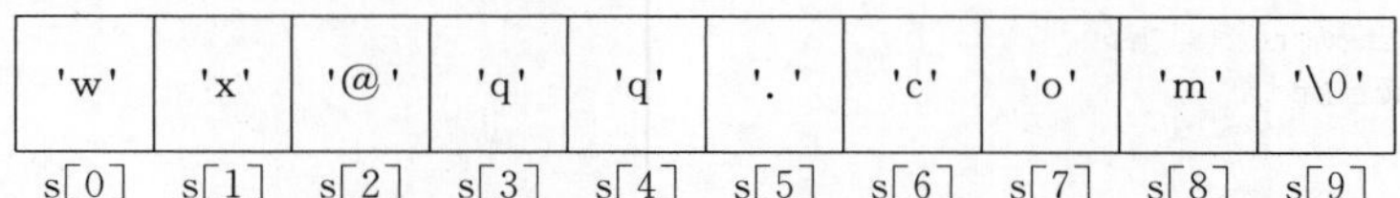

'w'	'x'	'@'	'q'	'q'	'.'	'c'	'o'	'm'	'\0'
s[0]	s[1]	s[2]	s[3]	s[4]	s[5]	s[6]	s[7]	s[8]	s[9]

整个邮箱地址共有 9 个字符,但这个字符数组从 s[0]到 s[9]之间占了 10 个空间,因为在

字符串结束后，需要一个特殊的转义字符'\0'，表示字符的结束位置，当对字符进行整体输出时，遇到该符号即会停止后续内容的输出操作。

需要注意的是，在使用 cin >> s 进行整体输入时，遇到空格或换行符，读入会停止，空格符与换行符不会读入到字符数组中，如需读入一整行包括空格的字符串，后续会学习其他方法。

例 9-2：统计数字字符的个数

给定一行字符，字符数量不超过 100，中间没有空格符，请输出其中的数字字符，并统计个数。

【输入样例】

```
Hi,3.14!
```

【输出样例】

```
314
3
```

【示例代码】

解法 1：

```
#include <bits/stdc++.h>
using namespace std;
char c;
int cnt;
int main() {
    while (1) {
        c = getchar();                          // 调用函数读入字符
        if (c == EOF) break;                    // 判断读入是否结束
        if ('0'<= c && c <= '9') {
            putchar(c);                         // 输出数字字符
            cnt++;                              // 累加
        }
    }
    cout << endl << cnt;
    return 0;
}
```

解法 2：

```
#include <bits/stdc++.h>
using namespace std;
char s[110];                                    // 定义字符数组
int cnt;
int main() {
    scanf("%s", s);                             // 或使用 cin >> s;
    for (int i = 0; s[i] != '\0'; i++) {        // '\0'时结束循环
        if ('0'<= s[i] && s[i] <= '9') {        // 判断数字字符
            printf("%c", s[i]),                 // 或使用 cout << s[i];
            cnt++;
        }
    }
    printf("\n%d", cnt);
    return 0;
}
```

对于不含空格符和换行符的连续字符，除了采用 cin >> s 整体读入的方式，还可以通过 C 风格 scanf("%s", s)的形式整体读入，括号中 s 前的取地址符“&”可以省略，因 s 本身即代表

了 &s[0]的地址。

读入数据后,字符在数组中的存储方式如下:

'H'	'i'	','	'3'	'.'	'1'	'4'	'!'	'\0'
s[0]	s[1]	s[2]	s[3]	s[4]	s[5]	s[6]	s[7]	s[8]

在遍历字符数组元素时,需从 s[0]开始,字符的长度目前还不得而知,但可以通过 s[i]是否等于'\0'判断字符串是否结束。在字符数组中,除了通过'\0'判断字符数组是否结束,还有另外一种方式,即使用 strlen()函数获取字符串的长度,从而实现字符数组的遍历,示例如下:

```
for (int i = 0; i < strlen(s); i++) {
    语句 1;
    语句 2;
    …
}
```

在上述程序中,strlen(s)能够获取字符串 s 的长度,s 的最后一个元素存储在 strlen(s) − 1 的位置,所以循环变量 i 后面的符号是小于"<",而非小于或等于"<=",初学者一定要留意这些具体的细节。

第2课 大整数操作

【导学牌】

了解存储大整数的概念

掌握存储与分析大整数的方法

【知识板报】

通常我们将位数较多的整数，称之为大整数，由于 int 型与 long long 型表示的整数范围是相对有限的，对于位数较多的整数，如一个具有 200 位数字的整数，是无法进行精确存储的，而利用字符数组的相关特性，能够实现对大整数的存储与操作。

大整数可以作为数字字符串的形式，整体存入到字符数组中。虽然并不是一个真正的整数，但基本上能够满足诸多操作的需求，如判断数字特性、累加数字、替换等。

例 9-3：数的性质

给定 N 个大整数，每个整数均不超过 200 位，请输出每个整数的位数，并判断其奇偶性，如果是奇数输出“Odd”，偶数输出“Even”。

【输入样例】

```
3
102425567345346546
593123434045635
3465823446745636234364756340
```

【输出样例】

```
18 Even
15 Odd
28 Even
```

【示例代码】

```
#include <bits/stdc++.h>
using namespace std;
int n;
char s[210];                              // 定义字符数组
int main() {
    cin >> n;
    for (int i = 0; i < n; i++) {
        cin >> s;
        cout << strlen(s) << ' ';         // 调用函数 strlen()获取大整数的长度
        if (s[strlen(s) - 1] % 2 == 1) {  // 判断个位 ASCII 码的奇偶性
            cout << "Odd" << endl;
        }
        else {
            cout << "Even" << endl;
        }
    }
    return 0;
}
```

由于输入的整数位数范围较大，既有的整数类型如 int 型或 long long 型均无法存储如此多的位数，所以我们通过字符数组，将大整数以字符串的形式，逐位存储在一维字符数组中，便于后续对整数的相关操作。

通过调用 strlen()函数,可以快速获取字符串的长度,也就是大整数的位数,对于判断整数的奇偶性,实际只需要判断整数的个位的奇偶性即可,虽然目前存储的状态是字符数组,个位数是数字字符,但数字字符也可以通过 ASCII 码判断奇偶性,已知字符'0'的 ASCII 码为 48,由此可以推出,所有的偶数数字字符的 ASCII 码都能够被 2 整除,若不能被 2 整除则一定是奇数。需要留意,大整数的个位是在 s[strlen(s) − 1],而不是在 s[strlen(s)]。

例 9-4:整数之和

给定一个位数不超过 200 的整数,请计算各位数之和,并输出和与这个整数。

【输入样例】

```
111110000000000002000000000000001
```

【输出样例】

```
8
111110000000000002000000000000001
```

【示例代码】

```
#include <bits/stdc++.h>
using namespace std;
char s[210];
int sum;
int main() {
    cin >> s;
    for (int i = 0; i < strlen(s); i++) {
        sum += s[i] - '0';                         // 数字字符 - '0'
    }
    cout << sum << endl << s;
    return 0;
}
```

对数字字符进行累加时,需先将数字字符转换成真实的整数,通常是通过将对应的数字字符减字符'0'的方法实现,如'9'− '0'的结果即为整数 9。

通过循环遍历整个字符数组,将每一个数字字符减'0'后得到的整数数字进行累加求和,最后输出总和与该字符串。若没有将大整数存储到字符数组中,后续无法实现先输出总和而后输出字符串的操作。

例 9-5:数字替换

给定一个位数不超过 200 的整数,并将所有的数字 0,替换为指定整数 X($1 \leqslant X \leqslant 10^9$)的个位数。

【输入样例】

```
2000000000200000000020000000000000000000222
423
```

【输出样例】

```
2333333333233333333323333333333333333333222
```

【示例代码】

```
#include <bits/stdc++.h>
using namespace std;
char s[210];
int x;
int main() {
```

```
    cin >> s >> x;
    for (int i = 0; i < strlen(s); i++) {              // 或 s[i] != '\0'
        if (s[i] == '0') {                             // 判断是否为数字字符'0'
            s[i] = char(x % 10 + '0');                 // char()函数也可以省略
        }
    }
    cout << s;                                         // 整体输出
    return 0;
}
```

上述示例代码中，在读入大整数到字符数组后，通过循环的方式进行判断，如果查找到字符'0'，将其替换成 x 的个位，即 x % 10，不能将 x % 10 直接赋值给 s[i]，应将该整数数字转换成对应的数字字符，通常可以通过将该数字加字符'0'的方式实现转换，如 8 + '0'的结果为字符'8'。

通过强制转换 char()函数，能够将 ASCII 码转换成字符，当然在程序中也可以省略该函数，因为当 ASCII 码赋值到字符型的数据中，会自动转换成相应的字符，数据的强制转换与自动转换的相关内容，在第 2 章的第 11 课有所讲述，可以翻阅与复习巩固。

例 9-6：数字反转

给定一个位数不超过 200 的大整数，请将这个整数进行反转并输出(包括前导零)。

【输入样例】

```
13579000000000000000000246810
```

【输出样例】

```
01864200000000000000000097531
```

【示例代码】

```
#include <bits/stdc++.h>
using namespace std;
char s[210];
int main() {
    cin >> s;
    for (int i = strlen(s) - 1; i >= 0; i--) {        // 反向输出
        cout << s[i];
    }
    return 0;
}
```

通过 strlen()函数，获取读入的大整数长度，由于字符数组默认是从 0 开始存储，strlen(s)位置存储的字符是'\0'，不需要输出，故从 strlen(s) − 1 的位置倒序输出到下标为 0 的位置即可。

当然也可以将这个大整数实现真正的反转再输出，示例如下：

```
for (int i = 0; i < strlen(s) / 2; i++) {            // 枚举前一半的元素
    swap(s[i], s[strlen(s) - 1 - i]);                // 前后元素交换
}
cout << s;
```

通过上述程序，可以实现大整数的反转操作，需要注意的是，i 的范围是< strlen(s)/2，不能写成"<="。如写成"<="时，当元素总数为奇数时，是中间值与自己互换，幸运的是不存在问题，但当元素总数为偶数时，会多产生一次不必要的交换，从而导致交换错误，如 1234 交换

后会变成 4231,可以自行尝试编程了解,故意测试与观察错误也是一种有效的学习方法。

例 9-7:统计数字出现频率

给定一个位数不超过 200 的整数(可能含前导零),请统计其中 0～9 每个数字出现的频率,并依次输出。

【输入样例】

```
00112222233344556667788899999
```

【输出样例】

```
2 2 5 3 2 2 3 2 3 5
```

【示例代码】

```
#include <bits/stdc++.h>
using namespace std;
char s[210];                                    // 定义字符数组
int cnt[130];                                   // 定义计数数组
int main() {
    cin >> s;                                   // 或 scanf("%s", s);
    for (int i = 0; i < strlen(s); i++) {       // 或 s[i] != '\0';
        cnt[s[i]]++;                            //
    }
    for (int i = '0'; i <= '9'; i++) {          // 或 char i = '0'
        cout << cnt[i] << ' ';
    }
    return 0;
}
```

之前在一维数组的计数数组课程中,已经学习了如何通过计数数组进行字母的计数,依据同样的方法,也可以对字符数字进行计数,当计数完毕后,再通过 cnt 的下标'0'～'9'进行输出即可。

对于数字字符的计数,还有另外一种类似的策略,可以通过 cnt[0]～cnt[9]的方式统计数字出现的频率,示例如下:

```
for (int i = 0; i < strlen(s); i++) {       // 或 s[i] != '\0';
    cnt[s[i] - '0']++;                      // s[i] - '0'返回整数型数字
}
for (int i = 0; i <= 9; i++) {
    cout << cnt[i] << ' ';
}
```

通过字符数字减'0'的策略让下标进行偏移,能够将计数数组 cnt 存储数字的下标能与真实的数字相匹配,此时统计的范围就确保在 cnt[0]～cnt[9]。

两种记录数字的方法都需要掌握,但两者并没有优劣之分,要根据实际情况选择合适的策略。虽然我们在编程中有自己的编写代码习惯,但很多情况下我们依然要学习其他同学编写的代码,掌握不同的策略与方法,不仅能够提高自身的编程水平,同时也在阅读其他同学的程序时会更加顺畅。

第3课　字母操作

【导学牌】

了解字符串中字母的相关操作

掌握字母字符的常见操作方法

【知识板报】

相对于字符变量，字符数组能够实现丰富的处理功能，支持多种操作来处理字母字符，如查找、大小写转换、替换等操作，使得文本数据的处理更为方便与高效。

例 9-8：大小写转换

给定一个长度不超过 300 的字符串(没有空格符)，请将字符串中的小写字母转换成大写字母，将大写字母转换成小写字母，并输出转换后的字符串。

【输入样例】

abcd&3123EFGHijklmN * OPQ

【输出样例】

ABCD&3123efghIJKLMn * opq

【示例代码】

```
#include <bits/stdc++.h>
using namespace std;
char s[305];                                              // 定义字符数组
int main() {
    cin >> s;
    for (int i = 0; i < strlen(s); i++) {
        if ('a' <= s[i] && s[i] <= 'z') s[i] -= 32;        // 小写转大写
        else if ('A' <= s[i] && s[i] <= 'Z') s[i] += 32;   // 大写转小写
    }
    cout << s;
    return 0;
}
```

在遍历字符串的过程中，需要判断对应的字符是否为大小写字母，如果是小写字母，通过减 32 的方式转换成大写字母，如果是大写字母则加 32 转换成小写字母，这是因为大小写字母的 ASCII 码差值是 32，因大写字母在 ASCII 码表中是先编入的，所以小写字母的编号相对靠后，会较大一些。

最关键的一点是循环中的判断语句千万不能写成两个 if 语句，如果写成两个单独的 if 语句会导致一些问题。假设上一个 if 语句已经将一个小写字母转换成大写字母了，那么下一个 if 语句还会把这个字母再次转换成小写字母，所以要写成 if-else if 的选择结构，且不能写成 if-else 结构，因为字符串中未必都是字母，还可能存在其他类型的字符。

例 9-9：最长连续字母

给定 N($1\leqslant N\leqslant 300$)个字母，请寻找最长连续出现的字母，并输出该字母与出现的次数，如果有多个最长连续出现的字母，请输出最早出现的那个字母。

【输入样例】

AAAaaaccd

【输出样例】

A 3

【示例代码】

解法 1:

```
#include <bits/stdc++.h>
using namespace std;
char s[310], ans;
int cnt, maxn;
int main() {
    cin >> s;
    cnt = 1;                                  // s[0]本身为连续 1 次
    for (int i = 0; i < strlen(s) - 1; i++) { // 遍历至倒数第二个元素
        if (s[i] == s[i + 1]) {               // 每个元素与后一个元素对照
            cnt++;                            // 连续累加长度
        }
        else cnt = 1;                         // 若与后一个字母不相同,则 cnt 初始化为 1 个连续
        if (cnt > maxn) {                     // 打擂台
            maxn = cnt;                       // 记录最长连续
            ans = s[i];                       // 记录对应的字母
        }
    }
    cout << ans << ' ' << maxn;
    return 0;
}
```

解法 2:

```
#include <bits/stdc++.h>
using namespace std;
char s[305], ans;
int cnt, maxn;
int main() {
    cin >> s;
    cnt = 1;                                  // 计数器初始化为 1
    ans = s[0];                               // 假设第一个就是频率最高的字母
    maxn = 1;                                 // 至少为 1,也就是第一个字母的数量
    for (int i = 1; i < strlen(s); i++) {     // 从第二个字母遍历至最后一个字母
        if (s[i] == s[i - 1]) cnt++;          // 累加
        else cnt = 1;                         // 重新计数
        if (cnt > maxn) {                     // 打擂台
            maxn = cnt;
            ans = s[i];
        }
    }
    cout << ans << ' ' << maxn;
    return 0;
}
```

解法 1:累加并统计字母的连续次数,在思路上并不困难,重点在于一些细节的处理上。虽然此类题目的解法较多,但需要注意的细节基本类似,如在示例代码中,遍历的范围是从第一个字母到倒数第二个字母之间,最后一个字母不需要判断,因最后一个字母无需再判断它是否和下一个字母会构成连续。由于一进入循环即开始判断当前字母是否和下一个字母构成连续,故 cnt 需要在循环开始前初始化为 1,否则第一个字母的连续数量计算会有误。

解法 2 与解法 1 的总体思路一致,在解法 1 中,判断连续的方法是通过对比当前字母与下

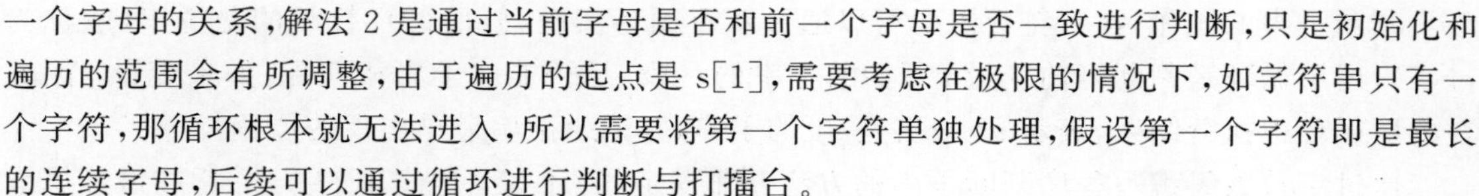

一个字母的关系，解法 2 是通过当前字母是否和前一个字母是否一致进行判断，只是初始化和遍历的范围会有所调整，由于遍历的起点是 s[1]，需要考虑在极限的情况下，如字符串只有一个字符，那循环根本就无法进入，所以需要将第一个字符单独处理，假设第一个字符即是最长的连续字母，后续可以通过循环进行判断与打擂台。

两种方法的区别仅在遍历的前后判断策略上，都需要对 cnt、ans、manx 等变量进行初始化，在编程中，必须在严谨的思路下，方能通过全部的测试点，否则部分测试点会由于不够严谨而失分。

例 9-10：判断子串

字符串的子串是指在一个字符串中连续的一段字符序列。例如在字符串"abcdef"中，"bcd"就是一个子串，子串的长度可以是 1 个字符，也可以是整个字符串本身。

在计算机编程中判断子串具有诸多实际的应用价值，如在 word 文档中使用搜索功能，搜索内容实际上是在文章中搜索对应的子串。还可以分析一段数据，判断是否包括某些特定的信息，或者将一张图片看作是字符串组成的序列，判断某个图案或特征是否存在于图像中。

现给定两个长度不超过 300 的字符串(字符串内不含空格符)，请判断第二个字符串是否是第一个字符串的子串，如果是子串，输出“Yes”并输出子串第一个字符出现在主串的位置(从下标 0 开始计算)，如果不是子串则输出“No”。

【输入样例】

```
wengxin
gxi
```

【输出样例】

```
Yes 3
```

【示例代码】

```
#include <bits/stdc++.h>
using namespace std;
char s1[305], s2[305];
bool flag;
int len1, len2, pos;
int main() {
    cin >> s1 >> s2;
    len1 = strlen(s1);                          // 获取字符串长度
    len2 = strlen(s2);
    for (int i = 0; i <= len1 - len2; i++) {    // 枚举到 len1 - len2 的位置
        int j;
        for (j = 0; j < len2; j++) {            // 从当前 i 的位置开始匹配
            if (s1[i + j] != s2[j]) break;      // 若不相同跳出循环
        }
        if (j == len2) {                        // 若内层循环完全匹配则找到了子串
            flag = 1;                           // 标记存在子串
            pos = i;                            // 记录子串的起始位置
            break;
        }
    }
    if (flag) cout << "Yes" << ' ' << pos;
    else cout << "No";
    return 0;
}
```

判断子串的操作,在字符数组中可以通过双重循环实现,外层循环枚举的是主串(或称为母串),内层循环是判断当前变量 i 开始的主串的一段,是否能与子串相匹配,如果变量 j 能够在内层循环中执行结束,表示 s2 确实是 s1 的子串,并记录子串最早出现的位置。

通过字符数组编写程序判断子串的方法并非固定的,还有其他实现的方法,旨在锻炼思维的严谨性。后期通过学习 string 类的字符串后,判断子串的操作将会更加便捷,但自己手动编写判断子串的程序,是尤为重要的,能够帮助我们了解底层的程序判断逻辑,是不能忽略的锻炼过程。

例 9-11:凯撒密码

凯撒密码是一种简单的替代密码算法,也被称为移位密码。它是古罗马军事领袖凯撒所使用的一种加密方式,用于保护军事通信的机密性。凯撒加密通过将字母替换为字母表中固定位置的字母来加密消息,从而实现简单的加密和解密过程。

具体而言,凯撒加密是将字母按照一个固定的偏移量进行向后移位。例如,如果偏移量是 3,那么字母'a'会被加密成'd',字母'b'会被加密成'e',字母'z'会被加密成'c',以此类推。同样,解密时只需将字母按照相同的偏移量向前移位,即可恢复原始消息。

给定两个长度不超过 300 的字符串,字符串均由小写字母构成,现已知加密的偏移量为 K($0 \leqslant k \leqslant 26$),请将第一段字符串加密,将第二段字符串解密,分两行输出。

【输入样例】

```
3
chinese
ehlmlqj
```

【输出样例】

```
fklqhvh
beijing
```

【示例代码】

```
#include <bits/stdc++.h>
using namespace std;
char s[305];
int k;                                          // 偏移量
int main() {
    cin >> k >> s;
    for (int i = 0; i < strlen(s); i++) {
        s[i] = 'a' + (s[i] - 'a' + k) % 26;     // 凯撒加密
    }
    cout << s << endl;
    cin >> s;                                   // 更新字符串
    for (int i = 0; i < strlen(s); i++) {
        s[i] = 'z' - ('z' - s[i] + k) % 26;     // 凯撒解密
    }
    cout << s << endl;
    return 0;
}
```

凯撒加密的解法与第 3 章选择结构中的“星期几”这道例题类似,应建立一个基本的模型,任何字母都是首字母'a'加一个偏移量而来,这个偏移量的范围是 0~25,若偏移量是 0 即是'a'本身,加 25 则是最后一个字母'z',基于这个基本思路,字符串内的每个字母在加密之前,就“自带”一个初始的偏移量,如字母'c'可以认为是'a' + ('c' − 'a'),则自带的偏移量为'c' − 'a',即是 2,

当加密时会产生第二次偏移量 k，故总偏移量是('c'－ 'a' ＋ k)，总偏移量可能会超过 25，所以在得出总偏移量后，还需通过模运算(％26)，即可得出真实的偏移量。

解密的过程是反向计算，基本思路是所有的字母都可以视为字母'z'减去 0～25 的一个偏移量而来，每个字母“自带”的偏移量是'z' － s[i]，再加上 k，即是总偏移量，最终也需要通过模运算，确认真实偏移量后进行解密。

凯撒加密与解密，是循环数列的经典变化过程，数据可以在一个循环的数列中往后偏移进行循环转换，同时也可以往前偏移进行循环转换，对于这两类问题梳理清晰的思路后，今后类似的问题则迎刃而解。

第4课 整行操作

【导学牌】

了解整行操作的概念

掌握字符数组整行操作的方法

【知识板报】

通过前面的学习,已经掌握了字符数组存储字符串的方法,但是存储具有一些局限性,如果在输入过程中遇到空格或者换行符,读入即会自动终止,如果想要存储一整行包括空格符的字符串,需要采用特定的策略。

在C++中,可以通过 fgets()函数,实现整行的读入操作,假设一个字符数组名为 s,示例如下:

```
fgets(s, sizeof(s), stdin);
```

通过上述程序,可以实现整行的读入,即使行末有换行符也会一并读入,函数中有三个参数,第一个参数是数组名称,第二个参数是可读入的数组范围,第三个参数 stdin 表示为标准读入。

有些教材中可能会介绍 gets()函数,由于它具有安全性问题,容易导致缓冲区的溢出,且从C++11 标准起,gets()函数已经被移除在外,所以应尽量避免使用该函数。

例 9-12:句子反转

给定长度为 N(1≤N≤300)的一行句子,行末可能有换行符,请将整句话反向输出。

【输入样例】

```
Study without tiring, teach without wearying.
```

【输出样例】

```
.gniyraew tuohtiw hcaet ,gnirit tuohtiw ydutS
```

【示例代码】

```
#include <bits/stdc++.h>
using namespace std;
char s[305];
int main() {
    fgets(s, sizeof(s), stdin);                        // 读入整行字符串
    if (s[strlen(s) - 1] == '\n') {                    // 判断行末是否输入了换行符
        s[strlen(s) - 1] = '\0';                       // 将换行符替换成字符串终止符
    }
    for (int i = strlen(s) - 1; i >= 0; i--) {         // strlen(s)会实时调整
        cout << s[i];
    }
    return 0;
}
```

首先通过 fgets()函数实现了字符串的整行读入,在读入后需要判断本行是否读入了换行符,因为在反向输出这句话时,如果多输出了一个空行,评测机会判断答案错误。

如果读入了换行符,换行符一定是存储在该字符串的最后一位,即 strlen(s) − 1 的下标位置,如果该位置有换行符'\n',需要将换行符修改成字符串的终止符'\0',当完成修改操作

后，strlen(s)函数获取的字符串长度也会相应地减少1个长度。当确定已经不存在换行符时，可以从右往左反向输出。

例 9-13：过滤多余的空格

给定长度为N(1≤N≤300)的一行句子，句子中可能存在多余的空格，仅保留必要的一个空格后再输出这句话。

【输入样例】

```
Hello,    My   name        is Gu Yunjie.
```

【输出样例】

```
Hello, My name is Gu Yunjie.
```

【示例代码】

解法1：

```
#include <bits/stdc++.h>
using namespace std;
char s[310];
int main() {
    fgets(s, sizeof(s), stdin);                              // 整行读入
    for (int i = 0; i < strlen(s); i++) {
        if (s[i] == ' '&& s[i + 1] == ' ') continue;         // 忽略多余的空格
        cout << s[i];                                        // 其余字符直接输出
    }
    return 0;
}
```

通过fgets()函数，实现了整行的字符串读入，其中包括一行中多余的空格符，在遍历的过程中，只需要判断哪些空格不需要输出即可，判断的依据是若当前空格符的后面还有一个空格符，则当前空格符是多余的，不需要输出，其余字符可以正常输出。

解法2：

```
#include <bits/stdc++.h>
using namespace std;
char s[310];
int main() {
    while (scanf("%s", s) != EOF) {                 // 或使用 while (cin >> s)
        printf("%s ", s);                           // 读入后立即输出,加空格
    }
    return 0;
}
```

此策略较为巧妙，在循环读入的过程中，每次输出对应的字符串，并手动在字符串后加一个空格，直到没有输入为止。

在循环章节的不定次数输入课程中，讲述了若在编程软件的控制台中无法判断是否读入完成，需要使用组合键Ctrl+Z或Ctrl+D(Linux系统)，再按回车，手动输入EOF实现读入的终止操作。

例 9-14：统一信息格式

给定N(1≤N≤100)行文本信息，每行文本的长度不超过50，现需要对文本信息进行格式的统一，要求每行文本信息中第一个字符如果是字母则需要设置为大写，其余字母必须为小写，文本信息中可能存在空格。

【输入样例】

```
6
where there's A will, there's a Way
123GO
Every cloud has a silver lining
chinese RestauRant
Actions speaK louder than words
Better late than never
```

【输出样例】

```
Where there's a will, there's a way
123go
Every cloud has a silver lining
Chinese restaurant
Actions speak louder than words
Better late than never
```

【示例代码】

```
#include <bits/stdc++.h>
using namespace std;
int n;
char s[55];
int main() {
    cin >> n;
    getchar();                                          // 吸收第一行末尾的换行符
    for (int i = 1; i <= n; i++) {
        fgets(s, sizeof(s), stdin);                     // 读入整行
        if ('a' <= s[0] && s[0] <= 'z') s[0] -= 32;     // 首字母大写
        for (int j = 1; j < strlen(s); j++) {           // 第二个字符开始遍历
            if ('A' <= s[j] && s[j] <= 'Z') s[j] += 32; // 大写转小写
        }
        cout << s;                                      // 自带换行符
    }
    return 0;
}
```

通过 cin 语句读入 n 的数值后,换行符'\n'需要单独处理,如使用 getchar()函数实现单字符的读入,避免'\n'被视为整行读入到字符串 s 中。通过 fgets()函数存储每一行的文本信息,首先对于首字符需要单独进行判断,如果是小写字母,需要修改成大写字母,但如果是数字就不需要处理,接着从第二个字符开始遍历,将后续所有的大写字母转换成小写字母,最后通过 cout << s 语句实现整行字符串的输出,也可以使用 printf("%s", s)函数。

第5课 二维字符

【导学牌】

了解二维字符的适用领域

掌握常用二维字符的输入输出

【知识板报】

与整数数组类似,字符数组也可以实现二维字符数据的存储。二维字符数据的存储主要有两种方式:一种是每一行的整体读入,通过一重循环实现;另一种是类似二维整数数组的逐个元素读入,通过双重循环实现。两种读入的方式各有其优势,都需要掌握牢固。

例 9-15:高分同学

在信息学的有关竞赛中,由于判题机制的严格性,获得高分相对较难,得分要求精准匹配测试点,稍有差错即可导致得分损失甚至零分,即使是小错误,都可能带来较低的分数甚至无法运行的情况。所以,获得零分在竞赛中并不罕见。这样说明是为了鼓励大家,面对低分甚至0分,保持积极的心态客观地看待信息学竞赛的成绩。

为了积极准备下一届的信息学竞赛,我校进行了一场编程的模拟赛。现比赛已经结束,为奖励本次编程比赛获得高分的同学,只要比赛成绩达到老师划定的分数线,就能够获得相应的奖品。

给定 N(1≤N≤45)名同学的英文名(长度不超过 20)与得分,在 N 名同学的信息后,划定一个分数线 K,请依次输出所有能够获得奖品的同学的英文名。

【输入样例】

```
8
Harper 8
Leo 21
Grace 100
Max 39
Ivy 44
Liam 0
Ava 76
Tom 56
55
```

【输出样例】

```
Grace
Ava
Tom
```

【示例代码】

```
#include <bits/stdc++.h>
using namespace std;
int n, k;
char s[45][30];                        // 二维字符数组
int a[45];                             // 记录得分
int main() {
    cin >> n;
    for (int i = 0; i < n; i++) {
        cin >> s[i] >> a[i];           // 读入姓名与得分
```

```
    }
    cin >> k;
    for (int i = 0; i < n; i++) {
        if (a[i] >= k) {                          // 判断是否高分
            cout << s[i] << endl;                 // 输出姓名
        }
    }
    return 0;
}
```

这里采用了一个二维字符数组 s 用于存储 N 位同学的英文名,结合一维的整数数组存储分数。在示例代码中从第 0 行开始,通过 cin >> s[i]的方法依次读入每位同学的英文名,这种方法的便利之处在于可以对英文名的字符串进行整体读入,而无需获知每位同学的英文名长度,且每位同学的英文名长度可能不相等。

在二维字符数组中,s[i][j]表示的是第 i 位同学英文名的第 j 个字符。当然,我们也可以选择从第 1 行开始读入,但无论如何,在读入整个字符串时,默认的起始列号仍然是 0。

当所有同学的英文名和得分都输入完毕后,可以通过分数线判断与输出能够获得奖品的同学。

例 9-16:合并字母矩阵

给定两个 N 行 M 列(1≤N, M≤100)的字母矩阵,所有元素均为大写字母,现需要将两个矩阵进行合并,具体的规则如下:

1. 如果两个矩阵相同位置的字母相同,保留该字母。
2. 如果两个矩阵相同位置的字母不相同,将该位置的字母修改为字符"."。

【输入样例】

```
3 4
ABCD
EFGH
IJKL
ABED
WFPH
IQKO
```

【输出样例】

```
AB.D
.F.H
I.K.
```

【示例代码】

```
#include <bits/stdc++.h>
using namespace std;
int n, m;
char a[105][105], b[105][105], c[105][105];          // 定义三个字符数组
int main() {
    cin >> n >> m;
    for (int i = 1; i <= n; i++) {
        for (int j = 1; j <= m; j++) {
            cin >> a[i][j];                            // 读入 a
        }
    }
    for (int i = 1; i <= n; i++) {
```

```
        for (int j = 1; j <= m; j++) {
            cin >> b[i][j];                                  // 读入 b
        }
    }
    for (int i = 1; i <= n; i++) {
        for (int j = 1; j <= m; j++) {
            if (a[i][j] == b[i][j]) c[i][j] = a[i][j];       // 相同情况
            else c[i][j] = '.';                              // 不相同的情况,字符为'.'
            cout << c[i][j];
        }
        cout << endl;
    }
    return 0;
}
```

当处理二维字符数组时,更常见的方式是使用类似二维整数数组的读入方式。在已知行数和列数的情况下,逐个元素地读入会更加灵活。可以从第 1 行的第 1 个元素开始读取,然后逐行逐列地扫描读入矩阵,这种读入方法可以避免必须从索引为 a[i][0]的位置开始读取,保留的第 0 行和第 0 列,可以作为其他用途,如用于存储对应行列中字典序最小的字符元素等。

例 9-17:数字消消乐

给定一个 N 行 M 列(1≤N, M≤1000)的数字矩阵,矩阵中的消消乐符合以下规则:如果矩阵中的某个元素,其上下左右有与它相同的元素,则该元素会被消除成"."。

请注意,由于显示问题,在某些字符之间,可能会出现不应有的空格,请将对应的空格忽略。

请分别输出忽略空格后的矩阵与消消乐后的矩阵。

【输入样例】

```
5 6
111 111
285672
33 3453
4234 64
5 89455
```

【输出样例】

```
111111
285672
333453
423464
589455

...
285672
...53
42..64
589...
```

【示例代码】

```
#include <bits/stdc++.h>
using namespace std;
int n, m;
char a[1005][1005];                                  // 二维字符数组
int main() {
```

```
    scanf(" %d %d\n", &n, &m);
    for (int i = 1; i <= n; i++) {
        for (int j =  1; j <= m; j++) {
            scanf(" %c", &a[i][j]);                  // 含有前导空格的读入
            // scanf("\n%c", &a[i][j]); 或使用前导换行符
        }
        // getchar(); 吸收换行符
    }
    for (int i = 1; i <= n; i++) {
        for (int j = 1; j <= m; j++) {
            printf("%c", a[i][j]);
        }
        puts("");                                    // 输出空字符串,自带换行
    }
    cout << '\n';                                    // 换行操作
    for (int i = 1; i <= n; i++) {
        for (int j = 1; j <= m; j++) {
            bool flag = 0;                           // 标记,假设附近没有相同的字符
            if (a[i][j] == a[i - 1][j]) flag = 1;    // 上
            if (a[i][j] == a[i + 1][j]) flag = 1;    // 下
            if (a[i][j] == a[i][j - 1]) flag = 1;    // 左
            if (a[i][j] == a[i][j + 1]) flag = 1;    // 右
            if (flag) printf("%c", '.');             // 或 printf(".")
            else printf("%c", a[i][j]);              // 无法消除
        }
        cout << endl;
    }
    return 0;
}
```

首先,根据数据规模,可以判断这个题目的输入量可能会相当大,最大可能达到 1000×1000 个元素。在面对大量输入时,未经过优化的 cin 语句读入方式可能效率较低。因此,在这种情况下,使用 C 风格的输入方式更为合适。然而,C 风格的字符型%c 输入会有一些限制,因为它会自动读入空格和换行符等字符。为了解决这个问题,可以在占位符%c 之前加上前导空格或前导换行符'\n',从而能够实现类似 cin 语句的特性,即能够在读入过程中自动忽略空格和换行符。如果不使用这种策略,也可以在每行读入后,通过 getchar()函数或其他方式手动吸收换行符。

关于换行,除了常规使用的 cout << endl 语句与 printf("\n")函数,在实际应用中,还可以使用 cout << '\n'语句或 puts("") 函数来实现。puts("")函数可以输出字符数组类型的字符串,并自动添加换行符,由于它高效地执行换行操作,因此当有较大规模的数据需要换行操作时,可以运用 puts("")函数输出空字符串的方法,实现快速换行的效果。

第 6 课　初识 string 类

【导学牌】

了解 STL 的概念

理解 string 类字符串

学会 string 类字符串的常规操作

掌握 string 类中常用的函数

【知识板报】

标准模板库 STL(standard template library)是 C++ 编程语言的一个重要组成部分，它提供了一系列的模板类和函数，可以理解为是已经制作好的一个百宝箱，里面有前辈们已经制作完备的函数、算法、数据结构等，能够让编程者更加关注解决问题本身，而不是每次都要从头开始制造工具。

前面课程中学习的字符数组在处理字符串时，有时会略显不便，例如字符数组需要提前定义长度，会有数组越界的风险，且无法自由地改变长度，也不能通过赋值符号对两个字符串实现直接赋值等操作。基于这些经常使用到的字符串操作的需求，在 STL 中建立了有关字符串操作的 string 类，所有功能都包含在< string >头文件中，当然，万能头文件中也包括< string >头文件。

定义 string 类字符串的语法格式如下：

```
string s;
```

通过上述方法建立的 string 类字符串 s，字符串的长度无需提前定义，可以自由伸缩。string 类字符串的最大容量是由系统的可用内存和编译器的实际限制所确定的，C++标准中并没有规定一个具体字符串的最大容量，因为这在实际操作中会受到各种因素的影响。一般来说，这个值会相当大，远远超过在应用中所需的字符串长度。

例 9-18：字典序

字典序，也称为字母序、词典序或字序，是基于字符在字母表或字符集中的顺序，用于比较和排序的规则。在字典序中，比较的是字符的相对顺序，而不仅仅是字符的长度或 ASCII 码值。例如"ab"排在"abc"前面，"ccdc"排在"cdc"前面。

给定 N(1⩽N⩽100)个字符串，请寻找其中长度最长的字符串，若存在多个并列长度的字符串，请输出其中字典序最靠前的那个字符串。

【输入样例】

```
5
apple
Watermelon
Strawberry
Blackberry
orange
```

【输出样例】

```
Blackberry
```

【示例代码】

```
#include <bits/stdc++.h>
using namespace std;                                                    // 定义 string 类字符串
string s, ans;
int n, maxn;
int main() {
    cin >> n;
    for (int i = 0; i < n; i++) {
        cin >> s;
        if (s.length() > maxn || s.length() == maxn && s < ans) {  // 两个条件
            maxn = s.length();                                      // 更新最大长度
            ans = s;                                                // 更新字符串
        }
    }
    cout << ans;
    return 0;
}
```

string 类的字符串读入,可以通过 cin >> s 语句实现,但不能使用 C 风格 scanf("%s", s)函数读入,因 string 类字符串仅适用于 C++的读入方式。

类似字符数组中的 strlen(s)函数,在 string 类字符串中通过 s.length()或 s.size()这两个成员函数,可以获取字符串的长度。

在比较字符串的字典序时,string 类可以直接通过比较运算符<、<=、>、>=进行字典序的对比,还可以通过双等号"=="判断两个字符串是否完全相等。

根据题意,此题在打擂台的过程中,有两种情况需要更新字符串,一个是当出现了更长的字符串,另一个是在长度相等的情况下出现了字典序更靠前的字符串,在循环对比后输出字符串 ans。

例 9-19:句子倒排

给定一行句子,请将句子中的单词倒排后输出。

【输入样例】

```
My name is xinxin
```

【输出样例】

```
xinxin is name My
```

【示例代码】

解法 1:

```
#include <bits/stdc++.h>
using namespace std;
string s;                                        // 定义 string 类字符串
int last;                                        // 用于记录当前单词的右边界
int main() {
    getline(cin, s);                             // 整行读入
    s = " " + s;                                 // 字符串最前面增加一个空格
    last = s.length();                           // 第一个需要输出的单词的右边界
    for (int i = s.length() - 1; i >= 0; i--) { // 倒序遍历
        if (s[i] == ' ') {                       // 如果有空格,将空格到 last 之间的字符输出
            for (int j = i + 1; j < last; j++) {
                cout << s[j];
            }
```

```
            cout << ' ';                               // 补一个空格作为间隔
            last = i;                                  // 更新 last 为下一个单词的右边界
        }
    }
    return 0;
}
```

解法 2：

```
#include <bits/stdc++.h>
using namespace std;

int main() {
    string s = "", tmp;                                // 定义 s 为空字符串
    while (cin >> tmp) {                               // 循环读入单词
        s = tmp + " " + s;
        // 将最新的单词 tmp 拼接到之前的字符串 s 之前,并有空格间隔
    }
    cout << s;
    return 0;
}
```

解法 1 中定义了 string 类字符串 s，通过 getline(cin, s)函数的方法实现了整行的读入，与字符数组中的 fgets()函数相比，主要的区别是 getline()函数默认不存储行末的换行符。

string 类字符串可以通过"＋"直接拼接，还可以通过"＝"实现字符串的整体赋值，这在字符数组中是无法快速实现的。在解法 1 中，为了让整个字符串前添加一个空格，通过 s ＝ " " ＋ s 的方法，将空格与原字符串 s 拼接后再赋值给字符串 s，成功实现了字符串的拼接与赋值两个操作。

解法 1 的整体思路是通过 getline()函数实现整行的读入，接着从右往左进行遍历，当查找到空格时，输出当前空格符与当前单词终止位置 last 之间的字符，在该单词输出后，last 会更新为当前的空格位置，以此类推，继续搜索下一个空格，直到遍历结束。

解法 2 充分运用了字符串用"＋"进行拼接的特性，在表达式中连续使用了两次"＋"进行拼接，由于思维惯性，我们往往认为新输入的字符串只能拼接到原先的字符串的后面，其实也可以将每次新输入的字符串拼接在原先字符串的前面，并在两者之间手动添加一个空格，这些功能在字符数组中都无法快速的实现。

第 7 课　string 类成员函数

【导学牌】

了解成员函数的概念

认识常见的成员函数

掌握相关函数的操作方法与策略

【知识板报】

上一课通过实例，我们已经了解与掌握了 string 类字符串的一些特性，例如字符串之间可以直接相互赋值、拼接、对比字典序等，这些都是 string 类字符串特有的优势。本节课将介绍 string 类字符串的成员函数，通过学习成员函数，可以实现更多的操作功能，例如查找、删除、截取、插入等操作，都能通过成员函数轻松实现，而不用手动模拟相关的操作，能够极大地提高编程的效率。

成员函数的使用方法如下：

```
字符串变量名.成员函数()
```

string 类的成员函数较多，在此介绍一些常用的成员函数，如表 9-1 所示，以 string 类的 s 与 str 两个变量为例。

表 9-1　常用的 string 类成员函数

函数样式	功能描述	返回值
s.length()或 s.size()	获取字符串的长度，返回字符串中字符的数量	字符串长度
s.append(str)或 s += str	字符串拼接，在字符串 s 末尾拼接指定的字符串 str	/
s.substr(pos, n)	返回从字符串 pos 位置开始的子字符串，长度为 n	截取的一段子字符串
s.insert(pos, str)	在字符串的 pos 位置插入字符串 str	/
s.erase(pos, n)	在字符串的 pos 位置开始，删除长度为 n 的子字符串	/
s.find(str, pos)	在字符串的 pos 位置开始，查找子字符串 str，返回其首次出现的位置，如果不指定 pos 参数，默认从 0 位置开始查找	首次出现 str 子串的位置，如果未查询到子串，返回一个特殊的值：string::npos
s.replace(pos, n, str)	从字符串的 pos 位置开始，用字符串 str 替换长度为 n 的子字符串	/

例 9-20：插入与删除字符串

给定一行原始字符串，将对该字符串进行 K(1≤K≤10)次操作，如果操作符是"insert"，表示插入操作；如果操作符是"erase"，表示删除操作。

插入操作：提供插入的位置与相应的字符串。

删除操作：提供删除的起点位置与删除的字符总数。

请输出 K 行字符串，每行为当前操作后的字符串。

【输入样例】

```
abcef
3
insert 0 ABC
erase 3 2
insert 4 123
```

【输出样例】

```
ABCabcef
ABCcef
ABCc123ef
```

【示例代码】

```
#include <bits/stdc++.h>
using namespace std;
string s, str;                              // 定义 string 类字符串
int k, pos, n;
int main() {
    getline(cin, s);                        // 读入整行
    cin >> k;
    for (int i = 0; i < k; i++) {           // k 次操作
        cin >> str;                         // 读入操作符
        if (str == "insert") {              // 判断是否为插入操作
            cin >> pos >> str;
            s.insert(pos, str);             // 位置 pos 插入 str 字符串
        }
        else {                              // 删除操作
            cin >> pos >> n;
            s.erase(pos, n);                // 位置 pos 开始删除 n 个字符元素
        }
        cout << s << endl;                  // 输出每轮操作后的字符串
    }
    return 0;
}
```

可以通过 s.insert()和 s.erase()这两个成员函数实现在字符串中插入与删除的操作。在 s.insert()函数中，需要传递两个参数：位置 pos 和待插入的字符串 str。位置 pos 在字符串操作中通常是最关键的，因为无论进行何种操作，首先需要确定操作的起始位置，在成员函数中，涉及到位置的操作通常将其放在第一个参数。

在 s.erase()函数中，同样也需要传递两个参数：位置 pos 和待删除的元素个数 n。需要注意的是，如果省略 s.erase(pos, n)函数中的第二个参数 n，采用 s.erase(pos)函数的形式，程序会默认从位置 pos 开始删除后续所有字符。这种设计非常符合逻辑，如果需要从某个位置开始将之后的所有元素都删除，自然就不需要关心后续还有多少个字符。这也是 STL(标准模板库)的强大之处，它根据常见的操作需求设计了更加人性化的操作方法。

这两种操作都没有返回值，它们是直接在字符串 s 内部进行的。在执行插入或删除操作后，字符串 s 会立即发生改变，在插入点之后的元素会自动根据插入操作相应地往后移动，在删除一段字符串时，其后续未被删除的元素也会自动往前挪动，都无需手动进行移动元素的步骤。

例 9-21：拼接与截取字符串

给定一行主字符串，将对该字符串进行 K(1≤K≤10)次操作，如果操作符是"append"，表

示拼接操作;如果操作符是"substr",表示截取操作。

拼接操作:提供需要拼接的字符串,如果字符串是大写字母开头需插入在主串之前,其余插入在主串之后。

截取操作:提供截取的起点位置与截取的元素个数,其余的元素在主串中不再保留。

请输出 K 行字符串,每行为当前操作后的字符串。

【输入样例】

```
12345 x y z
3
append XYZ
substr 2 6
append 67
```

【输出样例】

```
XYZ12345 x y z
Z12345
Z1234567
```

【示例代码】

```
#include <bits/stdc++.h>
using namespace std;
string s, str;
int k, pos, n;
int main() {
    getline(cin, s);                                    // 读入整行
    cin >> k;
    while (k-- ) {                                      // k 次操作
        cin >> str;                                     // 读入操作符
        if (str == "append") {                          // 判断是否为拼接操作
            cin >> str;
            if ('A' <= str[0] && str[0] <= 'Z') s = str + s; // 拼在前面
            else s.append(str);                         // 拼在后面,等效于 s += str;
        }
        else {                                          // 截取与赋值操作
            cin >> pos >> n;
            s = s.substr(pos, n);                       // 位置 pos 开始截取 n 个字符,并赋值给 s
        }
        cout << s << endl;                              // 输出每轮操作
    }
    return 0;
}
```

通过 s.append(str)成员函数,可以在字符串 s 后面拼接一个字符串 str。另外,还可以使用 s += str 来实现同样的效果。值得注意的是,通过使用"+"来实现字符串拼接会更加简洁和灵活,特别适用于多个字符串的连续拼接,例如:s = str + s + str,可以在字符串 s 的前后各拼接一个 str 字符串。

使用 s.substr(pos, n)函数可以实现从位置 pos 开始,截取 n 个字符元素的操作。需要注意的是,截取操作本身并不会改变原字符串 s,如果希望将截取后的字符串作为最新的字符串,可以通过 s = substr(pos, n)的方式将截取到的字符串重新赋值给原字符串 s,从而实现字符串的更新。

例 9-22:查找与替换子串

给定一个不含空格符的字符串,请将其中的若干个指定的子串全部替换,如果相邻的两个

子串具有公共元素，则优先替换左侧的子串，例如主串是"aaa"，要求将子串"aa"替换成"b"，则替换后的字符串为"ba"，而不是"ab"。

【输入样例】

```
abc3de7abc0fg@abchijk
abc x
```

【输出样例】

```
x3de7x0fg@xhijk
```

【示例代码】

```
#include <bits/stdc++.h>
using namespace std;
string s, s1, s2;                                   // 定义三个字符串
int pos;                                            // 位置变量
int main() {
    cin >> s >> s1 >> s2;
    while ((int)s.find(s1) != -1) {                 // 循环查找子串，直到全部替换结束
        pos = s.find(s1);                           // 标记子串的位置
        s.replace(pos, s1.length(), s2);            // 将 s1 替换成 s2 字符串
    }
    cout << s;
    return 0;
}
```

当使用 s.find(str, pos)成员函数时，能够轻松地查找字符串中的子串，无需手动实现匹配和搜索的过程。这个函数的便捷之处在于能够自动完成查找任务，而不需要编写复杂的搜索算法。

s.find(str, pos)函数的第一个参数 str 表示要查找的目标子串，而第二个参数 pos 则是可选的起始查找位置。如果省略了参数 pos，函数会默认从字符串的开头（即 s[0]的位置）开始查找。但当明确提供了参数 pos 时，可以避免在不相关的前序部分进行无用的搜索，以提高查找的效率，例如可以通过参数 pos 跳过前序元素中可能存在的已知子串，避免重复查找，直接锁定目标区域。当不存在目标子串时，函数的返回值为 string::npos，若强制取整会返回－1。

s.replace(pos, n, str)替换函数可以视为 s.erase(pos, n)和 s.insert(pos, str)函数的结合体，其目的是在字符串 s 中从指定的起点位置 pos 开始，将长度为 n 的子串替换为字符串 str，该函数在执行替换操作时非常方便，因为它将删除操作和插入操作结合在一起，使得代码更加简洁和高效。通过指定起始位置 pos、待删除的元素个数 n 以及待插入的字符串 str 这三个参数，即可一步完成子串的替换，无需分别进行删除和插入操作。

第8课　string数组

【导学牌】

了解string类字符串数组的概念

理解string数组与二维字符数组的区别

掌握string数组的输入输出、字典序排序的方法

【知识板报】

类似二维字符数组,string类字符串也可以用于二维数据的存储,例如存储全班同学的姓名,存储若干英文句子等。string类字符串本身可以理解为是一个可变长度的一维字符数组,若要构建更多这样的一维数组,从而组成二维的字符串结构,可以通过定义string数组的方法实现,语法格式如下:

```
string 变量名[整数常量]
```

例如string s[15],就构建好了s[0]到s[14]的15个string类字符串,若与二维字符数组类比,则类似于char s[15][可变长度]的概念,虽然建立的是string类字符串数组,但其实已经是一个二维的数据结构了。

与二维字符数组相比,string数组能够充分利用string类的特性,更方便地处理字符串,会带来更多的灵活性和便利性。

例9-23:光荣榜

学校举办了一场精彩的科技嘉年华活动,同学们在各个赛事中充分展现了自己的才能,有许多同学荣获了一等奖的好成绩,有的同学甚至在多个赛项中都获得了一等奖的荣誉。现在,我们需要对这些获奖同学的名单进行整理和排列。

现有N(1≤N≤100)位获奖同学的名单,我们的任务是:

1. 将所有获奖同学的名字(皆为小写字母,没有空格)按照字典序进行排序。

2. 去除可能出现的重复名字,确保每个同学只在名单中出现一次。

【输入样例】

```
8
Emily
Daniel
Alice
Chloe
Benjamin
Daniel
Benjamin
Alice
```

【输出样例】

```
Alice
Benjamin
Chloe
Daniel
Emily
```

【示例代码】

```
#include <bits/stdc++.h>
using namespace std;
string s[105];                          // 建立 string 数组
int n;
int main() {
    cin >> n;
    for (int i = 1; i <= n; i++) {
        cin >> s[i];                    // 逐行存储一个字符串(英文名)
    }
    sort(s + 1, s + n + 1);             // 按字典序排序
    cout << s[1] << endl;               // 第一位同学单独输出
    for (int i = 2; i <= n; i++) {
        if (s[i] != s[i - 1]) {         // 判断是否重名
            cout << s[i] << endl;
        }
    }
    return 0;
}
```

通过 string s[105]构建了一个二维的数据结构,可以在 s[0]~s[104]存储字符串。由于每位同学的姓名中没有空格,可以在循环中使用 cin 语句逐行读入字符串。

通过 sort()函数的快速排序特性,不仅可以对整数数组和字符数组进行排序,对于 string 数组同样适用。通过 sort(s+1,s+n+1)的排序策略,轻松地实现了对[1,n]内的字符串按照字典序进行排序。在排序的基础上可以进行对比查重操作,但第一个姓名无需与前一个姓名进行对比,因此可以单独输出。从第二个姓名开始,只要与前一个姓名字符串不相同,就可以输出,从而确保输出不重复的姓名,此方法简洁而高效地实现了对姓名的排序和去重操作。

例 9-24:加菜

顾顾和强强今天相约去吃火锅,强强先到了火锅店,为了尽快上菜,他先点了 N(1≤N≤15)道常规的菜品。过了一会儿,顾顾也到了店里,她今天想吃的菜品有 M(1≤M≤15)。请确定顾顾还需要加哪几道菜,输出需要加的菜名,数据保证至少需要加一道菜。

【输入样例】

```
6
Duck Blood
Tripe
Ham Sausage
Shrimp Paste
Quail Egg
Fatty Lamb Roll
3
Asparagus
Fatty Lamb Roll
Crispy Pork
```

【输出样例】

```
Asparagus
Crispy Pork
```

【示例代码】

```
#include <bits/stdc++.h>
using namespace std;
```

```
string s1[20], s2[20];                      // 两个二维 string 类字符串,存储菜品
int n, m;
bool flag;
int main() {
    cin >> n;
    getchar();                              // getline()使用前,吸收换行符
    for (int i = 1; i <= n; i++) {
        getline(cin, s1[i]);                // 强强已点的菜品
    }
    cin >> m;
    cin.ignore();                           // 清除缓冲区的换行符
    for (int i = 1; i <= m; i++) {
        getline(cin, s2[i]);                // 顾顾想点的菜品
    }
    for (int i = 1; i <= m; i++) {          // 遍历顾顾想吃的菜品
        flag = 0;                           // 假设强强没有点过
        for (int j = 1; j <= n; j++) {      // 遍历强强已点的菜品
            if (s2[i] == s1[j]) {
                flag = 1;                   // 强强已经点过
                break;                      // 跳出循环
            }
        }
        if (!flag) cout << s2[i] << endl;   // 未点过,需要加菜
    }
    return 0;
}
```

这道题目要求根据强强已经点的菜品,找出顾顾需要加的菜品。示例代码首先使用了两个 string 数组 s1 和 s2,读入了强强已点的菜品与顾顾想点的菜品。接下来,通过比较顾顾想点的菜品是否在强强已点的菜品列表中,确定顾顾还需要加哪些菜品。

在读入的过程中使用 getline()函数来读入整行菜品的字符串,是为了避免读入的菜品名之间出现空格的问题。需要注意的是,当上一行的内容通过 cin 语句读入后,换行符还留在缓冲区,如果直接使用 getline()函数开始读入菜品,第一个菜品仅会读入一个换行符号。为解决这个问题,有多种方法可选,其中之一是使用 getchar()函数来直接吸收这个换行符;另一种是通过 cin.ignore() 函数清除缓冲区的内容(包括换行符),还可以使用 getline()函数实现吸收该换行符的操作。

本章寄语

字符串是计算机语言中特有的概念，对于初学者来说可能需要一些时间来理解。因此，在学习字符串操作时，不要急于一时，应循序渐进地理解。

字符串的操作非常灵活，例如在使用字符数组存储数据时，可以选择整体读取字符串，也可以通过循环逐个字符读取字符串。在进行字符串读取操作时，需要先分析数据中是否包含空格，以及是否需要整行读取，整行读取的好处是可以处理包含空格的数据。类似于二维整数数组，如果需要存储多个字符串，可以使用二维字符串数组。

字符数组有其限制，虽然可以通过相关函数进行操作，例如 strcmp()函数可以比较两个字符串是否相等，strcpy()函数可以实现字符串的复制，但相较于 string 类字符串操作仍有诸多不便，因此在本章中没有进行详细的介绍，有关字符数组的函数操作，感兴趣的同学可以自行研究。通常建议使用更加灵活方便的 string 类字符串操作实现，string 类字符串拥有丰富的成员函数，可以直接通过这些函数来执行各种操作，如拼接、查找、删除、截取、替换等，不仅提高了效率，还有助于减少错误的发生。

第 10 章　函　　数

函数(function)是编程中的重要概念,函数如同精心设计的工具,被预先定义好并且可以反复使用。想象一家繁忙的饭店,每天都需要准备大量的食材,并对它们进行保鲜与加工等工作,这些过程需要一系列的工具,如冰箱、烤箱、锅碗瓢盆等。现在试想一下,如果每天使用的这些工具,都必须从头开始制造才可以使用,那无论是耗时还是难度都将成本变得极高。

在编程中,函数就像是这家饭店里的各种工具。它们是预先构建的代码块,具备特定的功能或操作,当我们需要使用的时候可以随时调用,就像饭店中使用的烤箱,当我们需要烹饪食物时,可以将食材放进烤箱让烤箱自动化地进行烹饪工作,当时间到了就能获得美食。在这个过程中,烤箱这个机器设备就是函数,它能够实现烹饪的功能,食材是烤箱接受的参数,经过处理后能够产生美味的食物,即编程中的返回值。有了烤箱,我们就能避免重复的劳动,而不是每次需要烤东西时,再重新支棱一个烤架。

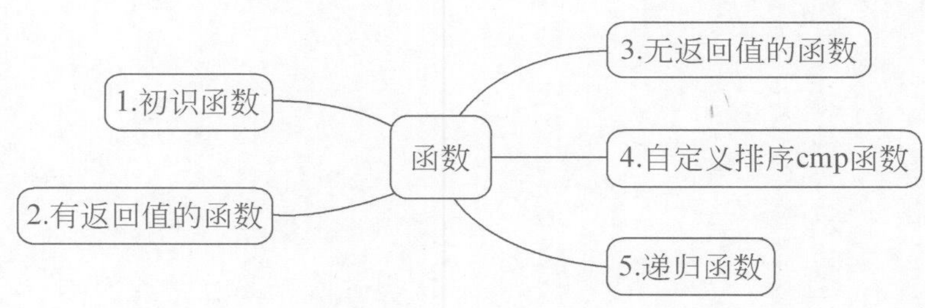

第1课 初识函数

【导学牌】

理解函数的概念

掌握自定义函数的常规方法

【知识板报】

一谈及函数，很多同学不禁皱起眉头，似乎觉得函数是一个晦涩难懂的知识点，难度颇高。然而，实际情况未必如此。函数这一概念产生的本意，是为了让程序编写更加方便与流畅，而不是故意增加复杂度。在之前的章节中，我们已经使用过一些C++中的内置函数，例如max()、swap()、sqrt()等函数，这些内置函数能够帮助我们迅速、便捷地实现特定功能，当我们需要时可以随时调用，无需手动编写相关代码，这就是内置函数的重要作用。

当我们面对那些个性化的、需要多次解决的问题时，可以通过创建自定义函数来实现特定的功能和任务。自定义函数的存在让我们能够为个性化的需求设计与定制相关的解决方案，并在不同情境下重复使用，从而提高编程的效率和代码的可维护性。

在C++中，除了主函数，理论上确实可以不用其他函数，但这并不是一个明智的选择，客观上会导致耗时、复杂的后果，可能会在实现功能的过程中引入错误，从而耗费大量时间进行调试。此外，如果在主函数中多次使用相同的代码来完成类似的功能，代码量将变得庞大而冗长，阅读和维护都会变得不便。

自定义函数的语法格式如下：

```
返回值类型 函数名(形参类型 1 形参名 1, 形参类型 2 形参名 2…) {
    // 函数体,实现具体操作
    // 可以使用形式参数
    return 返回值;
    // 如果没有返回值,可以使用 return 语句;或省略 return 语句(void 类)
}
```

各部分的作用如下：

返回值类型：需要指定函数执行完毕后返回值的数据类型，可以是基本数据类型(如int、double型等)、自定义数据类型(如结构体或类)，或者是特殊类型如void(表示函数没有返回值)。

函数名：即函数的名称，命名格式要求与变量名一致，用于在程序中调用这个函数，建议函数的名称要具有一定的识别度，并与其实现的功能相契合。

形参类型和形参名：在函数定义时声明的参数，作为函数输入，可以是零个或多个。每个参数由其数据类型和参数名组成，这些参数仅在函数内部可以使用，相当于函数内的局部变量。

函数体：包含实际的代码块，以实现函数的具体功能。

return语句：用于从函数中返回结果，返回值的类型需与函数声明中指定的返回值类型相匹配。若函数无返回值可以使用"return;"语句，也可以省略"return;"语句，当函数执行所有命令后自动返回。

例 10-1：距离函数

给定三个点 A、B、C 的坐标(整数)，请分别计算并保留两位小数：A 与 B、A 与 C 以及 B 与 C 之间的欧几里得距离。

【输入样例】

```
0 0
3 4
8 1
```

【输出样例】

```
5.00
8.06
5.83
```

【示例代码】

```
#include <bits/stdc++.h>
using namespace std;
double dis(int x1, int y1, int x2, int y2) {                              // 定义函数
    return sqrt((x1 - x2) * (x1 - x2) + (y1 - y2) * (y1 - y2));
                                                                          // 计算距离并返回
}
int main() {
    int x1, y1, x2, y2, x3, y3;                                           // 三个点的坐标
    double ans1, ans2, ans3;
    cin >> x1 >> y1 >> x2 >> y2 >> x3 >> y3;
    ans1 = dis(x1, y1, x2, y2);                                           // A→B 的距离
    ans2 = dis(x1, y1, x3, y3);                                           // A→C 的距离
    ans3 = dis(x2, y2, x3, y3);                                           // B→C 的距离
    printf("%.2f\n%.2f\n%.2f\n", ans1, ans2, ans3);                       // 保留两位小数
    return 0;
}
```

在程序中，函数的返回类型定义为 double 型，这是由于两点之间的距离并非一定是整数，且大部分情况下不会是整数，函数名 dis 是 distance 的简称，给函数起与功能相适合的名称，能有效地促进程序的阅读与理解。在函数的参数列表中，定义了四个整数型的变量，分别表示两个点的坐标，最后通过计算并返回两点之间的欧几里得距离。

通过将计算距离的方法封装成函数，巧妙地实现了计算两点之间的距离，使得代码整体更加简洁与清晰。函数的名称和参数使人能够迅速理解其用途，从而提高了代码的可读性。这个被封装的函数在这段代码中被调用了三次，有效地避免了代码重复，也预防了在复制粘贴过程中可能出现的错误。

若需改变距离的计算方法，比如将题目中的距离定义改成曼哈顿距离或切比雪夫距离，只需要修改函数内部距离的计算方法即可，主函数的内容则无需做出修改，这种函数的调用方法使得代码的维护变得更加简便。

在函数定义的过程中，括号内的四个参数被称为形式参数。形式参数充当了在函数被调用时被赋予值的占位符，这些值通常来自于主函数中传递的实际参数，在本题中是传递坐标值参数。

当调用函数时，实际参数的值会被赋值给对应的形式参数，以便在函数内部进行操作和计算。通过操作这些形式参数，可以对传入函数的形参值执行各种计算，而无需修改实际参数本身。这种机制使得我们能够在函数内部执行特定的操作，同时不会对传递给函数的原始实际参数的值产生影响。

例 **10-2**：画矩形

给定两个整数 N 与 M(1≤N, M≤100)和一个字符 C，请通过自定义函数的方式，输出 N 行 M 列的字符矩阵。

【输入样例】

```
5 6 #
```

【输出样例】

```
######
######
######
######
######
```

【示例代码】

```
#include <bits/stdc++.h>
using namespace std;
int n, m;                                    // 全局整数变量
char c;                                      // 全局字符变量
void input();                                // 声明函数 input();
void output();                               // 声明函数 output();
int main() {
    input();                                 // 调用 input()函数
    output();                                // 调用 output()函数
    return 0;
}
void input() {                               // 定义 input()函数体
    cin >> n >> m >> c;
}
void output() {                              // 定义 output()函数体
    for (int i = 1; i <= n; i++) {
        for (int j = 1; j <= m; j++) {
            cout << c;
        }
        cout << endl;
    }
}
```

此题如果不使用函数画矩形，仅用双重循环确实也可以完成。在此为了学习函数的特性与锻炼函数的使用，使用了没有返回值的 void 类型函数，需要注意的是对于无返回值的函数，return 后不能添加任何参数，否则会报错。因所需的参数皆在全局变量中，所以在函数中没有相应的参数列表。在主函数中，调用了 input()与 output()函数，实现了整个数据的读入与输出。

我们需要了解作用域的概念，在示例代码中，定义了三个全局变量，如果将这三个变量定义在主函数中，势必会造成程序运行的问题，这是因为定义在函数中的变量的作用域仅限于此函数中，也包括主函数。简单地讲，在某个函数的大括号内定义的变量，只能在大括号内使用，而全局变量则可以应用于所有的函数。

在示例代码中，声明与定义函数的方法略有不同。在 C++ 中，允许在主函数前先声明函数，在主函数后再进行详细的定义，注意声明和定义的区别，声明不需要定义大括号内的函数体，但返回类型、函数名、参数列表都是一致的，最后需加分号。

例 10-3：好哥们数

给定两个整数(int 型范围内)，请判断它们是否是好哥们数，如果是好哥们数输出“yes”，否则输出“no”。

好哥们数需要符合以下要求：

1. 两个整数的位数相同。
2. 差值不超过 100。

【输入样例】

```
1000 1099
```

【输出样例】

```
yes
```

【示例代码】

```
#include <bits/stdc++.h>
using namespace std;
int f(int x) {                                                     // f 函数：统计位数
    int cnt = 0;
    while (x) {
        cnt++;
        x /= 10;
    }
    return cnt;
}
bool check(int x, int y) {                                         // check 函数：判断是否为好哥们数
    if (f(x) == f(y) && abs(x - y) <= 100) return true;          // 或 return 1;
    // 函数的嵌套使用
    else return false;                                             // 或 return 0;
}
int main() {
    int a, b;
    cin >> a >> b;
    if (check(a, b)) cout << "yes";
    else cout << "no";
    return 0;
}
```

在整个程序中，如果自定义函数的数量不多或者暂时没有更合适的函数名时，可以考虑使用一些通用性较高的函数名，例如 f、fun、judge、change、check 等，以用于特定的任务，如判断、转换、检查等场景。

在示例代码中，展示了函数的嵌套使用。首先，定义了一个名为 f 的函数，它用于统计整数的位数。然后，在 check()函数内部，使用了刚刚自定义的 f()函数来判断两个整数是否符合构成好哥们数的条件。这种嵌套使用函数的方式允许在一个函数内部调用另一个函数，但需要确保被调用的函数在调用它的函数之前已经被定义。若 f()函数在 check()函数之后才被定义，程序将会报错。

check()函数的返回值是一个布尔型，如果条件为真，则返回 true，否则返回 false，在一个函数中，可以有多处 return 返回，但只会执行一个。也可以返回整数值 1 表示真，0 表示假，可以根据个人习惯使用。

函数也可以带有默认参数，这样在调用函数时如果没有提供对应参数，就会使用默认值，例如字符串查找 s.find()函数，如果没有提供查找的初始位置，默认值会从主字符串的开头寻找对应的子串。

第2课 有返回值的函数

【导学牌】

认识不同返回类型的函数

掌握有返回值的函数的常规应用

【知识板报】

函数可以返回各种不同类型的值，包括整数、浮点数、字符、字符串、布尔值等。当函数有返回值时，可以将函数视为一台加工机器，将输入的原料（参数）放入这台机器中，它会进行加工处理，并最终产出一个产品，这个产品就是函数的返回值。不同函数可以得到不同类型的返回值，就像工厂可以制造不同种类的产品一样。

例 10-4：图像的模糊处理

给定一个 n 行 m 列的图像（1≤n, m≤100），每个像素点都有一个灰度值，灰度值是介于 0～255 的整数。现需要对这个图像进行模糊处理，采用 8 邻域均值滤波的方法。具体要求如下：

1. 图像四周边框的灰度值不变。

2. 中间的像素点的新灰度值是由其自身以及其周围 8 个像素点的灰度值的平均值计算得出的，计算结果舍入到最接近的整数。

【输入样例】

```
5 6
10 10 20 10 10 10
20 50 20 20 40 20
30 10 30 30 20 0
40 20 90 40 90 40
50 50 60 30 50 20
```

【输出样例】

```
10 10 20 10 10 10
20 22 22 22 18 20
30 34 34 42 33 0
40 42 40 49 36 40
50 50 60 30 50 20
```

【示例代码】

```
#include <bits/stdc++.h>
using namespace std;
int n, m;
int a[110][110];
int dis[8][2] = {{1,0}, {1,1}, {0,1}, {-1,1}, {-1,0}, {-1,-1}, {0,-1}, {1,-1}};
// dis 为 8 个方向的 x 与 y 坐标的位移,由于篇幅的关系,x 坐标的逗号后未加空格
int f(int x, int y) {
    int ave = a[x][y];
    for (int i = 0; i < 8; i++) {
        int nx = x + dis[i][0];                    // 新的 x 坐标
        int ny = y + dis[i][1];                    // 新的 y 坐标
        ave += a[nx][ny];                          // 累加周围 8 个点的数值
    }
    return int(ave / 9.0 + 0.5);                   // 求均值后进行四舍五入
```

```
    // 或 return round(ave / 9.0);
}
int main() {
    cin >> n >> m;
    for (int i = 1; i <= n; i++) {
        for (int j = 1; j <= m; j++) {
            cin >> a[i][j];
        }
    }
    for (int i = 1; i <= n; i++) {
        for (int j = 1; j <= m; j++) {
            if (i == 1 || i == n || j == 1 || j == m) {     // 边框
                cout << a[i][j] << ' ';
            }
            else {
                cout << f(i, j) << ' ';
                // 调用函数,对 i 行 j 列的元素进行模糊处理
            }
        }
        cout << endl;
    }
    return 0;
}
```

示例代码演示了如何使用均值滤波方法对图像的像素进行模糊处理。均值滤波是一种简单的图像处理技术,还有其他一些处理方式,如高斯滤波和中值滤波等可以用来实现不同的效果,感兴趣的同学可以自行研究。

为了方便计算模糊处理后的灰度值,建立了一个名为 f 的函数,它接受像素的坐标参数,并返回处理后的灰度值。在这个函数中,利用了一个名为 dis 的二维数组,它存储了 8 个方向上的位移,通过循环对周围 8 个像素的灰度值进行累加,并使用四舍五入操作来计算平均值,这种位移数组的使用方法也适用于其他类似的问题,例如跳马问题等,是竞赛中常用的技巧。

例 10-5:质数个数

给定一个整数区间[L, R],其中 L 与 R 的取值范围是($2 \leqslant L \leqslant R \leqslant 1{,}000{,}000$),求该区间内的质数个数。

【输入样例】

2 10

【输出样例】

4

【示例代码】

```
#include <bits/stdc++.h>
using namespace std;
bool prime(int x) {                         // 判断质数函数
    if (x < 2) return 0;                    // 质数特判
    for (int i = 2; i * i <= x; i++) {      // [2, sqrt(x)]区间的枚举
        if (x % i == 0) return 0;           // 返回值为 false
    }
    return 1;                               // 返回值为 true
}
int main() {
    int l, r, cnt = 0;
```

```
    cin >> l >> r;
    for (int i = l; i <= r; i++) {
        if (prime(i)) cnt++;                    // 判断质数与统计个数
    }
    cout << cnt;
    return 0;
}
```

在先前的循环章节中,我们已经学会通过循环语句判断一个数是否为质数。然而,在主函数中编写这个判断逻辑会使代码变得冗长,并且难以及时察觉问题。因此,当需要判断质数时,通常会使用函数进行判定,而且质数判断是一个会频繁使用的操作,需要熟练掌握。

可以定义一个返回布尔型数据的函数,将其命名为 prime,这个名字有助于提高代码的可读性和辨识度。质数判断本身并不复杂,但需要特别注意的是,在循环判断是否能被另一个数整除之前,首先要进行特殊情况的判断,即当输入值 x 小于 2 时,它一定不是质数。如果判断结果为真(x 是质数),则可以使用 return 1 或 return true 来表示,如果判断结果为假(x 不是质数),则可以使用 return 0 或 return false 表示。

对于返回布尔型数据的函数,通常会与条件语句(如 if 语句)相结合使用。例如,当 x 为质数时,可以使用 if(prime(x) == 1)或 if(prime(x) == true)语句来判断条件是否成立,当然也可以简化成 if(prime(x))语句。同样地,当需要判断某个条件是否为假时,可以使用 if (prime(x) == 0)或 if(prime(x) == false)语句,也可简化为 if(!prime(x))语句。

例 10-6:重命名

给定 N(N⩽100)个文件的名称,请对所有的文件进行重命名,按照输入顺序,给每个文件的开头加上数字序号和符号“.”,并将所有的大写字母转成小写字母。

【输入样例】

```
5
file_ABC123
doc_XYZ789
image_456
data_file_789
report_1234
```

【输出样例】

```
1.file_abc123
2.doc_xyz789
3.image_456
4.data_file_789
5.report_1234
```

【示例代码】

```
#include <bits/stdc++.h>
using namespace std;
string to_s(int x) {                        // 函数:整数转 string 字符串
    string s = "";                          // 定义空字符串
    while (x) {                             // 逐位分离
        s = char(x % 10 + '0') + s;         // 新分离的整数转字符后,存在左侧
        x /= 10;
    }
    return s;                               // 返回字符串
}
```

```
string change(int i, string s) {                  // 函数: 填写序号、大写转小写
    for (int i = 0; i < s.length(); i++) {
        if ('A' <= s[i] && s[i] <= 'Z') s[i] += 32;
    }
    s = to_s(i) + '.' + s;                        // 拼接: 序号 + '.' + 小写字符串
    return s;
}
int main() {
    int n;
    string s;
    cin >> n;
    for (int i = 1; i <= n; i++) {
        cin >> s;
        cout << change(i, s) << endl;             // 调用 change 函数,实现重命名
    }
    return 0;
}
```

在有些情况下,需要将整数型的数字转成字符串,在此构建了名称为 to_s 的函数,它能够将一个整数转换成 string 类字符串,便于后续的进一步处理。

在 change()函数中,两个参数分别是文件的编号和文件名,首先对文件名进行了大写转小写操作,接着通过 to_s()函数对编号进行字符串转换,并拼接了符号“.”,最终返回新的文件名。

在 C++11 及以上的标准中,提供了内置函数 to_string(),它可以方便地将其他类型的数据转成 string 类字符串,括号内的数据类型支持 int、long long、float、double、bool 型等常见的类型。除了提供将其他类型数据转字符串的内置函数,还提供了字符串转其他类型数据的内置函数,具体如下:

函　　数	功　　能
to_string()	将整数、浮点数、或其他数字类型转换为 string 类字符串
stoi()	将字符串转换为整数
stoll()	将字符串转换为长整数
stof()	将字符串转换为单精度浮点数
stod()	将字符串转换为双精度浮点数

例 10-7:回文

回文(palindrome)是指一个字符串、数字序列或其他序列,在顺序排列和逆序排列时都是相同的,即无论从左往右读还是从右往左读都相同。例如,12321、radar 和 level 都是回文。

给定 N(1≤N≤100)个字符串,字符串不含空格,请判断每个字符串是否构成回文,如果构成回文输出“Palindrome”,否则输出“NO”。

【输入样例】

```
5
ABC131CBA
090
88#88
1230321
kKkKK
```

【输出样例】

```
Palindrome
```

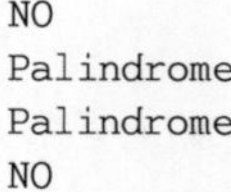

```
NO
Palindrome
Palindrome
NO
```

【示例代码】

```
#include <bits/stdc++.h>
using namespace std;
bool palin(string s) {                                  // 函数: 判断回文
    for (int i = 0; i < s.length() / 2; i++) {
    // 枚举前一半元素,头尾对比是否一致
        if (s[i] != s[s.length() - 1 - i]) return 0;  // 不构成回文
    }
    return 1;                                           // 构成回文
}
int main() {
    int n;
    string s;
    cin >> n;
    for (int i = 1; i <= n; i++) {
        cin >> s;
        if (palin(s)) cout << "Palindrome" << endl;
        else cout << "NO" << endl;
    }
    return 0;
}
```

示例代码使用 palin()函数判断字符串是否构成回文,其判断思路是从字符串的第 0 位开始,逐个枚举字符直到 s.length() / 2 的位置,通过首尾匹配的方式进行判断。无论字符串长度是奇数还是偶数,此方法皆适用。

除了示例代码中提供的方法,还可以采用双指针的方式判断回文字符串,方法如下:

```
bool palin(string s) {
    int l = 0, r = s.length() - 1;              // 定义左右两个指针
    while (l < r) {                             // 相遇或交叉时结束
        if (s[l] != s[r]) return 0;             // 不构成回文
        l++;
        r--;
    }
    return 1;                                   // 构成回文
}
```

双指针的方法可能更容易理解和维护,这两种方法在性能上并没有显著的差异。因此,可以根据个人偏好来选择使用哪种方法。无论是判断字符串是否构成回文还是判断整数是否构成回文,都可以使用类似的思路。对于整数,可以使用一个 while 循环来进行数据反转,然后将反转后的整数与原始整数进行比较。若整数的位数较多,也可以将整数转换为字符串形式来判断。

第 3 课　无返回值的函数

【导学牌】

理解 void 类型的函数

掌握传递地址引用的方法

掌握数组引用的操作方法

【知识板报】

void 类型函数是指在编程中没有返回值的函数。这种类型的函数在各类编程场景中都非常有用,因为并非所有函数都需要产生一个返回值。例如,一些函数像 swap()和 sort()函数主要用于对元素进行修改、移动、排序等操作,由于它们的主要任务是执行特定的任务或操作,而不需要返回具体的数值。在这些情况下,使用 void 类型函数可以更清晰地表示函数的目的,即执行特定的操作而不生成返回值。

例 10-8:传纸条

芯芯、顾顾和强强三人玩传纸条游戏。每人持有一张纸条,上面写有一个数字。游戏开始时,芯芯把她的纸条给了顾顾,顾顾把自己的纸条给了强强,最后强强将自己的纸条传回给芯芯。游戏结束后,三人展示各自纸条上的数字。

【输入样例】

15 88 100

【输出样例】

100 15 88

【示例代码】

```
#include <bits/stdc++.h>
using namespace std;
void pass(int &x, int &y, int &z) {                    // 引用参数
    int t;
    t = z;
    z = y;
    y = x;
    x = t;
}
int main() {
    int a, b, c;
    cin >> a >> b >> c;
    pass(a, b, c);                                     // 调用函数:进行传纸条操作
    cout << a << ' ' << b << ' ' << c;                 // 变量的内容真实发生改变
    return 0;
}
```

通过 pass()函数来实现传纸条的过程,函数没有返回值,因此返回类型是 void。在函数的形式参数中,使用了符号"&",这表示参数是引用。以变量 x 为例,当函数中的 x 前面有符号"&"时,它意味着 x 操作的内容实际上就是传递给函数的实际参数 a 的值。换句话说,可以将"&"视为"同步"的意义,x 和 a 虽然是不同的名称,但是在此具有同等效应,当 x 发生变化时,a 也相应地发生变化。如果不加"&",在函数中对 x 的修改与操作,均不会影响实际参数 a

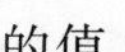

的值。

例 **10-9**：前 **K** 个小的元素

给定 N(1⩽N⩽1,000,000)个元素，每个元素都在 int 型范围内，请输出前 K(1⩽K⩽1000,K⩽N)个小的数。

【输入样例】

```
10 3
12 45 67 78 5 35 90 0 23 84
```

【输出样例】

```
0 5 12
```

【示例代码】

```
#include <bits/stdc++.h>
using namespace std;
int n, k, a[1000005];
void read() {                                    // 读入函数
    cin >> n >> k;
    for (int i = 1; i <= n; i++) cin >> a[i];
}
void sel(int b[]) {                              // 选择排序(不完全)
    for (int i = 1; i <= k; i++) {               // 求前 K 个小的值
        for (int j = i + 1; j <= n; j++) {
            if (b[j] < b[i]) swap(b[j], b[i]);
        }
    }
}
void print() {                                   // 输出函数
    for (int i = 1; i <= k; i++) cout << a[i] << ' ';
}
int main() {
    read();                                      // 调用读入函数
    sel(a);                                      // 调用选择排序,求前 K 个小的元素
    print();                                     // 调用输出函数
    return 0;
}
```

示例代码中定义了三个无返回值的函数。其中，read()和 print()函数分别用于输入和输出操作，在这些函数的操作过程中，它们访问与操作的都是全局变量。

之前我们已经学习过选择排序的实现方法。在这里，使用了一个 sel()的函数实现选择排序的操作。这个函数选择排序的特殊之处在于，它只对前 K 个最小值进行排序，而不关心之后的元素。这种做法在动态维护前 K 个最小值的应用场景中非常实用，可以提高排序的效率。

在 sel()函数的参数列表中，定义了一个数组 b，并没有指定数组元素的个数。这是因为在 C++中，当数组作为参数传递时，它实际上是传递了数组的引用，类似于通过“&”进行变量的引用传递。因此，在函数内部对数组 b 的操作实际上就是在操作数组 a，它们引用了同样的内存地址。这个特性使得函数可以修改原数值，而不需要返回值，从而提高了代码的执行效率和可维护性。

第4课　自定义排序 cmp 函数

【导学牌】

了解自定义排序的概念

学会通过 cmp()函数实现自定义排序

【知识板报】

自定义排序 cmp()函数指的是在 sort()函数排序中，我们可以自己定义一个比较函数(通常命名为 cmp)，该函数用于确定元素之间的比较方式。这种排序方法允许我们根据特定的需求或条件来排序元素，而不仅仅是按照默认的升序或降序方式排序。

理解自定义排序 cmp()函数的关键在于明确如何编写比较函数。比较函数通常有两个参数，分别表示要比较的两个元素，函数返回一个布尔值，指示哪个元素应该排在前面。如果返回 true，则表示第一个元素应该排在第二个元素之前，如果返回 false，则表示第二个元素应该排在第一个元素之前。

例 10-10：降序排序

给定 N(1≤N≤100,000)个元素，请将元素进行降序排序，并输出排序后的结果。

【输入样例】

```
10
34 6 45 761 546 90 7 234 56 21
```

【输出样例】

```
761 546 234 90 56 45 34 21 7 6
```

【示例代码】

```
#include <bits/stdc++.h>
using namespace std;
int n;
int a[100005];
bool cmp(int a, int b) {                    // 自定义比较的规则
    return a > b;                           // 从大到小,降序排序
}
int main() {
    cin >> n;
    for (int i = 0; i < n; i++) {
        cin >> a[i];                        // 输入
    }
    sort(a, a + n, cmp);                    // cmp 自定义排序
    for (int i = 0; i < n; i++) {
        cout << a[i] << ' ';                // 输出
    }
    return 0;
}
```

在没有提供比较函数 cmp()的情况下，默认是按照从小到大进行升序排序。如果需要对数据进行从大到小的降序排序，则需要自定义排序规则，通常通过比较函数 cmp()来实现。比较函数的返回值是布尔型，用于指示两个元素的比较结果。

在示例代码中，比较函数 cmp()接受两个整数型的变量作为参数，这与要排序的数组元素

的类型相匹配。排序目标是将较大的元素排在前面，因此使用 return a > b 的形式进行比较。如果 a 确实大于 b，则返回 true，表示 a 应该排在前面，否则返回 false，表示 b 应该排在前面。在这里，也可以使用 a >= b 语句实现相同的效果，不会影响排序的结果。

自定义的比较函数允许我们根据具体需求来定义排序规则，从而能更灵活地处理不同的排序情况。关于 cmp()函数，以下的写法或许更容易理解。

```
bool cmp(int a, int b) {                    // cmp 比较函数
    if (a > b) return true;                 // 或 return 1;
    else return false;                      // 或 return 0;
}
```

上述 cmp()函数的代码较为容易理解，但往往会简写成 return a > b 语句，代码会相对更简洁和易读，其效果是一致的。

例 10-11：个位数排序

给定 N(0 < N ≤ 1000)个正整数，需要按照以下规则进行排序：

1. 首先，根据每个正整数的个位数字，从小到大排序。
2. 如果个位数字相同，那么根据这些整数本身的大小，从小到大排序。

【输入样例】

```
10
17 23 9 13 88 10 98 123 998 87
```

【输出样例】

```
10 13 23 123 17 87 88 98 998 9
```

【示例代码】

```
#include <bits/stdc++.h>
using namespace std;
bool cmp(int a, int b) {                    // 比较函数
    if (a % 10 != b % 10) return a % 10 < b % 10;
    // 个位数不相同的，可以按照个位数升序排序
    return a < b;                           // 个位数若相同的，根据自身大小升序排序
}
int main() {
    int n, a[1005];
    cin >> n;
    for (int i = 1; i <= n; i++) {
        cin >> a[i];
    }
    sort(a + 1, a + n + 1, cmp);            // cmp 排序
    for (int i = 1; i <= n; i++) {
        cout << a[i] << ' ';
    }
    return 0;
}
```

根据自定义排序的规则，通过比较函数 cmp()来满足题目的排序要求。比较函数 cmp()首先检查两个整数的个位数是否相同，如果不同，按照个位数从小到大排序，如果相同，按照整数本身的大小从小到大排序。

关键在于比较函数 cmp()的编写，要先根据个位数进行排序，只有当个位数相同的情况下再根据整数本身大小排序。这样可以满足题目要求，使得排序结果符合题目的规则。

在主程序中,首先读取输入的正整数 N 和具体的整数数组。接着使用 sort()函数来对整数数组进行排序,排序规则按照 cmp()函数定义的方式进行排序。排序后输出对应的结果。

例 10-12:各位数之和排序

给定 N(0<N≤1000)个正整数,需要按照以下规则进行排序:

1. 将奇数排在偶数之前。

2. 对奇数按照其各位数之和进行升序排序,如果各位数之和相等,则按照奇数本身的大小进行升序排序。

3. 偶数按照输入顺序反向输出。

【输入样例】

```
10
1 371 9 31 498 34 43 13 88 173
```

【输出样例】

```
1 13 31 43 9 173 371 88 34 498
```

【示例代码】

```
#include <bits/stdc++.h>
using namespace std;
int n, cnt1, cnt2, tmp;
int a[1005], b[1005];
int sum(int x) {                                  // 函数:求各位数之和
    int s = 0;
    while (x) {
        s += x % 10;
        x /= 10;
    }
    return s;
}
bool cmp(int a, int b) {
    // 先根据各位数之和升序排序
    if (sum(a) != sum(b)) return sum(a) < sum(b);
    // 再根据自身大小升序排序
    return a < b;
}
int main() {
    cin >> n;
    for (int i = 1; i <= n; i++) {
        cin >> tmp;
        if (tmp % 2 == 1) a[++cnt1] = tmp;        // 存入奇数数组
        else b[++cnt2] = tmp;                     // 存入偶数数组
    }
    sort(a + 1, a + cnt1 + 1, cmp);               // 奇数数组进行自定义排序
    for (int i = 1; i <= cnt1; i++) cout << a[i] << ' ';
    for (int i = cnt2; i >= 1; i--) cout << b[i] << ' ';
    return 0;
}
```

根据题意,首先创建了两个数组,一个用于存储奇数,另一个用于存储偶数,并使用两个变量来分别统计这两个数组中元素的个数。对于奇数的排序规则相对复杂,因为需要基于各位数之和来排序,所以构建了一个 sum()的函数,它用于计算某个整数的各位数之和。在 cmp()

函数中，调用了 sum()函数来判断各位数之和是否相等。如果各位数之和不相等，按照各位数之和进行升序排序，如果各位数之和相等，则按照奇数自身大小进行排序。而对于偶数数组，由于题目要求是按照输入顺序反向输出，因此不需要进行排序，只需反向输出即可。

例 10-13：最小字典序拼接

给定 N(1≤N≤100)个小写字母的字符串，请找到一种拼接这些字符串的方式，使得拼接后的字符串的字典序最小。换句话说，你需要将这些字符串按照一定的顺序拼接，使得结果字符串在所有可能的拼接方式中的字典序最小。

【输入样例】

```
3
ab
b
ba
```

【输出样例】

```
abbab
```

【示例代码】

```
#include <bits/stdc++.h>
using namespace std;
int n;
string s[105];
bool cmp(string a, string b) {                    // string 类字符串的参数
    return a + b < b + a;                         // 拼接后,字典序小的在前
}
int main() {
    cin >> n;
    for (int i = 0; i < n; i++) {
        cin >> s[i];
    }
    sort(s, s + n, cmp);                          // cmp 自定义排序
    for (int i = 0; i < n; i++) {
        cout << s[i];
    }
    return 0;
}
```

针对题目提出的要求，不能简单地对所有字符串进行升序排序，因为拼接后生成的字符串未必是字典序最小的。例如，对于样例中给定的三个字符串，按照字典序拼接的结果是 abbba，但 abbab 是字典序更小的拼接方式。因此，需要自定义一个比较排序的规则，可以将两个字符串相互拼接，根据拼接后字典序的大小进行排序，这样可以确保找到最小字典序的拼接方式。

对于字符串的自定义排序，还有很多常见的排序方法，例如先根据字符串的长度排序，若长度相等，再根据字典序排序等。

第5课 递归函数

【导学牌】

了解递归函数的概念

理解函数的递归调用

掌握递归函数的常用方法

【知识板报】

递归函数是一种用于实现递归算法的函数,在函数内部通过调用自身的策略以解决相关问题。典型情况下,递归函数包括两个主要部分:递归的终止条件和递归调用。

"递"指的是通过递归函数将问题逐步分解为更小规模且类似的子问题,这个过程可以一直传递下去,直到达到某个终止条件。而"归"则表示当达到递归边界条件时,逐层将这些子问题的结果组合起来,以解决原始问题。这两个词汇反映了递归的核心思想,即逐步分解问题并逐层合并子问题的解决方案,直到最终解决原始问题。

递归函数通常用于解决那些可以被分解为相似子问题的问题,比如数学中的阶乘、斐波那契数列、树的遍历、图的搜索等。使用递归函数可以使代码更加简洁和易读,但需要小心处理递归的终止条件,以避免无限递归导致系统栈溢出。

递归函数在许多领域都有广泛的应用,包括算法设计、数据结构操作、自然语言处理、人工智能和图形处理等。若问题可以被分解为类似的子问题,可以考虑使用递归的方法来解决。

例 10-14:数字三角形

给定一个整数 N(1≤N≤9),请输出对应的数字三角形。

【输入样例】

```
5
```

【输出样例】

```
1
12
123
1234
12345
```

【示例代码】

```
#include <bits/stdc++.h>
using namespace std;
void f(int n) {                          // 递归函数
    if (n == 0) return;                  // 递归边界:n 为 0 时返回,不再继续递进
    f(n - 1);                            // 调用函数自身,形成递归
    for (int i = 1; i <= n; i++) {
        cout << i;                       // 输出[1, n]之间的数
    }
    cout << endl;
}
int main() {
    int n;
    cin >> n;
    f(n);                                // 调用递归函数 f
```

```
    return 0;
}
```

递归是编程中的重要概念，虽然对初学者来说会有一定难度，但掌握它是晋升为编程高手的必经之路。通过从简单的递归问题开始，可以深入了解递归的工作原理，最终掌握这一非常重要的编程技能。

让我们通过此题的示例代码来解释递归函数是如何工作的：

当执行 f(5)时，程序首先检查参数 5 是否等于 0，由于不等于 0，所以继续执行 f(4)。此时，f(5)中的循环输出和换行操作还未执行。接着，程序执行 f(4)，同样地，它继续检查参数 4 是否为 0，由于不为 0，然后调用 f(3)。这个过程一直持续下去，逐层递归调用，直到参数为 0 时，即满足递归边界条件，通过 return 返回到上一层函数。此时，程序开始从递归边界返回，并逐层执行每个函数中未完成的操作，当每一层的换行操作运行结束，会自动返回到上一层。

在返回的过程中，程序会执行每一层递归函数后面的语句，这意味着每层都会输出相应的数字并换行。这个过程一直持续到最初的调用点，直到整个程序结束。

需要注意的是，在递归过程中，每一层的函数都有自己的局部变量，例如参数 n 在不同深度的递归之间是相互独立的，虽然它们的名称相同，但它们是不同的局部变量，不会相互影响。

例 10-15：N 的阶乘

给定一个整数 N(1≤N≤20)，求 N 的阶乘值。

【输入样例】

```
10
```

【输出样例】

```
3628800
```

【示例代码】

```
#include<bits/stdc++.h>
using namespace std;
long long jc(int n) {                          // 递归函数：求 N 的阶乘
    if (n == 1) return 1;                      // 递归边界
    else return n * jc(n - 1);                 // N 的阶乘 = N * (N - 1)的阶乘
}
int main() {
    int n;
    cin >> n;
    cout << jc(n);                             // 调用递归函数
    return 0;
}
```

首先定义了一个递归函数 jc()，其返回类型为 long long 型。这是因为阶乘的值随着 N 的增大迅速增长，int 型可能无法容纳较大 N 的阶乘值。long long 型在通常情况下可以容纳 N 最大为 20 时的阶乘值，可有效避免整数溢出问题。

在递归函数中，设定了递归的终止条件。如果参数 N 等于 1，直接返回 1，因为 1 的阶乘值已知为 1，这是递归的边界。对于其他情况，即当 N 大于 1 时，通过递归来计算 N 的阶乘值。例如，如果想要计算 jc(10)，可以将问题分解为 10×jc(9)。然后，继续计算 jc(9)，它进一步分解为 9×jc(8)，依此类推。

这个过程会持续进行，直到计算到 jc(1)。当计算 jc(1) 时，不再继续递归，而是直接返回 1。

然后,随着递归的返回开始回溯。例如,在计算 jc(2) 时,知道 jc(1) 的结果为 1,因此 jc(2) 的结果为 2×1。这个回溯的过程一直延续下去,对于 jc(3),它等于 3×jc(2),即 3×(2×1)。以此类推,一直回溯到计算 jc(10),最终得到整个阶乘的结果。这种递归和回溯的方法将复杂的阶乘问题分解为简单的子问题,然后将结果逐步计算和回溯,直至得到最终的阶乘值。

例 **10-16**:最大公约数 **GCD**

给定两个整数 a 与 b(1≤a, b≤10000),求它们的最大公约数。

【输入样例】

```
84 126
```

【输出样例】

```
42
```

【示例代码】

```
#include <bits/stdc++.h>
using namespace std;
int gcd(int a, int b) {                        // 函数:求最大公约数
    // 先写递归边界
    if (b == 0) return a;                      // 或 if (a % b == 0) return b;
    else return gcd(b, a % b);                 // 辗转相除
}
int main() {
    int a, b;
    cin >> a >> b;
    cout << gcd(a, b);                         // 调用递归函数
    return 0;
}
```

递归函数的编写通常以简洁的代码展现了清晰的递归逻辑,使其能够有效地返回所需的结果。

在多重循环章节的数论课程中,我们已经学习了一种高效计算最大公约数的方法,即辗转相除法。这种方法是基于欧几里得原理,即两个整数 a 与 b 的最大公约数等于 b 与 a % b 的最大公约数,一直持续迭代下去。当 b 为 0 时,a 即为最大公约数。

简而言之,递归的过程就是在逐层递归调用中,先判断 b 是否 0,若不为 0 则继续递归,将本层的 b 赋值给下一层的参数 a,将本层的 a % b 赋值给下一层的 b。重复上述步骤,直到 b 等于 0 时,a 即为最大公约数。

例 **10-17**:汉诺塔

汉诺塔(Tower of Hanoi)是一个古老而著名的数学谜题,它的起源与印度的一个神话故事有关。传说中,主神布拉玛创造了一个由 64 个圆盘组成的塔,最初这些圆盘都叠放在柱子 A 上,按照从大到小的顺序排列,最大的在底部,最小的在顶部。此外,还有两个空柱子,布拉玛命令僧侣将所有圆盘从柱子 A 移动到柱子 C。然而,布拉玛规定了两个关键的移动规则:

1. 一次只能移动一个盘子。

2. 永远不能将较大的盘子放在较小的盘子上。

现在,我们已知汉诺塔的圆盘层数为 N(1≤N≤10),任务是找到一种策略,以最少的移动步数将所有圆盘从柱子 A 移动到柱子 C,请输出最佳的移动步骤。

【输入样例】

```
3
```

【输出样例】

```
A To C
A To B
C To B
A To C
B To A
B To C
A To C
```

【示例代码】

```
#include <bits/stdc++.h>
using namespace std;
void hanoi(int x, char a, char b, char c) {
    if (x == 1) {                          // 递归边界
        printf("%c To %c\n", a, c);        // 输出移动的过程
        return;                            // 返回
    }
    hanoi(x - 1, a, c, b);                 // 上面的 x-1 层,通过 c 柱,从 a → b
    printf("%c To %c\n", a, c);            // a → c
    hanoi(x - 1, b, a, c);                 // 刚才挪到 b 的 x-1 层,通过 a 柱,从 b → c
}
int main() {
    int n;
    cin >> n;
    hanoi(n, 'A', 'B', 'C');               // 调用递归函数
    return 0;
}
```

汉诺塔是一个经典的递归案例,有助于理解递归的基本原理,即将大问题分解为更小的子问题,然后将这些子问题依次解决。

在汉诺塔问题中,将 N 层圆盘从 A 柱移动到 C 柱,是一个极其复杂的过程,但是可以将这个大问题分解成具有相同逻辑结构的子问题,具体如下:

(1) 如果 A 柱只有一层圆盘,直接将这个圆盘从 A 柱挪到 C 柱,否则需要分解成以下几个步骤。

(2) 将 A 柱上方的 N－1 层圆盘,想办法挪到 B 柱。

(3) 将 A 柱最下面的第 N 层圆盘,直接挪到 C 柱。

(4) 将 B 柱上 N－1 层的圆盘,想办法挪到 C 柱。

可以看出,第 2 步和第 4 步,是 N 层汉诺塔移动问题下的子问题,即 N－1 层汉诺塔的移动问题,那么要实现 N－1 层汉诺塔的移动问题,就要解决 N－2 层汉诺塔的子问题,以此类推,可以采用递归的方式传递下去,递归的边界是当 N 等于 1 时,意味着当前圆盘上方已经没有多余的圆盘需要提前移走,可以直接从 A 柱挪到 C 柱。

最重要的是,在 hanoi()函数中,参数 a 和 c 表示的是当前圆盘的位置和圆盘的目标位置,参数 b 代表的是中间的过渡位置,在传递参数 a、b、c 的过程中,不一定对应的是 A、B、C 三个柱子。举个例子,假设当 n 为 5 时,a 对应的是 B 柱、b 对应的是 A 柱,c 对应的是 C 柱,那么这层函数需要实现的是将当前 B 柱上的 5 层汉诺塔,通过 A 柱,全部转移到 C 柱上。

在汉诺塔的传说中,即使是最优化的方法,若想完成 64 层汉诺塔的任务,大约要 2^64－1 次移动,这几乎是不可想象的,假设移动一次仅需一秒钟,大约需要 5800 亿年,而宇宙大爆炸至今才 138 亿年。

例 **10-18**：爬楼梯

假设有一个楼梯，共有 N(1≤ N≤90)层台阶，你现在站在第 0 层台阶，也就是地面上。你可以每次向上爬 1 个台阶或 2 个台阶，你的目标是爬到第 N 层台阶。请问，有多少种不同的方法可以爬到第 N 层台阶上呢？

【输入样例】

```
70
```

【输出样例】

```
308061521170129
```

【示例代码】

```
#include <bits/stdc++.h>
using namespace std;
long long memo[105] = {1, 1};                // 记录 0 层与 1 层台阶的方案数
long long f(int n) {                         // 递归函数：求走到第 n 层楼梯的方法
    // 如果第 n 层楼梯的方案已经计算过，直接返回方案数
    if (memo[n]) return memo[n];
    memo[n] = f(n - 1) + f(n - 2);           // 若未被计算，则计算方案数
    return memo[n];                          // 返回方案数
}
int main() {
    int n;
    cin >> n;
    cout << f(n);                            // 调用函数
    return 0;
}
```

当解决爬楼梯问题时，递归函数是一种强大的工具。但是在递归函数中存在一个潜在的问题：重复计算。例如，当计算 f(4)时，它等于 f(3) + f(2)，而 f(3)又等于 f(2) + f(1)。在计算 f(3)的返回值时，已经计算了一次 f(2)的值，但后面又重新计算了一次 f(2)。这种重复递归会导致计算超时，特别是在处理较大的楼梯数时。

为了解决这个问题，引入了记忆化搜索，它是一种优化技巧，用于避免重复计算。首先建立一个 long long 型的 memo 数组，用于记录每一层楼梯的方法数量。初始时，0 层和 1 层台阶的方法数量都设为 1，因为只有一种方式可以到达这些台阶。

接下来，定义一个递归函数 f()，用于计算爬到第 n 层楼梯的方法数量。在函数内部，首先检查 memo[n] 是否已经被计算过。如果 memo[n]不为 0，表示此函数值已经被计算过，可以直接返回保存的结果。如果 memo[n]为 0，说明尚未被计算过，可以使用递归方式计算方法数量。在递归计算中，使用了 f(n−1)(爬 1 个台阶)和 f(n−2)(爬 2 个台阶)的方法数量之和来计算爬到第 n 层的方法数量。当计算完成后，将结果保存在 memo 数组中，以便下次查询时可以直接返回结果，而不需要重新计算。通过记忆化搜索，避免了大量的重复递归，极大地提高了计算效率。

记忆化搜索是一种强大的优化技巧，可以有效解决重复计算的问题，特别是在处理递归问题时。这个例子清晰地展示了如何使用递归函数和 memo 数组来解决爬楼梯问题，同时提高代码的效率。初学者可以通过理解这个示例来掌握记忆化搜索的基本概念和实际应用。

本章寄语

本章我们深入学习了函数的核心概念，掌握了自定义函数的基本语法格式，并理解了不同返回值类型的函数。这使我们能够根据特定需求选择适当的返回类型，包括无返回值的函数。

考虑到排序在编程中的重要性，本章专门介绍了比较函数 cmp()，这对自定义排序至关重要。通过学习比较函数，可以实现按照自定义的规则对数据进行排序，为下一章结构体的排序学习奠定了坚实基础。

最后，我们探讨了递归函数，尽管递归具有一定的思维难度，但它是成为编程高手的必经之路。掌握递归是解决众多算法问题的基础，包括深度优先搜索以及图或树的遍历等。对递归函数的掌握将极大提升编程技能。

第11章 结 构 体

当我们需要存储大量的数据，例如全班同学的学号、姓名、年龄、爱好、联系方式等信息时，仅使用单一类型的数组可能会导致不便，因为不同类型的数据不易整合和管理。这时，结构体(struct)便是一个非常有用的数据存储结构。结构体通常用于组合多个不同数据类型的变量，以表示一个相关的数据集。

结构体的功能非常强大，例如上一章节中，函数通常只能有一个返回值，但通过结构体的学习，可以将结构体作为函数的返回类型，通过返回包含多个变量的结构体数据，从而实现多个值的返回。

总之，结构体是C++中非常有用的工具，便于创建和管理相关的数据。

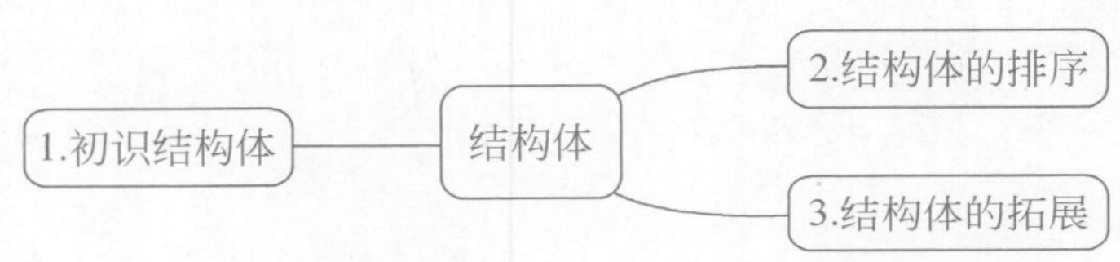

第1课　初识结构体

【导学牌】

了解结构体自定义类型存在的意义

理解结构体定义的多种方式

【知识板报】

结构体是一种自定义的数据类型，它允许我们将不同类型的数据成员组合在一起，形成一个包含多个相关数据字段的复合数据类型。通常，我们可以使用结构体来封装和组织一系列不同类型的变量或数组数据，以便更轻松地管理和访问这些数据。这使得处理和操作这些数据更加方便和清晰。

在定义结构体变量或数组前，首先需要对结构体进行声明，语法格式如下：

```
struct 类型名 {
    数据类型 1 变量名 1, 变量名 2, …;
    数据类型 2 变量名 1, 变量名 2, …;
    …
};
```

例如，声明一个结构体，类型名称为 stu，结构体中声明了不同数据类型的成员，用来记录学生的各项信息，示例如下：

```
struct stu {    // 声明一个类型为 stu 的结构体
    int id, age;
    char sex;
    string name;
    double weight;
};
```

在这个 stu 类型的结构体中，包含了 5 个成员：id、age、sex、name、weight。

在声明结构体的基础上，就可以定义结构体变量，语法格式如下：

```
struct 类型名 变量名; // struct 可省略
```

举例说明：

```
struct stu s;
stu a, b[105];
```

除了在声明之后定义变量或数组，还可以在声明的同时进行定义，示例如下：

```
struct stu {      // 声明一个类型为 stu 的结构体
    int id, age;
    char sex;
    string name;
    double weight;
} a, b, s[105];
```

在此示例中，声明 stu 类型的结构体与定义该类型的变量结合在了一起，这种方式在实战中也比较常见。

例 11-1：看电影

芯芯和妈妈准备在今晚观看一部电影，她们面临多个电影选项。现有 N(1≤N≤100)部电影可供选择，每部电影都具有以下属性：一个单词名称、一个上映年份和一个评分。

她们希望选择一部电影，遵循以下规则：

(1) 优先选择评分较高的电影。

(2) 如果有多部电影具有相同的评分，那么会选择最新上映的电影。

(3) 如果有多部电影具有相同的评分和相同的上映年份，那么会选择电影的编号最小的那一部。

请根据这些规则，输出今晚她们观看的电影名称。

【输入样例】

```
8
Titanic 1997 7.8
Matrix 1999 8.7
Inception 2010 8.7
Avatar 2009 7.8
Gladiator 2000 8.5
Jaws 1975 8.0
```

【输出样例】

```
Inception
```

【示例代码】

```
#include <bits/stdc++.h>
using namespace std;
int n, year;
double maxn;
string s;
struct mov {                                              // 构建 mov 类型的结构体
    string name;                                          // 电影名称
    int year;                                             // 上映年份
    double rating;                                        // 评分
} a[105];                                                 // mov 类型的数组 a
int main() {
    cin >> n;
    for (int i = 0; i < n; i++) {
        cin >> a[i].name >> a[i].year >> a[i].rating;     // 读入电影信息
    }
    for (int i = 0; i < n; i++) {                         // 寻找电影
        if (a[i].rating > maxn || a[i].rating == maxn && a[i].year > year) {
            s = a[i].name;
            maxn = a[i].rating;
            year = a[i].year;
        }
    }
    cout << s;
    return 0;
}
```

在示例代码中，声明了一个 mov 类型的结构体，用于记录电影的信息，包括电影的名称、上映年份和评分这三个不同类型的信息，并在声明的过程中定义了 mov 类型的数组 a。

对于结构体的成员信息，可以通过以下格式进行访问：

```
结构体的变量名.成员名
```

可以通过类似 cin >> a[i].name 语句的形式，对每个电影的各项信息进行输入，当所有电影的信息输入完毕后，再通过打擂台的形式进行淘汰。如果某部电影的评分高于当前最高评分(maxn)，或者评分相同但最近上映，则更新 maxn、year 和 name 的值，以记录这部电影的信息。

例 11-2：换车

芯芯的爷爷有一辆即将报废的汽车，他希望在 N($1 \leqslant N \leqslant 50$)辆车中选择一些合适的新车。每辆车都有品牌、款型、生产年份和价格信息。爷爷还告诉了他的心理价位。爷爷还规定选购车辆的生产年份必须在特定年份之后(包括该年份)，并且价格不超过他的心理价位。请编写程序，从最后一辆车开始逐个检查每辆车，如果符合要求(价格在心理价位内且生产年份在指定年份之后)，则输出对应的品牌与型号。

【输入样例】

```
10 2020 300000
Toyota Camry 2020 250000
Honda Civic 2019 220000
Ford Mustang 2022 350000
Chevrolet Malibu 2021 280000
Nissan Altima 2019 230000
BMW 3-Series 2022 420000
Hyundai Sonata 2020 240000
Audi A4 2021 380000
Kia Optima 2019 210000
Mercedes-Benz C-Class 2022 450000
```

【输出样例】

```
Hyundai Sonata
Chevrolet Malibu
Toyota Camry
```

【示例代码】

```
#include <bits/stdc++.h>
using namespace std;
struct car {                                            // 构建汽车类型的结构体
    string brand, model;                                // 品牌与型号
    int year, price;                                    // 年份与价格
};
int n, year, price;
car a[60];                                              // 定义结构体数组
int main() {
    cin >> n >> year >> price;
    for (int i = 0; i < n; i++) {
        // 读入某品牌汽车的相关信息
        cin >> a[i].brand >> a[i].model >> a[i].year >> a[i].price;
    }
    for (int i = n - 1; i >= 0; i--) {                  // 从后往前
        if (a[i].year >= year && a[i].price <= price) { // 两个条件
            cout << a[i].brand << ' ' << a[i].model << endl;
        }
    }
    return 0;
}
```

根据题意,创建了一个名为 car 的结构体,用于方便地存储汽车的各类信息,包括品牌、型号、生产年份和价格,通过结构体将这些信息有效地组合成一个整体。

在声明 car 类型的结构体后,单独定义了一个 car 类型的数组,以数组 a 为例。在读取信息的过程中,使用 a[i]. 作为前缀,然后跟随结构体中的成员变量名称,如 a[i]. brand,以便正确地读取和存储相应的数据。当所有汽车的数据都成功录入后,从数组末尾开始逐个检查汽车信息,这样可以筛选出符合爷爷需求的汽车品牌和型号。

第 2 课　结构体的排序

【导学牌】

理解结构体排序的基本原理

掌握常见结构体排序的方法

【知识板报】

结构体类型的数据在许多方面与其他数据类型不同，最明显的区别是它们的综合性质。结构体允许我们将不同的数据类型组合成一个自定义的复合数据类型，以便更好地表示复杂的实体或对象。这种综合性使结构体在表示现实世界中的对象时非常有用，例如学校信息、人员登记、图书信息、订单信息、坐标点等。然而，由于结构体可以包含多个不同类型的数据成员，因此在对结构体类型的数据进行排序时需要明确规定其排序的规则。

自定义排序时，往往会涉及指定一个或多个数据成员作为排序的依据。例如，如果有一个存储汽车信息的结构体，排序规则可以是根据汽车的价格、生产年份或品牌进行排序。通常可以通过编写自定义的比较函数，以明确告诉程序如何比较两个结构体对象。有时候，可能需要使用多个排序规则，例如首先按照一个条件排序，然后在相同条件下再按照另一个条件排序。这就需要在比较函数中考虑多个排序规则。

例 11-3：拔萝卜

芯芯和小朋友一起参加了一个拔萝卜的户外活动。这次活动共有 N(3≤N≤1000)名小朋友参加，他们按照编号 1～N 的顺序依次拔萝卜，每位小朋友都拔了一些萝卜，每个人的拔萝卜成绩用斩获的萝卜的重量来表示(可能有小数)。现在需要确定哪三位同学在这个活动中表现最出色，他们将被认为是优秀的拔萝卜者，并被授予劳动能手的称号。请根据输入的数据，列出前三位同学的姓名。需要注意，如果有两位或更多同学的拔萝卜成绩相同，则按照他们的编号顺序来确定排名，编号较小的小朋友排名较高。

【输入样例】

```
6
Olivia 3.0
Sophia 3.5
Ethan 2.5
Mia 2.0
Noah 3.5
Ava 3.0
```

【输出样例】

```
Sophia
Noah
Olivia
```

【示例代码】

```
#include<bits/stdc++.h>
using namespace std;
struct child {                              //构建 child 类型的结构体
    int id;                                 //编号
    string name;                            //姓名
```

```
    double weight;                               // 萝卜的重量
} a[1005];                                       // child 类型的数组
bool cmp(child a, child b) {                     // 比较函数,用于自定义排序
    // 先根据重量降序排序(前提是重量不一致)
    if (fabs(a.weight - b.weight) > 1e-6) return a.weight > b.weight;
    return a.id < b.id;                          // 重量一致的,根据编号升序排序
}
int n;
int main() {
    cin >> n;
    for (int i = 1; i <= n; i++) {
        a[i].id = i;                             // 赋值编号
        cin >> a[i].name >> a[i].weight;         // 读入姓名与萝卜的重量
    }
    sort(a + 1, a + n + 1, cmp);                 // 结构体的自定义排序
    for (int i = 1; i <= 3; i++) {
        cout << a[i].name << endl;
    }
    return 0;
}
```

示例代码使用结构体 child 来存储每位小朋友的信息,包括编号、姓名和拔萝卜的重量。在对这些结构体进行排序时,最便捷的方法是利用 sort()函数进行快速排序,但需要提供自定义的比较函数 cmp()以明确排序规则。在这个案例中,首先根据萝卜的重量降序排列,当萝卜的重量相同时,再根据编号升序排列。

需要注意的是,判断萝卜的重量是否相等,是通过比较两个浮点数之间的差值是否超过一定的范围来确定,而非直接判断是否相等。

例 **11-4**:年龄排序

新学期,班主任收到了本学期的学生名单,名单中包含每位同学的出生年月日信息。为了更好地了解和熟悉这些新同学,班主任希望根据他们的年龄从大到小排列名单,并列出所有学生的姓名。现给定包含 N(1≤N≤50)名同学姓名和出生日期的信息,请按照年龄从大到小的顺序输出所有学生的姓名,数据保证没有同一天出生的学生。

【输入样例】

```
7
Alice 1999.12.10
Bob 2000.2.15
Charlie 1999.10.20
David 2000.8.5
Eva 1999.9.30
Frank 1999.12.12
Grace 2000.7.25
```

【输出样例】

```
Eva
Charlie
Alice
Frank
Bob
Grace
David
```

【示例代码】

```
#include <bits/stdc++.h>
using namespace std;
struct student {                                  // 构建 student 类型的结构体
    string name;                                  // 姓名
    int y, m, d;                                  // 年、月、日
} a[60];                                          // 数组大小开够
bool cmp(student a, student b) {                  // 自定义排序的规则
    if (a.y != b.y) return a.y < b.y;             // 先根据年份排序
    if (a.m != b.m) return a.m < b.m;             // 年份相同的根据月份排序
    return a.d < b.d;                             // 年和月都相同的,根据当月的日期排序
}
int n;
int main() {
    cin >> n;
    for (int i = 0; i < n; i++) {
        cin >> a[i].name;                         // 读入 string 类姓名
        scanf("%d.%d.%d", &a[i].y, &a[i].m, &a[i].d); // C 风格读入年、月、日
    }
    sort(a, a + n, cmp);                          // 自定义排序
    for (int i = 0; i < n; i++) {
        cout << a[i].name << endl;
    }
    return 0;
}
```

示例代码采用了结构体 student 来存储每位同学的信息，包括姓名，出生年、月、日。随后，通过自定义的比较函数 cmp()对学生信息进行排序。排序的规则是首先按照出生年份升序排列，如果年份相同，则按照出生月份升序排列，如果年份和月份都相同，则按照出生日期升序排列。最终，程序输出排好序的学生姓名。

在程序中，为了读取相对复杂的出生年月日信息，使用了 scanf()函数，从而更加方便与有效。这是因为在示例中，年、月、日的信息格式相对复杂，C 风格的输入方法更为便捷。

例 11-5：三项全能冠军

学校最近举办了一场三项全能体育赛事，包括游泳、跑步和自行车这三个项目。每个项目的满分都是 100 分。比赛有 N(1≤N≤100)名同学参加，在赛后的统计数据中，包含了每位同学的姓名以及在每个项目中的得分。我们需要编写一个程序来确定谁将获得三项全能赛的冠军。在判定冠军时，需要遵循以下规则：

1. 总分高的同学将获胜。
2. 如果总分相同，但游泳得分不同，游泳得分高的同学排名靠前。
3. 如果总分和游泳得分都相同，跑步得分高的同学排名靠前。

请根据每位同学的姓名和得分数据，输出冠军的姓名，数据保证有且只有一位冠军。

【输入样例】

```
8
Emma 94 90 88
Noah 90 94 89
Olivia 88 92 90
Liam 92 88 92
Ava 95 85 90
Isabella 85 95 85
Sophia 90 92 88
Michael 88 90 94
```

【输出样例】

Noah

【示例代码】

```
#include <bits/stdc++.h>
using namespace std;
struct athlete {                            // 构建运动员类型的结构体
    string name;                            // 姓名
    int swim, run, bike;                    // 三项得分
} a[105];
bool cmp(athlete a, athlete b) {            // 自定义比较函数
    // 总分不相同时,先根据总分排序
    if (a.swim + a.run + a.bike != b.swim + b.run + b.bike) {
        return a.swim + a.run + a.bike > b.swim + b.run + b.bike;
    }
    // 总分相同且游泳分数不相同时,根据游泳分数排序
    if (a.swim != b.swim) return a.swim > b.swim;
    // 剩下的情况,是总分和游泳分数都相同时,根据跑步分数排序
    return a.run > b.run;
}
int n;
int main() {
    cin >> n;
    for (int i = 0; i < n; i++) {
        // 输入运动员的各项信息
        cin >> a[i].name >> a[i].swim >> a[i].run >> a[i].bike;
    }
    sort(a, a + n, cmp);                    // 自定义排序
    cout << a[0].name;                      // 冠军排在最前面
    return 0;
}
```

使用了结构体 athlete 用于存储每位运动员的信息,这有助于将相关数据归类在一个数据结构中,提高代码的可读性和维护性。结构体 athlete 包含了运动员的姓名、游泳得分、跑步得分和自行车得分,这些信息决定了运动员的比赛名次。

通过自定义的比较函数 cmp(),确定了比较运动员成绩的规则。首先,根据总分进行降序排序,这意味着总分高的运动员会排在前面,如果总分相同,进一步按照游泳得分进行降序排序。如果总分和游泳得分都相同,再根据跑步得分进行降序排序。这样明确的排序规则能够对数据进行有效的排序与整理。最后,输出排序后的第一位运动员的姓名,即是冠军的姓名。

第3课　结构体的拓展

【导学牌】

学会重载运算符的格式与方法

理解构造函数的初始化

理解成员函数的概念、定义以及调用的方法

【知识板报】

在结构体的拓展内容中，本课主要介绍重载运算符、构造函数以及成员函数。它们为结构体提供了自定义的行为和功能，使我们能够更加灵活地处理数据和操作。通过重载运算符，我们可以定义结构体对象之间的各种自定义操作，使其更符合我们的需求，从而提高了代码的可读性和简洁性。同时，构造函数允许我们在创建结构体对象时执行初始化操作，为对象的成员变量设置初始值，确保对象在创建后处于一种合理的初始状态。成员函数则允许我们将操作和逻辑与结构体相关联，提供了封装数据和操作的方式，增强了结构体的功能和模块化。这些工具的结合使用使得结构体能够更好地适应特定的应用场景，提高了代码的可维护性和可重用性。

例 11-6：家务劳动的时间统计

芯芯和妈妈计划今天对家里的所有房间进行一次大扫除。她们列出了一份家务清单，并估算了每项家务所需的时间，时间以小时和分钟表示。现在，请你帮助她们计算完成所有家务活需要多少时间。

现给定 N(1≤N≤20)项家务活，以及每项家务活所需的时间，时间以小时和分钟表示。时间的格式为 HH：MM，其中 HH 表示小时，MM 表示分钟。请计算并输出完成所有家务活所需的总时间，格式为 HH：MM。

【输入样例】

```
4
01:30
02:15
00:45
01:00
```

【输出样例】

```
05:30
```

【示例代码】

```
#include <bits/stdc++.h>
using namespace std;
struct chore {                                  // 构建 chore 类型的结构体
    int h, m;                                   // 时、分
    void input() {                              // 成员函数：实现时间的输入功能
        scanf("%d:%d", &h, &m);
    }
    void output() {                             // 成员函数：实现时间的输出功能
        printf("%02d:%02d\n", h, m);
    }
    chore operator + (const chore x) const {    // 重载加法运算符
```

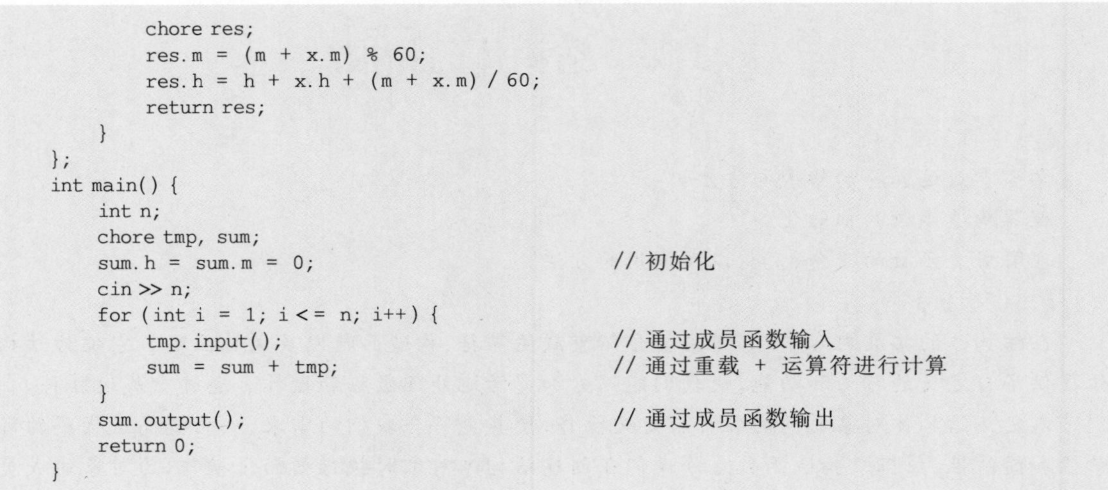

```
        chore res;
        res.m = (m + x.m) % 60;
        res.h = h + x.h + (m + x.m) / 60;
        return res;
    }
};
int main() {
    int n;
    chore tmp, sum;
    sum.h = sum.m = 0;                          // 初始化
    cin >> n;
    for (int i = 1; i <= n; i++) {
        tmp.input();                            // 通过成员函数输入
        sum = sum + tmp;                        // 通过重载 + 运算符进行计算
    }
    sum.output();                               // 通过成员函数输出
    return 0;
}
```

示例代码通过结构体和重载运算符的方式,提供了一种清晰而模块化的方法来处理时间数据,解决了时间计算的问题,即计算多项任务所需的总时间。

定义了一个名为 chore 的结构体,用于表示家务活。结构体内部包含了两个成员变量:h 表示小时,m 表示分钟。在结构体的内部,定义了两个成员函数 input()和 output(),分别用于读取时间数据和将时间数据格式化输出。这些成员函数提供了一种便捷的方式来处理时间数据,而不需要在代码中重复编写输入和输出的逻辑。

通过重载加法运算符"+",实现了两个 chore 类型结构体相加的功能。这个重载运算符允许我们直观地将两个时间相加,而不需要手动计算小时和分钟的进位,从而提高了代码的简洁性和可维护性。

在 main()函数中,创建了一个临时的 chore 对象 tmp 和一个用于存储总时间的 chore 对象 sum。然后,通过循环读取每项家务活的时间,使用 tmp.input() 函数来输入时间数据,并通过 sum = sum + tmp 语句来累加每项家务活的时间到总时间中。最后,程序通过调用 sum.output() 函数将总时间以规范的格式输出。

例 **11-7**:三角形的周长与面积之和

有 N(1≤N≤10000)个三角形,已知三角形每条边的长度,请根据要求选择其中 M(1≤M≤N)个三角形,求出这 M 个对应三角形的周长与面积之和,结果保留 1 位小数。

【输入样例】

```
8
3.2 4.7 5.1
6.5 8.9 10.2
7.1 12.3 15.6
5.5 12.1 13.8
9.4 14.7 19.2
8.2 10.4 12.9
6.3 8.7 11.5
10.1 15.5 18.3
7
1 2 4 5 6 7 8
```

【输出样例】

```
215.2
284.2
```

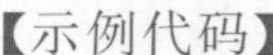

【示例代码】

```
#include <bits/stdc++.h>
using namespace std;
struct triangle {
    double l1, l2, l3;
    triangle(double _a, double _b, double _c) {        // 自定义构造函数
        l1 = _a;
        l2 = _b;
        l3 = _c;
    }
    // 或简写成下列一行的方法
    // triangle(double _a, double _b, double _c): l1(_a), l2(_b), l3(_c) {}
    triangle() {}                                     // 默认的构造函数
    double C() {                                      // 成员函数：计算周长
        return l1 + l2 + l3;
    }
    double S() {                                      // 成员函数：计算面积
        double p = (l1 + l2 + l3) / 2;
        return sqrt(p * (p - l1) * (p - l2) * (p - l3));
    }
};
int main() {
    triangle a[10005];
    int n, m, tmp;
    double l1, l2, l3, sumc = 0, sums = 0;
    cin >> n;
    for (int i = 1; i <= n; i++) {
        cin >> l1 >> l2 >> l3;
        a[i] = triangle(l1, l2, l3);
    }
    cin >> m;
    while (m--) {
        cin >> tmp;
        sumc += a[tmp].C();
        sums += a[tmp].S();
    }
    printf("%.1f\n%.1f", sumc, sums);
    return 0;
}
```

通过定义 triangle 类型的结构体，用于表示三角形。在结构体内有三个成员变量 l1、l2 和 l3，分别表示三角形的三条边的长度。此外，代码还自定义了构造函数和两个成员函数：

构造函数：triangle(double _a，double _b，double _c)，用于初始化三角形的边长。

成员函数：C()，用于计算三角形的周长。

成员函数：S()，用于计算三角形的面积。

在结构体中，如果没有自定义构造函数的需求，在结构体中会自带有一个构造函数，只不过一般不需要手动添加，但是当我们对构造函数进行自定义时，默认的构造函数会失去效用，当需要兼容不同的初始化要求时，可以手动编写多个构造函数，包括默认的构造函数也需要编写。

当程序执行时，通过循环依次读取每个需要计算的三角形的索引 tmp，并调用 a[tmp].C() 和 a[tmp].S() 来计算该三角形的周长与面积，并将结果累加到 sumc 和 sums 变量中。

示例代码通过结构体与成员函数的方式，清晰地封装了三角形的数据与计算操作。充分展示了 C++ 中如何使用结构体来组织相关数据和操作行为，并通过成员函数提供了一种便捷的计算方法，使代码更具可读性与模块化。

本章寄语

在本章中,我们深入探讨了结构体的相关概念。从结构体的定义、初始化以及基本操作,逐步掌握结构体的基础知识。结构体通常用于存储数据,有时需要进行排序才能实现特定功能。因此,介绍了实用的 cmp 函数排序方法,允许我们自定义排序结构体中的数据。

结构体具有强大的功能,我们在本课程中涵盖了其中的一部分,包括重载运算符、构造函数、成员函数等扩展应用。然而结构体还有许多其他功能,等待着大家去探索。总之,结构体在综合应用中具有重要作用,希望能充分理解本章内容并应用这些知识。

附录　常见的评测状态

类　别	缩写	全　称	原　因	解 决 方 案
通过	AC	Accepted	答案正确，通过全部测试点	/
编译错误	CE	Compile Error	代码语法错误	根据编译器提示修改代码
答案错误	WA	Wrong Answer	答案错误，不通过	检查程序运行逻辑
格式错误	PE	Presentation Error	空格或换行不匹配	检查是否有多余的空格或者换行，需与题意匹配
运行时错误	RE	Runtime Error	内存非法访问或溢出等	检查程序运行逻辑，检查数据结构的访问范围等
超出限制	TLE	Time Limit Exceeded	运行时间过长，超时	优化算法或查找死循环漏洞
	MLE	Memory Limit Exceeded	运行中使用内存过大	优化算法减少内存使用
	OLE	Output Limit Exceed	输出超出限制	输出内容远远超过了题目指定的输出，检查输出格式
等待或正在评测	Waiting/Judging/Pending		需要排队进入评测机	等待评测，若等待后无结果可尝试刷新界面

参考文献

[1] 汪楚奇.深入浅出程序设计竞赛(基础篇)[M].北京：高等教育出版社，2020.

[2] 董永建.信息学奥赛一本通[M].南京：南京大学出版社，2020.

[3] 林厚从.信息学奥赛课课通[M].北京：高等教育出版社，2018.

[4] 胡凡，曾磊.算法笔记[M].北京：机械工业出版社，2016.

[5] 刘汝佳.算法竞赛入门经典[M].2版.北京：清华大学出版社，2014.